计算机基础教程

主编　雷芸　陈莹

北京理工大学出版社
BEIJING INSTITUTE OF TECHNOLOGY PRESS

图书在版编目（CIP）数据

计算机基础教程 / 雷芸，陈莹主编. —北京：北京理工大学出版社，2013.8（2018.8 重印）

ISBN 978 - 7 - 5640 - 8119 - 5

Ⅰ. ①计… 　Ⅱ. ①雷… ②陈… 　Ⅲ. ①电子计算机 – 高等学校 – 教材
Ⅳ. ①TP3

中国版本图书馆 CIP 数据核字（2013）第 184968 号

出版发行 / 北京理工大学出版社有限责任公司

社　　址 / 北京市海淀区中关村南大街 5 号

邮　　编 / 100081

电　　话 /（010）68914775（总编室）
　　　　　82562903（教材售后服务热线）
　　　　　68948351（其他图书服务热线）

网　　址 / http://www. bitpress. com. cn

经　　销 / 全国各地新华书店

印　　刷 / 三河市天利华印刷装订有限公司

开　　本 / 787 毫米 × 1092 毫米　1/16

印　　张 / 21.5　　　　　　　　　　　　　责任编辑 / 王玲玲

字　　数 / 490 千字　　　　　　　　　　　文案编辑 / 王玲玲

版　　次 / 2013 年 8 月第 1 版　2018 年 8 月第 6 次印刷　　责任校对 / 周瑞红

定　　价 / 39.80 元　　　　　　　　　　　责任印制 / 马振武

普通高等学校少数民族预科教育系列教材
编审指导委员会

序　言

　　普通高校少数民族预科教育是指对参加高考统一招生考试、适当降分录取的各少数民族学生实施的适应性教育，是为少数民族地区培养急需的各类人才而在高校设立的向本科教育过渡的特殊教育阶段；它是为加快民族高等教育的改革与发展，使之适应少数民族地区经济社会发展需要而采取的特殊有效的措施，是有中国特色社会主义高等教育体系的重要组成部分，是高等教育的特殊层次，也是我国民族高等教育的鲜明特色之一，其对加强民族团结、维护祖国统一、促进各民族的团结奋斗和繁荣发展具有重大的战略意义。

　　为了贯彻落实"为少数民族地区服务，为少数民族服务"的民族预科办学宗旨，建设好广西少数民族预科教育基地，适应普通高等学校少数民族预科教学的需要，近年来，广西民族大学预科教育学院在实施教学质量工程以及不断深化教育教学改革中，结合少数民族学生的实际情况，组织在民族预科教育教学一线的教师编写了《思想品德教育》《阅读与写作》《微积分基础》《基础物理》《普通化学》《计算机基础教程》等系列"试用教材"，形成了颇具广西地方特色的有较高水准的少数民族预科教材体系。广西少数民族预科系列教材的编写和出版，成为我国少数民族预科教材建设中的一朵奇葩。

　　本套教材以国家教育部制定的各科课程教学大纲为依据，以民族预科阶段的教学任务为中心内容，以少数民族预科学生的认知水平及心理特征为着眼点，在编写中力求思想性、科学性、前瞻性、适用性相统一，尽量做到内涵厚实、重点突出、难易适度、操作性强，真正适合民族预科学生使用，使他们在高中阶段各科教学内容学习的基础上，通过一年预科阶段的学习，对应掌握的学科知识能进行全面的查漏补缺，进一步巩固基础知识，培养基本能力，从而达到预科阶段的教学目标，实现预与补的有机结合，为学生一年之后直升进入大学本科学习专业知识打下扎实的基础。

　　百年大计，教育为本；富民强桂，教育先行。教育是民族振兴、社会进步的基石，是提高国民素质，促进人的全面发展的根本途径，寄托着千百万家庭对美好生活的期盼；而少数民族预科作为我国普通高等教育的一个特殊层次，是少数民族青年学子进入大学深造的"金色桥梁"，承载着培养少数民族干部和技术骨干、为民族地区经济社会发展提供人才保证的重任。我们希望，本套教材在促进少数民族预科教育教学中能发挥其应有的作用，在少数民族高等教育这个百花园里绽放出异彩！

　　是为序。

林志杰

前　言

　　计算机基础是高等学校各专业必修的基础课程。本书是根据教育部高等学校计算机基础课程教学指导委员会编制的《高等学校计算机基础教学发展战略研究报告暨计算机基础课程教学基本要求（2009 版）》中对"大学计算机基础"课程的教学要求，结合计算机等级考试最新大纲的要求而编写的。

　　全书共分 7 章。第 1 章简要介绍计算机的基础知识；第 2 章详细介绍常用操作系统 Windows 7 的基础知识及基本操作；第 3～5 章分别详细介绍 Office 2010 常用组件的 Word 2010、Excel 2010 和 PowerPoint 2010 的使用方法；第 6 章介绍计算机网络的基础知识和 Internet 应用；第 7 章介绍多媒体基础知识。

　　本书内容广泛，详略得当，由浅入深，通俗易懂。具有概念清晰，图文并茂，可读性、可操作性强等特点。通过学习，学生不仅可以理解和掌握计算机学科的基本原理、技术和应用，而且可以为学习其他计算机类课程，尤其是与本专业相关的计算机类课程打下良好的基础。

　　本书是为普通高等院校少数民族预科班编写的，也可以作为其他高等院校、高职高专、职工大学和广播电视大学等学生的学习教材或参考书，还可作为中职、中专的教学参考书或自学者的读本。

　　本书的编者是长期从事大学计算机基础教学的一线教师，不仅教学经验丰富，而且对当代大学生的现状非常熟悉，在编书过程中充分考虑到不同学生的特点和需求，加强了计算机应用能力的培养和提高。本书凝聚了编者多年来的教学经验和成果。书中第 1、4、5、7 章由雷芸编写，第 2、3、6 章由陈莹编写。

　　本书在编写过程中得到了广西民族大学和广西民族大学预科教育学院的大力支持和帮助，在此表示衷心感谢。

　　由于编者水平有限，书中难免有不妥之处，恳请广大读者批评指正。

编　者

目 录

计算机基础知识

◇ 了解计算机的发展史，特点和分类
◇ 掌握计算机中常用数值转换和信息的编码
◇ 掌握计算机的硬件系统和软件系统的组成
◇ 了解衡量计算机性能的主要指标

1.1　计算机的概述

电子数字计算机是 20 世纪重大科技发明之一，也是发展最快的新兴学科。在短暂的半个世纪中，计算机技术取得了迅猛的发展，它的应用领域从最初的军事应用扩展到目前社会的经济、文化、军事、政治、教育、科学研究和社会生活的各个领域。计算机有力地推动了信息化社会的发展，已经成为人类生活中不可缺少的工具。

1.1.1　计算机的产生和发展

在人类文明发展历史的长河中，计算工具也经历了从简单到复杂、从低级到高级的发展过程。如曾有"结绳记事"的绳结、算筹、算盘、计算尺、手摇机械计算机、电动机械计算机等。它们在不同的历史时期发挥了各自的作用，而且也孕育了电子计算机的设计思想。

远在唐代，中国发明的算盘，就是人类历史上最早的一种计算工具。直到现在，算盘在中国还被广泛应用。

随着社会生产力的发展，计算工具也在不断地发展。法国科学家帕斯卡（B. Pascal）于 1642 年发明了齿轮式加、减计算器。德国著名数学家莱布尼兹（W. Leibniz）对这种计算器非常感兴趣，在帕斯卡的基础上，提出了进行乘、除法的设计思想，并用梯形轴做主要部件，设计了一个计算器。它是一个能够进行四则运算的机械式计算器。

以上的这些计算器都没有自动进行计算的功能。英国数学家查尔斯·巴贝齐（C. Babbage）于 1822 年、1834 年先后设计出了以蒸汽机为动力的差分机和分析机模型。虽然由于受当时技术条件的限制而没有成功，但是，分析机已具有输入、存储、处理、控制和输出 5 个基本装置的思想，这是现代计算机硬件系统组成的基本部分。

1. 第一台计算机的诞生

1946 年 2 月 15 日，第一台电子计算机 ENIAC（Electronic Numerical Integrator And Calculator，电子数字积分计算机）在美国宾夕法尼亚大学诞生了。它是为计算弹道和射击表而设计的，主要元件是电子管，每秒钟能完成 5 000 次加法、300 多次乘法运算，比当时最快的计算工具快 300 倍。该机器使用了 1 500 个继电器、18 800 个电子管，占地 170 m²，重达 30 多吨，耗电 150 kW，耗资 40 万美元，可谓"庞然大物"。如图 1–1 所示。

图 1–1　世界上第一台计算机 ENIAC

用 ENIAC 计算题目时，首先，人要根据题目的计算步骤预先编好一条条指令，再按指令连接好外部线路，然后启动它自动运行并输出结果。当要计算另一个题目时，必须重复进行上述工作，所以只有少数专家才能使用。尽管这是 ENIAC 机的明显弱点，但它使过去借助机械的分析机需 7～20 h 才能计算一条弹道的工作时间缩短到 30 s，使科学家们从奴隶般的计算中解放出来。ENIAC 是世界上第一台真正意义上的通用电子数字计算机，它的问世标志着电子计算机时代的到来，它的出现具有划时代的伟大意义。

在 ENIAC 的研制过程中，美籍匈牙利数学家冯·诺依曼（John Von Neumann）（图 1–2）提出了重大的理论，主要有以下三点：

① 电子计算机内部直接采用二进制数进行运算；

② 电子计算机应将程序放在存储器中，应采用"存储程序控制"方式工作；

③ 整个计算机的结构应由 5 个部分组成：运算器、控制器、存储、输入设备和输出设备，如图 1–3 所示。

冯·诺依曼这些理论的提出，解决了计算机的运算自动化

图 1–2　冯·诺依曼

问题和速度配合问题，对后来计算机的发展起到了决定性的作用。直至今天，绝大部分的计算机还是采用冯·诺依曼方式工作。

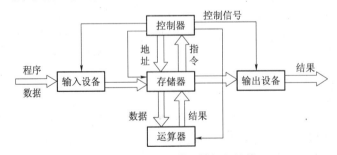

图 1–3　冯·诺依曼计算机的结构

2. 计算机的发展

计算机发展的分代史，通常以计算机所采用的逻辑元件作为划分标准。从第一台电子计算机诞生到现在，可以分成四个阶段，习惯上称为四代。每一阶段在技术上都是一次突破，在性能上都是一次质的飞跃。其主要性能见表 1–1。四个阶段的电子器件如图 1–4 所示。

表 1–1　计算机发展阶段

发展阶段	起至年代	电子元件	运算速度	软件	主要应用
第一代	1946—1958 年	电子管	几千次/秒	使用机器语言和汇编语言	科学计算
第二代	1959—1964 年	晶体管	几十万次/秒	使用高级语言、操作系统（Basic、FORTRAN 和 COBOL）	数据处理、事务处理
第三代	1965—1971 年	集成电路	几百万/秒	结构化的程序设计语言 Pascal	文字、图像处理
第四代	自 1971 年至今	大规模和超大规模集成电路	几亿次/秒	个人计算机和友好的程序界面；面向对象的程序设计语言（OOP）	各个领域

（a）　　　　　　　　　　　（b）

（c）　　　　　　　　　　　（d）

图 1–4　基本电子器件

（a）电子管；（b）晶体管；（c）集成电路；（d）超大规模集成电路

（1）第一代计算机（1946—1958 年）

第一代计算机是电子管计算机。其基本元件是电子管，内存储器采用水银延迟线，外存储器有纸带、卡片、磁带和磁鼓等。由于当时电子技术的限制，运算速度为每秒几千次到几万次，内存储器容量也非常小（仅为 1 000～4 000 B）。计算机程序设计语言还处于最低阶段，用一串 0 和 1 表示的机器语言进行编程，直到 20 世纪 50 年代才出现了汇编语言。尚无操作系统出现，操作机器困难。

第一代计算机体积庞大，造价高昂，速度低，存储容量小，可靠性差，不易掌握，主要应用于军事目的和科学研究领域的狭小天地里。

UNIVAC-I（The UNIVersal Automatic Computer）是第一代计算机的代表，如图 1-5 所示。

图 1-5　第一代计算机 UNIVAC-I

（2）第二代计算机（1959—1964 年）

第二代计算机是晶体管计算机。人们发现，巴丁和肖克莱等发明的晶体管像继电器和电子管一样，也是一种开关器件，而且体积小、重量轻、开关速度快、工作温度低。于是以晶体管为主要元件的第二代计算机诞生了。内存储器大量使用磁性材料制成的磁芯，每颗小米粒大小的磁芯可存一位二进制代码，外存储器有磁盘、磁带，外部设备种类增加。运算速度从每秒几万次提高到几十万次，内存储器容量扩大到几十万字节。

与此同时，计算机软件也有了较大的发展，出现了监控程序并发展成为后来的操作系统、高级程序设计语言 Basic、FORTRAN 和 COBOL。第二代计算机使用范围也由单一的科学计算扩展到数据处理和事务管理等其他领域中。

IBM-7094 系列机（图 1-6）和 CDC 公司的 CDC1604 机是第二代计算机的代表。

（3）第三代计算机（1965—1971 年）

第三代计算机的主要元件是采用小规模集成电路（Small Scale Integrated circuits，SSI）和中规模集成电路（Medium Scale Integrated circuits，MSI）。所谓集成电路，是用特殊的工艺将完整的电子线路做在一个硅片上，通常只有 1/4 邮票大小。与晶体管电路相比，集成电路计算机的体积、重量、

图 1-6　第二代计算机 IBM-7094

功耗都进一步减小，运算速度、逻辑运算功能和可靠性都进一步提高。此外，软件在这个时期形成了产业。操作系统在规模和功能上发展很快，通过分时操作系统，用户可以共享计算机上的资源。提出了结构化、模块化的程序设计思想，出现了结构化的程序设计语言 Pascal。

这一时期的计算机同时向标准化、多样化、通用化、机种系列化发展。IBM-360 系列是最早采用集成电路的通用计算机，也是影响最大的第三代计算机的代表。如图 1-7 所示。

（4）第四代计算机（自 1971 年至今）

20 世纪 70 年代初期相继出现了大规模集成电路（Large Scale Integrated circuits，LSI）和超大规模集成电路（Vary Large Scale Integrated circuits，VLSI）。VLSI 能把计算机的核心部件甚至整个计算机都做在一个硅片上。计算机的速度可达每秒几百万次至上亿次。体积、重量和耗电量进一步减少，计算机的性能价格比基本上以每 18 个月翻一番的速度上升，此即著名的 Moore 定律。操作系统向虚拟操作系统发展，数据库管理系统不断

图 1-7　第三代计算机 IBM-360

完善和提高，程序语言进一步发展和改进，软件行业发展成为新兴的高科技产业。计算机的应用领域不断向社会各个方面渗透。

IBM4300 系列、3080 系列、3090 系列和 9000 系列是这一代计算机的代表性产品。

在这个过程中出现了微处理器，从而产生了微型计算机，由于微型计算机的突出优点，使其得以迅速发展和普及，开始形成信息时代的特征。

（5）新一代计算机

从 20 世纪 80 年代开始，日、美等国家开展了新一代称为"智能计算机"的计算机系统的研究，并将其称为第五代电子计算机。新一代计算机能理解人的语言，以及文字和图形。人无须编写程序，靠讲话就能对计算机下达命令，驱使它工作，是把信息采集存储处理、通信和人工智能结合在一起的智能计算机系统。它不仅能进行一般信息处理，而且能面向知识处理，具有形式化推理、联想、学习和解释的能力，将能帮助人类开拓未知的领域和获得新的知识。

3. 我国计算机技术的发展概况

我国 1958 年研制成功第一台电子管计算机——103 机。1959 年夏研制成功运行速度为每秒 1 万次的 104 机，是我国研制的第一台大型通用电子数字计算机。103 机和 104 机的研制成功，填补了我国在计算机技术领域的空白，为促进我国计算机技术的发展做出了贡献。如图 1-8 和图 1-9 所示。在微型计算机方面，研制开发了长城系列、紫金系列、联想系列等微机，并取得了迅速发展。

图 1-8　我国第一台计算机 103 机

图 1-9　104 机

1983 年年底，我国第一台被命名为"银河"的亿次巨型电子计算机诞生了。

1999 年 9 月，"神威"的并行计算机研制成功并投入运行，其峰值运算速度可高达每秒 3 840 亿次浮点运算，位居当时全世界已投入商业运行的前 500 位高性能计算机的第 48 位。

1995 年 5 月，曙光 1000 研制完成，这是我国独立研制的第一套大规模并行机系统，打破了外国在大规模并行机技术方面的封锁和垄断。2009 年 6 月 15 日，曙光公司开发的我国首款超百万亿次超级计算机曙光 5000A（图 1-10）正式开通启用。这也意味着中国计算机首次迈进百亿次时代。

我国在巨型机技术领域中取得了跨"银河"、迎"曙光"、显"神威"的鼓舞人心的巨大成就。2009 年，我国首台千万亿次超级计算机"天河一号"研制成功，每秒钟的峰值速度是 1 206 万亿次。"天河一号"（图 1-11）计算一天，一台当前主流微机得算 160 年。天河一号的研制，使中国成为继美国之后世界上第二个能够自主研制千万亿次超级计算机的国家。

图 1-10　曙光 5000A

图 1-11　天河一号

1.1.2　计算机的分类

计算机发展到今天，已是琳琅满目、种类繁多，并表现出各自不同的特点。可以从不同的角度对计算机进行分类。

1. 按计算机信息的表示形式和对信息的处理方式

分为数字计算机、模拟计算机和混合计算机。数字计算机所处理的数据都是以 0 和 1 表示的二进制数字，是不连续的离散数字，具有运算速度快、准确、存储量大等优点，因此适宜科学计算、信息处理、过程控制和人工智能等，具有最广泛的用途。模拟计算机所处理的数据是连续的，称为模拟量。模拟量以电信号的幅值来模拟数值或某物理量的大小，如电压、电流、温度等都是模拟量。模拟计算机解题速度快，适于解高阶微分方程，在模拟计算和控制系统中应用较多。混合计算机则是集数字计算机和模拟计算机的优点于一身。

2. 按计算机的用途

分为通用计算机和专用计算机。通用计算机广泛适用于一般科学运算、学术研究、工程设计和数据处理等，具有功能多、配置全、用途广、通用性强的特点，市场上销售的计算机多属于通用计算机。专用计算机是为适应某种特殊需要而设计的计算机，通常增强了某些特定功能，忽略一些次要要求，所以专用计算机能高速度、高效率地解决特定问题，具有功能单纯、使用面窄甚至专机专用的特点。模拟计算机通常都是专用计算机，在军事控制系统中被广泛地使用，如飞机的自动驾驶仪和坦克上的兵器控制计算机。

本书内容主要介绍通用数字计算机，平常所用的绝大多数计算机都是该类计算机。

3. 按计算机运算速度和规模

分为巨型机、大中型机、小型机、微型机、工作站与服务器等。如图 1-12 所示。

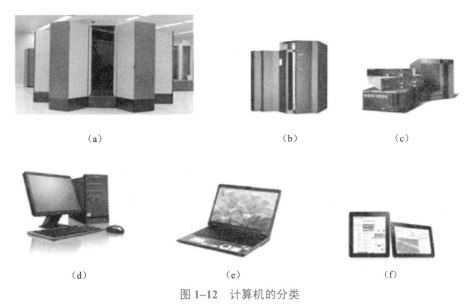

　　　　（a）　　　　　　　　　　　　　　　　　（b）　　　　　　　　　　（c）

　　　　（d）　　　　　　　　　　　（e）　　　　　　　　　　　（f）

图 1-12　计算机的分类

（a）巨型计算机；（b）IBM 大型机；（c）小型机；（d）台式机；（e）笔记本；（f）掌上机

（1）巨型机

巨型机又称超级计算机，是指运算速度超过 1 亿次每秒的高性能计算机，它是目前功能最强、速度最快、软硬件配套齐备、价格最高的计算机，主要用于解决诸如气象、太空、能源、医药等尖端科学研究和战略武器研制中的复杂计算。它们安装在国家高级研究机关中，可供几百个用户同时使用。

运算速度快是巨型机最突出的特点。如美国能源部的"美洲豹"超级计算机系统运算速度达 1.8 千万亿次每秒，主要用于模拟气候变化、能源产生以及其他基础科学的研究。由德国尤利希超级计算机中心所研制的"尤金"运算速度高达 825 万亿次每秒。我国研制的"天河一号"的运算速度可达 1 206 万亿次每秒。世界上只有少数几个国家能生产这种机器，它的研制开发是一个国家综合国力和国防实力的体现。

（2）大中型计算机

这种计算机也有很高的运算速度和很大的存储量，并允许相当多的用户同时使用。当然，其在量级上都不及巨型计算机，结构上也较巨型机简单些，价格相对巨型机较便宜，因此使用的范围较巨型机普遍，是事务处理、商业处理、信息管理、大型数据库和数据通信的主要支柱。

大中型机通常都像一个家族一样形成系列，如 IBM370 系列、DEC 公司生产的 VAX8000 系列、日本富士通公司的 M-780 系列。同一系列的不同型号的计算机可以执行同一个软件，称为软件兼容。

（3）小型机

其规模和运算速度比大中型机的要差，但仍能支持十几个用户同时使用。小型机具有体积小、性价比高等优点，适合中小企业、事业单位用于工业控制、数据采集、分析计算、企业管理以及科学计算等，也可做巨型机或大中型机的辅助机。

（4）微型计算机

微型计算机简称微机，是当今使用最普及、产量最大的一类计算机，体积小、功耗低、成本少、灵活性大，性价比明显地优于其他类型计算机，因而得到了广泛应用。微型计算机可以按结构和性能划分为单片机、单板机、个人计算机等几种类型。

1）单片机

把微处理器、一定容量的存储器以及输入/输出接口电路等集成在一个芯片上，就构成了单片机。可见单片机仅是一片特殊的、具有计算机功能的集成电路芯片。单片机体积小、功耗低、使用方便，但存储容量较小，一般用做专用机或用来控制高级仪表、家用电器等。

2）单板机

把微处理器、存储器、输入/输出接口电路安装在一块印刷电路板上，就成为单板计算机。一般在这块板上还有简易键盘、液晶和数码管显示器以及外存储器接口等。单板机价格低廉且易于扩展，广泛用于工业控制、微型机教学和实验，或作为计算机控制网络的前端执行机。

3）个人计算机

供单个用户使用的微型机一般称为个人计算机或 PC，是目前用得最多的一种微型计算机。PC 配置有一个紧凑的机箱、显示器、键盘、打印机以及各种接口，可分为台式微机和便携式微机。

台式微机可以将全部设备放置在书桌上，因此又称为桌面型计算机。当前流行的机型有 IBM–PC 系列，Apple 公司的 Macintosh，我国生产的长城、浪潮、联想系列计算机等。

便携式微机包括笔记本计算机、袖珍计算机以及个人数字助理。便携式微机将主机和主要外部设备集成为一个整体，显示屏为液晶显示，可以直接用电池供电。

（5）工作站

工作站是介于 PC 和小型机之间的高档微型计算机，通常配备有大屏幕显示器和大容量存储器，具有较高的运算速度和较强的网络通信能力，有大型机或小型机的多任务和多用户功能，同时兼有微型计算机操作便利和人机界面友好的特点。工作站的独到之处是具有很强的图形交互能力，因此在工程设计领域得到广泛使用。SUN、HP、SGI 等公司都是著名的工作站生产厂家。

（6）服务器

随着计算机网络的普及和发展，一种可供网络用户共享的高性能计算机应运而生，这就是服务器。服务器一般具有大容量的存储设备和丰富的外部接口，运行网络操作系统，要求较高的运行速度，为此很多服务器都配置双 CPU。服务器常用于存放各类资源，为网络用户提供丰富的资源共享服务，常见的资源服务器有 DNS 服务器、电子邮件服务器、Web 服务器、BBS 服务器等。

1.1.3　计算机的特点

曾有人说，机械可使人类的体力得以放大，计算机则可使人类的智慧得以放大。作为人类智力劳动的工具，计算机具有以下主要特点：

1. 处理速度快

通常以每秒钟完成基本加法指令的数目表示计算机的运算速度。常用单位是 MIPS，即每秒钟执行多少个百万条指令。现在每秒执行 50 万次、100 万次运算的计算机已不罕见，有的机器可达数百亿次，甚至数千亿次，使过去人工计算需要几年或几十年完成的科学计算（如天气预报、有限元计算等），能在几小时或更短时间内得到结果。

2. 计算精度高

由于计算机采用二进制数字进行运算，因此计算精度主要由表示数据的字长决定。随着字长的增长和配合先进的计算技术，计算精度不断提高，可以满足各类复杂计算对计算精度要求。如用计算机计算圆周率 π，目前已可达到小数点后数百万位了。

3. 存储容量大

计算机的存储器类似于人的大脑，可以"记忆"（存储）大量的数据和信息。随着微电子技术的发展，计算机内存储器的容量越来越大。加上大容量的磁盘、光盘等外部存储器，实际上存储容量已达到了海量。而且，计算机所存储的大量数据，可以迅速查询。这种特性对信息处理是十分有用和重要的。

4. 可靠性高

计算机硬件技术的迅速发展，使得采用大规模和超大规模集成电路的计算机具有非常高的可靠性，其平均无故障时间可达到以"年"为单位了。人们所说的"计算机错误"，通常是由于与计算机相连的设备或软件的错误造成的，而由计算机硬件所引起的错误愈来愈少了。

5. 工作全自动

冯·诺依曼体系结构计算机的基本思想之一是存储程序控制。计算机在人们预先编制好的程序控制下，自动工作，不需要人工干预，工作完全自动化。

6. 适用范围广，通用性强

计算机是靠存储程序控制进行工作的。一般来说，无论是数值的还是非数值的数据，都可以表示成二进制数的编码；无论是复杂的还是简单的问题，都可以分解成基本的算术运算和逻辑运算，并可用程序描述解决问题的步骤。所以，不同的应用领域中，只要编制和运行不同的应用软件，计算机就能在此领域中很好地服务，即通用性极强。

1.1.4　计算机的应用领域

计算机的应用领域已渗透到社会的各行各业，正在改变着传统的工作、学习和生活方式，推动着社会的发展。计算机的主要应用领域如下。

1. 科学计算

计算机是为科学计算的需要而发明的。科学计算所解决的大都是从科学研究和工程技术中所提出的一些复杂的数学问题，计算量大而且精度要求高，只有具有高速运算和存储量大的计算机系统才能完成。例如，在高能物理方面的分子、原子结构分析，可控热核反应的研究，反应堆的研究和控制；在水利、农业方面的水利设施的设计计算；地球物理方面的气象预报、水文预报、大气环境的研究；在宇宙空间探索方面的人造卫星轨道计算、宇宙飞船的研制和制导；此外，科学家们还利用计算机控制的复杂系统，试图发现来自外星的通信信号。没有计算机系统高速而又精确的计算，许多近代科学都是难以发展的。

2. 数据处理

数据处理是指对各种数据进行收集、存储、整理、分类、统计、加工、利用、传播等一系列活动的统称。据统计，80%以上的计算机主要用于数据处理，这类工作量大面宽，决定了计算机应用的主导方向。目前，数据处理已广泛地应用于办公自动化、企事业计算机辅助管理与决策、情报检索、图书管理、电影电视动画设计、会计电算化等各行各业。

3. 辅助技术

计算机辅助技术包括计算机辅助设计、计算机辅助制造和计算机辅助教学等。

（1）计算机辅助设计

计算机辅助设计（CAD）是利用计算机系统辅助设计人员进行工程或产品设计，以实现最佳设计效果的一种技术。它已广泛地应用于飞机、汽车、机械、电子、建筑和轻工等领域。例如，在建筑设计过程中，可以利用 CAD 技术进行力学计算、结构计算、绘制建筑图纸等，这样不但提高了设计速度，而且可以大大提高了设计质量。

（2）计算机辅助制造

计算机辅助制造（CAM）是利用计算机系统进行生产设备的管理、控制和操作的一种技术。例如，在产品的制造过程中，用计算机控制机器的运行，处理生产过程中所需的数据，控制和处理材料的流动以及对产品进行检测等。

将 CAD 和 CAM 技术集成，实现设计生产自动化，这种技术被称为计算机集成制造系统（CIMS），它的实现将真正做到无人化工厂或车间。

（3）计算机辅助教学

计算机辅助教学（CAI）是利用计算机系统使用课件来进行教学。课件可以用制作工具或高级语言来开发制作，它能引导学生循序渐进地学习，使学生轻松自如地从课件中学到所需要的知识。CAI 的主要特色是交互教育、个别指导和因人施教。

4. 过程控制

过程控制是利用计算机即时采集检测数据，按最优值迅速地对控制对象进行自动调节或自动控制。计算机过程控制已在机械、冶金、石油、化工、纺织、水电、航天等部门得到广泛的应用。例如，在汽车工业方面，利用计算机控制机床、控制整个装配流水线，不仅可以实现精度要求高、形状复杂的零件加工自动化，而且可以使整个车间或工厂实现自动化。

5. 人工智能

人工智能是计算机模拟人类的智能活动，诸如感知、判断、理解、学习、问题求解和图像识别等。现在人工智能的研究已取得不少成果，有些已开始走向实用阶段。例如，能模拟高水平医学专家进行疾病诊疗的专家系统，具有一定思维能力的智能机器人等。

6. 网络应用

计算机技术与现代通信技术的结合构成了计算机网络。计算机网络的建立，不仅解决了一个单位、一个地区、一个国家中计算机与计算机之间的通信，各种软硬件资源的共享，也大大促进了国际间的文字、图像、视频和声音等各类数据的传输与处理。

电子商务是利用计算机和网络，使生产企业、流通企业和消费者进行交易或信息交换的一种新型商务模式，如网络购物、公司间的账务支付、电子公文通信等。

1.2   计算机中的信息表示方法

1.2.1   数制的定义

数制也称计数制，是指用一组固定的符号和统一的规则来表示数值的方法。按进位的方法进行计数，称为进位计数制。例如，生活中常用的十进制数，计算机中使用的二进制数。下面介绍数制的相关概念。

① 基数。在一种数制中，一组固定不变的不重复数字的个数称为基数（用 R 表示）。

② 位权。某个位置上的数代表的数量大小。

一般来说，如果数值只采用 R 个基本符号，则称为 R 进制。进位计数制的编码遵循"逢 R 进一"的原则。各位的权是以 R 为底的幂。对于任意一个具有 n 位整数和 m 位小数的 R 进制数 N，按各位的权展开可表示为：

$$(N)_R = a_{n-1}R^{n-1} + a_{n-2}R^{n-2} + \cdots + a_1R^1 + a_0R^0 + a_{-1}R^{-1} + \cdots + a_{-m}R^{-m}$$

式中，a_i 表示各个数位上的数码，其取值范围为 0～R-1，R 为计数制的基数，i 为数位的编号。

1.2.2   计算机中常用的数制及其转换

1. 常用的数制

（1）十进制

十进制数具有以下特点。

① 有 10 个不同的数码符号，即 0，1，2，3，4，5，6，7，8，9。

② R=10。每一个数码根据它在这个数中所处的位置（数位），按照"逢十进一"的原则来决定其实际数值，即各数位的位权是 10 的若干次幂。

例如，将（123.615）$_{10}$ 使用公式按各位的权展开，即

$(123.615)_{10} = 1×10^2 + 2×10^1 + 3×10^0 + 6×10^{-1} + 1×10^{-2} + 5×10^{-3} = 123.615$

除了使用脚码的形式表示十进制数以外，还可以使用字符"D"（Decimal），例如 123.615D。在计算机中，数据的输入和输出一般采用十进制数。

（2）二进制

二进制数具有以下特点。

① 有两个不同的数码符号 0 和 1。

② R=2。每个数码符号根据它在这个数中的数位，按"逢二进一"的原则来决定其实际的数值。例如，将（1101.01）$_2$ 使用公式按各位的权展开，即

$(1101.01)_2 = 1×2^3 + 1×2^2 + 0×2^1 + 1×2^0 + 0×2^{-1} + 1×2^{-2} = (13.25)_{10}$

还可以使用字符"B"（Binary）表示二进制数，例如 1101.01B。

计算机数的存储和运算都使用二进制的形式，主要有以下原因。

● 二进制数在物理上容易实现。例如，可以只用高、低两个电平表示 0 和 1，也可以用脉冲的有无或者脉冲的正负表示它们。

● 可以用二进制数来实现数据的编码、运算等简单规则。

● 易于采用逻辑代数。

（3）八进制

八进制数具有以下特点。

① 有 8 个不同的数码符号，即 0，1，2，3，4，5，6，7。

② R=8。每个数码符号根据它在这个数中的数位，按"逢八进一"的原则来决定其实际的数值。例如，将（34.125）$_8$使用公式按各位的权展开，即

（34.125）$_8$=$3\times8^1+4\times8^0+1\times8^{-1}+2\times8^{-2}+5\times8^{-3}$=（28.166）$_{10}$（结果保留 3 位有效数字）

还可以使用字符"O"（Octal）表示八进制数，例如 34.125O。

（4）十六进制

十六进制数具有以下特点。

① 有 16 个不同的数码符号，即 0，1，2，3，4，5，6，7，8，9，A，B，C，D，E，F。

② R=16。每个数码符号根据它在这个数中的数位，按"逢十六进一"的原则来决定其实际的数值。例如，将（3AB.48）$_{16}$使用公式按各位的权展开，即

（3AB.48）$_{16}$=$3\times16^2+10\times16^1+11\times16^0+4\times16^{-1}+8\times16^{-2}$=（939.28125）$_{10}$

还可以使用字符"H"（Hexadecimal）表示十六进制数，例如 3AB.48H。

常用数制的对应关系见表 1–2。

表 1–2 常用数制的对应关系

二进制	十进制	八进制	十六进制
0	0	0	0
1	1	1	1
10	2	2	2
11	3	3	3
100	4	4	4
101	5	5	5
110	6	6	6
111	7	7	7
1000	8	10	8
1001	9	11	9
1010	10	12	A
1011	11	13	B
1100	12	14	C
1101	13	15	D
1110	14	16	E
1111	15	17	F

2. 不同数制间的转换

（1）十进制数转换为二进制数

方法：除 2 取余法，最后将所取余数按逆序排列。

将十进制数 13 转换为二进制数：

$$
\begin{array}{r|l}
2 & 13 \\
\hline
2 & 6 \quad\quad 余 1 \quad 最低位 \\
\hline
2 & 3 \quad\quad 余 0 \\
\hline
2 & 1 \quad\quad 余 1 \\
\hline
& 0 \quad\quad 余 1 \quad 最高位
\end{array}
$$

由此可得，$(13)_{10} = (1101)_2$。

（2）二进制数转换为十进制数

基本原理：将二进制数从小数点开始，往左从 0 开始对各位进行正序编号，往右序号则分别为 –1，–2，–3，…直到最末位，然后分别将各个位上的数乘以 2 的 k 次幂所得的值进行求和，其中 k 的值为各个位所对应的上述编号。

例如，将二进制数 1011.101 转换为十进制数。

编号：3 2 1 0 –1 –2 –3

$$
\begin{aligned}
1\,0\,1\,1.\,1\,0\,1 &= 1\times2^3+0\times2^2+1\times2^1+1\times2^0+1\times2^{-1}+0\times2^{-2}+1\times2^{-3} \\
&= 8+2+1+0.5+0.125 \\
&= 11.625
\end{aligned}
$$

结果为 $(1011.101)_2 = (11.625)_{10}$。

（3）二进制数与八进制数之间的转换

① 由于 $2^3=8$，每位八进制数都相当于 3 位二进制数，所以二进制数转换八进制数时采用"三位并一法"，即把待转换的二进制数从小数点开始，分别向左、右两个方向每 3 位为一组，不足 3 位的补零（整数在高位补 0，小数在低位补 0，然后对每 3 位二进制数用对应的八进制数表示。

例如，将 11001011.01011 转换为八进制数：

$$
\begin{array}{ccccc}
011 & 001 & 011 & . & 010 \quad 110 \\
\downarrow & \downarrow & \downarrow & & \downarrow \quad\quad \downarrow \\
3 & 1 & 3 & . & 2 \quad\quad 6
\end{array}
$$

$(11001011.01011)_2 = (313.26)_8$

② 八进制数转换为二进制数。八进制数转换为二进制数，其方法为上述转换的逆过程，即每一位八进制数用 3 位二进制数表示。

例如，将 $(245.36)_8$ 转换为二进制数：

$$
\begin{array}{ccccc}
2 & 4 & 5 & . & 3 \quad\quad 6 \\
\downarrow & \downarrow & \downarrow & & \downarrow \quad\quad \downarrow \\
10 & 100 & 101 & . & 011 \quad 11
\end{array}
$$

$(245.36)_8 = (10100101.01111)_2$

（4）二进制数与十六进制数之间的转换

由于 $2^4=16$，1 位十六进制数相当于 4 位二进制数，因此仿照二进制数与八进制数之间的转换方法，很容易得到二进制与十六进制之间的转换方法。

① 对于二进制数转换成十六进制数，只需以小数点为界，分别向左、右每 4 位二进制数分为 1 组，不足 4 位时用 0 补足 4 位（整数在高位补 0，小数在低位补 0）。然后将每组分别用对应的 1 位十六进制数替换，即可完成转换。

例如，把（1011010101.0111101）$_2$转换成十六进制数：

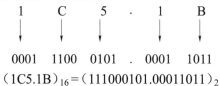

$$（1011010101.0111101）_2 =（2D5.7A）_{16}$$

② 对于十六进制数转换成二进制数，只要将每位十六进制数用相应的 4 位二进制数替换，即可完成转换。

例如，把（1C5.1B）$_{16}$转换成二进制数：

$$
\begin{array}{cccccc}
1 & C & 5 & . & 1 & B \\
\downarrow & \downarrow & \downarrow & & \downarrow & \downarrow \\
0001 & 1100 & 0101 & . & 0001 & 1011
\end{array}
$$

$$（1C5.1B）_{16} =（111000101.00011011）_2$$

1.2.3 ASCII 编码

字符是计算机中使用最多的非数值型数据，是人与计算机进行通信、交互的重要媒介，通常使用 ASCII 码。ASCII 码是美国标准信息交换码，已被国际标准化组织定为国际标准，是目前最普遍使用的字符编码，ASCII 码由 7 位二进制码表示，见表 1–3。

表 1–3 7 位 ASCII 码表

$D_3D_2D_1D_0$ ＼ $D_6D_5D_4$	000	001	010	011	100	101	110	111
0000	NUL	DLE	SP	0	@	P	.	P
0001	SOH	DC1	!	1	A	Q	a	q
0010	STX	DC2	"	2	B	R	b	r
0011	EXT	DC3	#	3	C	S	c	s
0100	EOT	DC4	S	4	D	T	d	t
0101	ENQ	NAK	%	5	E	U	e	u
0110	ACK	SYN	&	6	F	V	f	v
0111	BEL	ETB	'	7	G	W	g	w
1000	BS	CAN	(	8	H	X	h	x
1001	HT	EM	)	9	I	Y	i	y
1010	LF	SUB	*	:	J	Z	j	z
1011	VT	ESC	+	;	K	[	k	{
1100	FF	FS	,	<	L	\	l	|
1101	CR	GS	−	=	M	]	m	:
1110	SO	PS	.	>	N	^	n	~
1111	SI	US	/	?	O	−	o	DEL

因为 1 位二进制数可以表示两种状态：0 或 1；2 位二进制数可以表示 4 种状态：00、01、10、11；依此类推，7 位二进制数可以表示 2^7=128 种状态，每种状态对应着一个常用符号，ASCII 可以表示 128 个字符。

第 0～32 号及 127 号（共 34 个）为控制字符，主要包括换行、回车等功能字符。第 33～126 号（共 94 个）为字符，其中第 48～57 号为 0～9 共 10 个数字符号，65～90 号为 26 个英文大写字母，97～122 号为 26 个小写字母，其余为一些标点符号、运算符号等。

例如，大写字母 A 的 ASCII 码值为 1000001，即十进制数 65，小写字母 a 的 ASCII 码值为 1100001，即十进制数 97。

注意：在计算机的存储单元中，一个 ASCII 码值占一个字节（8 个二进制位），其最高位用作奇偶校验位。所谓奇偶校验，是指在代码传送过程中用来检验是否出现错误的一种方法，一般分奇校验和偶校验两种。奇校验规定，正确的代码一个字节中 1 的个数必须是奇数，若非奇数，则在最高位 b，添 1 来满足；偶校验规定，正确的代码一个字节中 1 的个数必须是偶数，若非偶数，则在最高位 b，添 1 来满足。

1.2.4　汉字编码

ASCII 码只对英文字母、数字和标点符号等作了编码。为了用计算机处理汉字，同样也需要对汉字进行编码。从汉字编码的角度看，计算机对汉字信息的处理过程实际上是各种汉字编码间的转换过程。

1. 汉字信息交换码（国标码）

汉字信息交换码是用于汉字信息处理系统之间或者与通信系统之间进行信息交换的汉字代码，简称交换码。它是为使系统、设备之间信息交换时采用统一的形式而制定的。我国 1981 年颁布了国家标准——《信息交换用汉字编码字符集——基本集》，代号"GB 2312—80"，因此也称为国标码。该标准选出 6 763 个常用汉字和 683 个非常用汉字字符，并为每个字符规定了标准代码。GB 2312 字符集构成一个 94 行 94 列的二维表，行号为区号，列号为位号，每个汉字或符号在国际码表中的位置用区号和位号（即区位码）来表示。为了处理与存储方便，每个汉字的区号和位号在计算机内部分别用一个字节来表示。例如，"学"字的区号是 49，位号是 07，它的区位码即为 4907，用两个字节的二进制数表示为：0011000100000111。

2. 汉字输入码

为将汉字输入计算机而编制的代码称为汉字输入码，也叫外码。目前汉字主要是经标准键盘输入计算机的，所以汉字输入码都由键盘上的字符或数字组合而成。如用全拼输入法输入"中"字，就要键入代码"zhong"（然后选字）。汉字输入码是根据汉字的发音或字形结构等多种属性和汉语有关规则编制的。目前流行的汉字输入码的编码方案已有许多，如全拼输入法、双拼输入法、自然码输入法、五笔型输入法等。全拼输入法和双拼输入法是根据汉字的发音进行编码的，称为音码；五笔型输入法根据汉字的字形结构进行编码的，称为形码；自然码输入法是以拼音为主，辅以字形、字义进行编码的，称为音形码。

可以想象，对于同一个汉字，不同的输入法有不同的输入码。例如："中"字的全拼输入码是"zhong"，其双拼输入码是"vs"，而五笔型的输入码是"khk"。这种不同的输入码通过输入字典转换统一到标准的国标码之下。

3. 汉字内码

汉字内码是在计算机内部对汉字进行存储、处理的汉字代码，它应能满足存储、处理和传输的要求。当一个汉字输入计算机后就转换为内码，然后才能在机器内流动、处理。汉字内码的形式也有多种多样。目前，对应于国标码一个汉字的内码常用 2 个字节存储，并把每个字节的最高位置"1"作为汉字内码的标识，以免与单字节的 ASCII 码产生歧义。

4. 汉字字形码

目前，汉字信息处理系统中产生汉字字形的方式，大多是数字式的，即以点阵的方式形成汉字，所以这里讨论的汉字字形码，也就是指确定一个汉字字形点阵的代码，也叫字模或汉字输出码。

汉字是方块字，将方块等分成有 n 行 n 列的格子，简称它为点阵。凡笔画所到的格子点为黑点，用二进制数"1"表示；否则为白点，用二进制数"0"表示。这样，一个汉字的字形就可用一串二进制数表示了。例如，16×16 汉字点阵有 256 个点，需要 256 位二进制位来表示一个汉字的字形码。这就是汉字点阵的二进制数字化。

计算机中，8 位二进制位组成一个字节，它是度量存储空间的基本单位。可见一个 16×16 点阵的字形码需要 16×16/8=32 字节存储空间；同理，24×24 点阵的字形码需要 24×24/8=72 字节存储空间；32×32 点阵的字形码需要 32×32/8=128 字节存储空间。

显然，点阵中行、列数划分越多，字形的质量越好，锯齿现象也就越不严重，但存储汉字字形码所占用的存储容量也越多。汉字字形通常分为通用型和精密型两类，通用型汉字点阵分成三种：简易型 16×16 点阵、普通型 24×24 点阵、提高型 32×32 点阵。

精密型汉字字形用于常规的印刷排版。由于信息量较大（字形点阵一般在 96×96 点阵以上），通常都采用信息压缩存储技术。

汉字的点阵字形在汉字输出时要经常使用，所以要把各个汉字的字形码固定地存储起来。存放各个汉字字形码的实体称为汉字库。为满足不同需要，还出现了各种各样的字库，宋体字库、仿宋体字库、楷体字库、简体字库和繁体字库等。

汉字的点阵字形的缺点是放大后会出现锯齿现象，很不美观。中文 Windows 下广泛采用了 TrueType 类型的字形码，它采用了数学方法来描述一个汉字的字形码。这种字形码可实现无级放大而不产生锯齿现象。

5. 各种汉字代码之间的关系

汉字的输入、处理和输出的过程，实际上是汉字的各种代码之间的转换过程，或者说汉字代码在系统有关部件之间流动的过程。图 1–13 表示了这些代码在汉字信息处理系统中的位置及它们之间的关系。

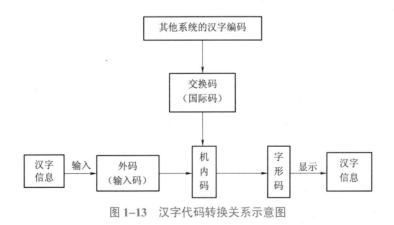

图 1–13　汉字代码转换关系示意图

汉字输入码向内码的转换，是通过使用输入字典（或称索引表，即外码与内码的对照表）实现的。一般的系统具有多种输入方法，每种输入方法都有各自的索引表。在计算机的内部处理过程中，汉字信息的存储和各种必要的加工，以及向软盘、硬盘或磁带存储汉字信息，都是以汉字内码形式进行的。汉字通信过程中，处理机将汉字内码转换为适合于通信用的交换码以实现通信处理。在汉字的显示和打印输出过程中，处理机根据汉字内码计算出地址码，按地址码从字库中取出汉字字形码，实现汉字的显示或打印输出。有的汉字打印机，只要送入汉字内码，就可以自行将汉字打印出，汉字内码到字形码的转换由打印机本身完成。

1.3　计算机系统的组成

1.3.1　计算机系统的基本组成

一个完整的计算机系统是由硬件系统和软件系统两大部分组成的。硬件指机器本身，是能够看得见、占有一定体积的实体。软件是大大小小的计算机程序。计算机系统是硬件和软件的结合体，硬件是计算机的躯体，软件是计算机的灵魂，两者缺一不可。

根据冯·诺依曼设计思想，计算机硬件分为运算器、控制器、存储器、输入设备和输出设备 5 个部分。其中控制器和运算器合称为中央处理器（CPU），CPU 和内存储器组合成主机，其他硬件设备称为外部设备。

计算机软件根据功能不同，分为系统软件和应用软件。计算机系统组成如图 1-14 所示。

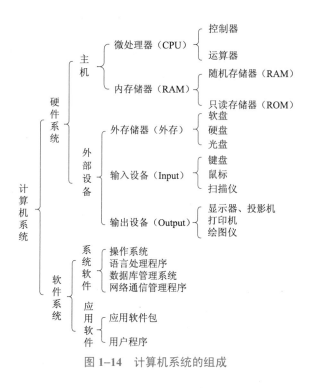

图 1-14　计算机系统的组成

1.3.2 计算机的硬件组成及其功能

1944 年 8 月，著名美籍匈牙利数学家冯·诺依曼（John Von Neumann）与美国宾夕法尼亚大学莫尔电气工程学院的莫奇利小组合作，在他们研制的 ENIAC 基础上提出了一个全新的存储程序通用电子计算机的方案，那就是 EDVAC 计算机方案。方案中，冯·诺依曼总结并提出了如下三条思想。

① 计算机硬件应具有运算器、控制器、存储器、输入设备和输出设备等 5 个基本功能部分。图 1–15 表示了这五个部分的相互关系。

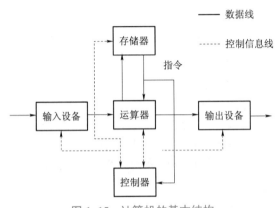

图 1–15 计算机的基本结构

② 采用二进制。在计算机中，程序和数据都用二进制代码表示。二进制只有"0"和"1"两个数码，它既便于硬件的物理实现，又有简单的运算规则，故可简化计算机结构，提供可靠性和运算速度。

③ 存储程序控制。所谓存储程序，就是把程序和处理问题所需的数据均以二进制编码形式预先按一定顺序存放到计算机的存储器里。计算机运行时，依次从内存储器中逐条取出指令，执行一系列基本操作，最后完成一个复杂的运算。这一切工作都是由一个担任指挥工作的控制器和一个执行运算工作的运算器共同完成的，这就是存储程序的工作原理。存储程序实现了计算机的自动计算，同时也确定了冯·诺依曼型计算机的基本结构。

冯·诺依曼的上述思想奠定了现代计算机设计的基础，所以后来人们将采用这种设计思想的计算机称为冯·诺依曼型计算机。从 1946 年第一台计算机诞生至今，虽然计算机的设计和制造技术都有很大发展，但仍没有脱离冯·诺依曼型计算机的基本思想。

下面分别介绍各个部件。

1. 存储器

存储器是用来存储数据和程序的部件。计算机中的信息都是以二进制代码形式表示的，必须使用具有两种稳定状态的物理器件来存储信息。这些物理器件主要有磁芯、半导体器件、磁表面器件等。

2. 运算器

运算器是计算机中处理数据的核心部件，主要由执行算术运算和逻辑运算的算术逻辑单元（Arithmetic Logic Unit，ALU）、存放操作数和中间结果的寄存器组以及连接各部件的数据通路组成，用以完成各种算术运算和逻辑运算。

　　在运算过程中，运算器不断得到由内存储器提供的数据，运算后又把结果送回到内存储器保存起来。整个运算过程是在控制器的统一指挥下，按程序中编排的操作顺序进行的。

3. 控制器

　　控制器是计算机中控制管理的核心部件。主要由程序计数器（PC）、指令寄存器（IR）、指令译码器（ID）、时序控制电路和微操作控制电路等组成，在系统运行过程中，不断地生成指令地址、取出指令、分析指令，向计算机的各个部件发出微操作控制信号，指挥各个部件高速协调地工作。

4. 输入设备

　　输入设备用于接收用户输入的原始程序和数据，它是重要的人机接口，负责将输入的程序和数据转换成计算机能识别的二进制代码，并放入内存中。常见的输入设备有键盘、鼠标、光笔、扫描仪、外存储器等。

5. 输出设备

　　输出设备可以将计算机运算处理的结果以用户熟悉的信息形式反馈给用户。通常输出形式有数字、字符、图形、视频、声音等类型。常见的输出设备有显示器、打印机、绘图仪等。

　　注意：有些设备既可作为输入设备，也可作为输出设备，如磁盘驱动器。

1.3.3　计算机软件系统

　　所谓软件，是指为方便使用计算机和提高使用效率而组织的程序，以及用于开发、使用和维护的有关文档。软件系统可分为系统软件和应用软件两大类。

1. 系统软件

　　系统软件由一组控制计算机系统并管理其资源的程序组成，其主要功能包括：启动计算机，存储、加载和执行应用程序，对文件进行排序、检索，将程序语言翻译成机器语言等。实际上，系统软件可以看作用户与计算机的接口，它为应用软件和用户提供了控制、访问硬件的手段。这些功能主要由操作系统完成。此外，编译系统和各种工具软件也属此类，它们从另一方面辅助用户使用计算机。下面分别介绍它们的功能。

　　（1）操作系统（Operating System）

　　操作系统是管理、控制和监督计算机软件、硬件资源协调运行的程序系统，由一系列具有不同控制和管理功能的程序组成，它是直接运行在"裸机"上的最基本的系统软件，是系统软件的核心。

　　现代操作系统的功能十分丰富，但一个操作系统应包括下列五大功能模块：

　　① 处理器管理。当多个程序同时运行时，其解决处理器（CPU）时间的分配问题。

　　② 作业管理。完成某个独立任务的程序及其所需的数据组成一个作业。作业管理的任务主要是为用户提供一个使用计算机的界面，使其方便地运行自己的作业，并对所有进入系统的作业进行调度和控制，尽可能高效地利用整个系统的资源。

　　③ 存储器管理。为各个程序及其使用的数据分配存储空间，并保证它们互不干扰。

　　④ 设备管理。根据用户提出使用设备的请求进行设备分配，同时还能随时接受设备内请求（称为中断），如要求输入信息。

　　⑤ 文件管理。主要负责文件的存储、检索、共享和保护，为用户提供文件操作的方便。

　　操作系统的种类繁多，按其功能和特性，分为批处理操作系统、分时操作系统和实时操作系统等；按同时管理用户数的多少，分为单用户操作系统和多用户操作系统；按使用环境及对作业的处理方式，分为网络操作系统、个人计算机操作系统、实时操作系统等。

（2）语言处理系统（翻译程序）

计算机采用的存储程序控制，就是计算机执行指令自动工作。计算机指令计算机指令通常由操作码和操作数地址码组成。由于计算机只能直接识别和执行机器语言，那么，要在计算机上运行高级语言程序，就必须配备程序语言翻译程序（以下简称翻译程序）。翻译程序本身是一组程序，不同的高级语言都有相应的翻译程序。

汇编程序是把汇编语言书写的程序翻译成与之等价的机器语言程序的翻译程序。汇编程序输入的是用汇编语言书写的源程序，输出的是用机器语言表示的目标程序。汇编语言是为特定计算机或计算机系列设计的一种面向目标程序，即直接被计算机运行的机器码集合。源程序，是指未经编译的，用高级语言或汇编语言编写的程序。机器的语言，由汇编执行指令和汇编伪指令组成。采用汇编语言编写程序虽不如高级程序设计语言简便、直观，但是汇编出的目标程序占用内存较少、运行效率较高，且能直接引用计算机的各种设备资源。

对于高级语言来说，翻译的方法有两种：

一种称为"解释"。早期的 BASIC 源程序的执行都采用这种方式。它调用机器配备的 BASIC"解释程序"，在运行 BASIC 源程序时，逐条把 BASIC 的源程序语句进行解释和执行。它不保留目标程序代码，即不产生可执行文件。这种方式速度较慢，每次运行都要经过"解释"，边解释边执行。其过程如图 1–16（c）所示。

另一种称为"编译"。它调用相应语言的编译程序，把源程序变成目标程序（以.obj 为扩展名），然后再用连接程序，把目标程序与库文件相连接，形成可执行文件。尽管编译的过程复杂一些，但它形成的可执行文件（以.exe 为扩展名）可以反复执行，速度较快，图 1–16（b）示出了编译的过程。运行程序时只要键入可执行程序的文件名，按 Enter 键即可。

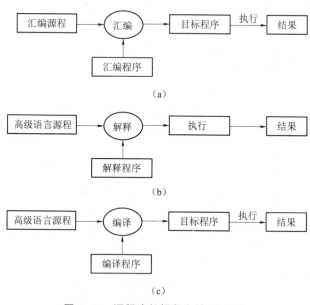

图 1–16　源程序的解释和编译过程

（a）汇编过程；（b）解释过程；（c）编译过程

对源程序进行解释和编译任务的程序，分别叫做编译程序和解释程序。如 FORTRAN、COBOL、Pascal 和 C 等高级语言，使用时需有相应的编译程序；BASIC、LISP 等高级语言，使用时需用相应的解释程序。

　　总的来说，上述的汇编程序、编译程序和解释程序都属于语言处理系统或简称翻译程序。

　　（3）服务程序

　　服务程序能够提供一些常用的服务性功能，它们为用户开发程序和使用计算机提供了方便。微机上经常使用的诊断程序、调试程序和编辑程序均属此类。

　　（4）数据库系统

　　数据库是指按照一定联系存储的数据集合，可为多种应用共享。如工厂中职工的信息、医院的病历、人事部门的档案等都可分别组成数据库。数据库管理系统（DataBase Management System，DBMS）则是能够对数据库进行加工、管理的系统软件。其主要功能是建立、删除、维护数据库及对库中的数据进行各种操作。如曾经或正在流行的 dBASEIII、FoxPro、Sybase、Oracle 等都属于数据管理系统，从某种意义上讲，它们也是编程语言。数据库系统主要由数据库、数据库管理系统以及相应的应用程序组成。比如，某机关的工资管理系统就是一个具体的数据库系统。数据库系统不但能够存放大量的数据，更重要的是能迅速地、自动地对数据进行检索、修改、统计、排序、合并等操作，以得到所需的信息。这一点是传统的文件柜无法做到的。

　　数据库技术是计算机技术中发展最快、应用最广的一个分支。可以说，在今后的计算机应用开发中，大都离不开数据库。因此，了解数据库技术尤其是微机环境下的数据库应用是非常必要的。

　　2. 应用软件

　　为解决各类实际问题而设计的程序系统称为应用软件。从其服务对象的角度看，又可分为通用软件和专用软件两类。

　　（1）通用软件

　　这类软件通常是为解决某一类问题而设计的，而这类问题是很多人都会遇到和要解决的。

　　① 文字处理软件。用计算机撰写文章、书信、公文并进行编辑、修改和排版的过程称为文字处理。曾经流行一时的 UCDOS 下的 WPS 和目前广泛流行的 Windows 下的 Word 等，都是典型的文字处理软件。

　　② 电子表格。电子表格可用来记账，进行财政预算等。像文字处理软件一样，它也有许多比传统账簿和计算工具先进的功能，如快速计算、自动统计、自动造表等，迅速、准确、方便。Windows 下的 Excel 软件就属此类。

　　③ 专家系统（Expert System）。专家系统通常由一组规则组成，这些规则是专家系统的基础。例如，可以用它们表示汽车维修方面的知识，一旦规则库开发完毕，系统就可以接受用户的咨询。即使是这方面的新手，也可以通过该专家系统掌握定义了这些规则的那个专家的专业特长。

　　此外，市场和社会上出现的一种软件形式——软件包。所谓软件包（Package），是针对不同专业用户的需要所编制的大量的应用程序，进而把它们逐步实现标准化、模块化所形成的解决各种典型问题的应用程序的组合。例如图形软件包、会计软件包、仿真软件包、字处理软件包等。软件包是由计算机厂商和专业用户提供的商品，其他用户需要时可购置，将其存放在磁盘上，只要操作系统支持就可方便地使用。

　　（2）专用软件

　　上述的通用软件或软件包，在市场上可以买到，但有些具有特殊要求的软件是无法买到的。比如某个用户希望有一个程序能自动控制厂里的车床，同时也能将各种事务性工作集成起来统一管理。因为它对于一般用户来说太特殊了，所以只能组织人力单独开发。当然，开发出的这种软件也只是专用于这种情况。

综上所述，计算机系统由硬件系统和软件系统组成，两者缺一不可。而软件系统又由系统软件和应用软件组成，操作系统是系统软件的核心，是每个计算机系统必不可少的；其他系统软件，如语言处理系统，可根据不同用户的需要配置不同程序语言编译系统。根据各用户的应用领域不同，可以配置不同的应用软件。

1.3.4　微型计算机的硬件系统

微型计算机也就是通常所说的 PC，它产生于 20 世纪 70 年代末。微型计算机采用的是具有高集成度的器件，不仅体积小、重量轻、价格低、结构简单，而且操作方便、可靠性高。

从基本的硬件结构上看，微型计算机的核心是微处理器（Microprocessor）。从外观上看，微型计算机的基本硬件包括主机、显示器、键盘、鼠标。主机箱还包括主板、硬盘、光存储器、电源和插在主板 I/O 总线扩展槽上的各种功能扩展卡。微型计算机还可以包含其他一些外部设备，如打印机、扫描仪等。

1. 主板（MainBoard）

微机的主机及其附属电路都装在一块电路板上，称为主机板，又称为主板或系统板，如图 1–17 所示。主机板一般带有 5 个扩充插座（又叫做扩展槽），把不同的接口卡插入扩展槽中，就可以将不同的外部设备与主机连接起来。集成了网卡、声卡的主板，除了有 USB 接口、并行接口和串行接口外，还有网线接口、声卡输入/输出接口。

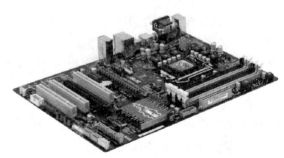

图 1–17　主板

为了使结构紧凑，微机将主机板、接口卡、电源、扬声器等，以及属于外部存储设备的硬盘、软盘驱动器、光盘驱动器都装在一个机箱内，称为主机箱。也就是说，微机的主机箱里装有外部设备。例如，磁盘驱动器属于外部存储器，相应的接口电路板属于外设附件，并不属于主机。微机的键盘、显示器、打印机等外部设备则置于主机箱之外。

2. 微处理器（Microprocessor）

微处理器是利用超大规模集成电路技术，把计算机的 CPU 部件集成在一小块芯片上，形成一个独立的部件，如图 1–18 所示。微处理器中包括运算器、控制器、寄存器、时钟发生器、内部总线和高速缓冲存储器（Cache）等。

图 1–18　CPU

微处理器是微型计算机的核心，它的性能决定了整个计算机的性能。

衡量微处理器性能的最重要的指标之一是字长。微处理器中每个字包含的二进制位数称为字长。微处理器的字长有 8 位、16 位、32 位和 64 位。字长越长，运算精度越高，处理能力越强。早期的 80286 是 16 位微处理器，80386 和 80486 是 32 位微处理器，多能 Pentium 系列虽然也是 32 位，但在技术上已经有了很大的提高，Pentium D 的双内核是 64 位 CPU。目前主流 CPU 使用的 64 位技术的主要有 AMD 公司的 AMD 64 位技术、Intel 公司的 EM64T 技术和 Intel 公司的 IA–64 技术。

微处理器的另一个重要指标是主频。主频是指微处理器的工作时钟频率，在很大程度上决定了微处理器的运行速度。主频越高，微处理器的运算速度越快。主频通常用 MHz （兆赫兹）表示。80486 的主频从 33 MHz 到 100 MHz，Pentium 系列的主频从 60 MHz 到 3.2 GHz。

【小知识】

外频：是 CPU 的基准频率，单位是 MHz。CPU 的外频决定着整块主板的运行速度。在台式机中，所说的超频，都是超 CPU 的外频（一般情况下，CPU 的倍频都是被锁住的）。但对于服务器 CPU 来讲，超频是绝对不允许的。前面说到 CPU 决定着主板的运行速度，两者是同步运行的，如果改变了服务器 CPU 外频，会产生异步运行，这样会造成整个服务器系统的不稳定。

倍频系数：是指 CPU 主频与外频之间的相对比例关系。在相同的外频下，倍频越高，CPU 的频率也越高。但实际上，在相同外频的前提下，高倍频的 CPU 本身意义并不大。少量的如 Intel 酷睿 2 核心的奔腾双核 E6500K 和一些至尊版的 CPU 不锁倍频，现在 AMD 推出了黑盒版 CPU（即不锁倍频版本，用户可以自由调节倍频，调节倍频的超频方式比调节外频稳定得多）。

目前流行的微处理器有 Intel 的 Pentium 4、Pentium D、Pentium EE Core 2 Duo 和 Core 2Extreme 等系列，以及 AMD 的 Athlon XP、Athlon 64、Athlon 64 Fx、Athlon 64 X2、AM2 Sempron 等。

3. 存储器（Memory）

在实际的微型机系统中，采用分级的方法设计整个存储器系统。将存储器系统从内到外分为三级，即内部存储器（主存）、外部存储器（辅存）和高速缓冲存储器（缓存），该分级顺序的存取速度依次递减，存储容量依次递增，价格依次递减，见表 1–4。内存储器又可分为随机存储器（RAM）和只读存储器（ROM）两种。

表 1-4 缓存、主存和辅存的性能及价格

存储器类型	速 度	容 量	价 格
缓存	快	小	高
主存	中	中	中
辅存	慢	大	低

描述存储器容量的常用单位介绍如下。

① 位（bit，b）。计算机中最小的数据单位，是二进制的一个数位，简称位（比特），1位二进制数取值为 0 或 1。

② 字节（byte，B）。是计算机中存储信息的基本单位，规定把 8 位二进制数称为 1 个字节，1 B=8 bit，常用的存储信息时容量与字节有关的单位换算如下：

1 KB=1 024 B 1 MB=1 024 KB 1 GB=1 024 MB 1 TB=1 024 GB

（1）内存储器

内存储器，又称为主存储器，简称内存或主存，用来存放正在运行的程序和数据，可直接与运算器及控制器交换信息。按照存取方式，内存储器又可分为随机存储器（Random Access Memory，RAM）和只读存储器（Read Only Memory，ROM）两种。

1）只读存储器（ROM）

只读存储器 ROM 中的信息是由生产厂商在制造时就写入并永久保存的，只能读出，不能写入。ROM 必须在电源电压正常时才能工作。断电后，其中的信息不会丢失。ROM 通常用来存放系统的一些监控程序、管理程序、系统引导程序、检测程序等专用程序，以及其他一些信息。

2）随机存储器（RAM）

随机存储器 RAM 又称为"读写存储器"，其中的信息既能读出，又能写入，具有存取速度快、集成度高、电路简单等优点，但断电后信息会全部丢失。RAM 用来存放运行过程中的程序和数据。

RAM 又分为静态 RAM（SRAM）和动态 RAM（DRAM）。

① 静态 RAM。静态 RAM 用普通触发器存放一位二进制信息，只要不断电，信息会长时间保存，不需要刷新，具有集成度低、容量小、速度快、价格高等特点，通常用来做高速缓冲存储器 Cache。

② 动态 RAM。动态 RAM 由动态的 MOS 管组成，具有集成度高、容量大、速度慢、价格低廉等特点，适宜作为大容量存储器。

内存储器由许多存储单元组成，全部存储单元按一定顺序编号，称为存储器的地址。存储器采取按地址存取的工作方式，每个存储单元存放一个单位长度的信息。

通常所说的计算机内存的大小一般是指 RAM 的大小，不包括 ROM 的容量。随着微型机档次的提高，内存容量也在不断增加。内存条就是将 RAM 集成块集中在一起的一小块电路板，插在主机板中的内存槽上，如图 1-19 所示。

（2）外存储器（Second Memory）

外存储器，又称为辅助存储器，简称外存或辅存，是用来存放多种大信息量的程序和数据，可以长期保存，其特点是存储容量大、成本低，但存取速度相对较慢。外存储器中的程序和数据不能直接被运算器、控制器处理，必须先调入内存储器。目前广泛使用的微型机外

存储器主要有软盘存储器、硬盘存储器、光盘存储器和移动存储器。

对某些外存储器中的数据信息进行读写操作，需要使用驱动设备。如读取光盘上的数据信息，需要使用光盘驱动器。

1）软盘存储器

软盘存储器由软盘驱动器和软磁盘组成。以前常用的软盘驱动器都是 3.5 英寸①，容量为 1.44 MB，如图 1–20 所示。现已基本不使用软盘，这里不再赘述。

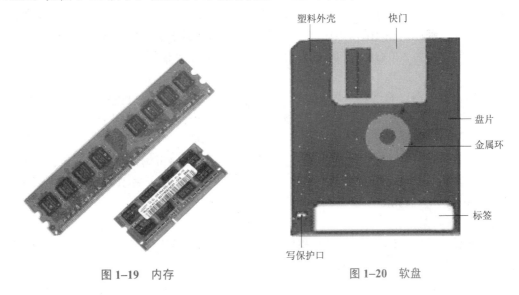

图 1–19　内存　　　　　　　　图 1–20　软盘

2）硬盘存储器

硬盘存储器由硬盘片、硬盘驱动器和适配卡组成。硬盘片和硬盘驱动器简称为硬盘，是计算机最主要的外部存储器。硬盘内部结构及外观如图 1–21 所示。

图 1–21　硬盘结构图

硬盘按照盘片直径大小可分为 5.25 英寸、3.5 英寸、2.5 英寸和 1.8 英寸等多种规格。目前使用最多的是 3.5 英寸硬盘，它有 11 张盘片。现在大多数硬盘都采用玻璃材质，或采用玻

① 1 英寸=2.54 厘米。

璃陶瓷复合材料。盘片上涂一层磁性材料,用来存储信息。通常每张盘片的每一侧都有一个读写头,这些读写头被同一个运动装置连在一起,组成一组,所以读写头是同时在盘片上运动的。盘片被封装在一个密封的防尘盒里,以有效地避免灰尘、水滴等对硬盘的污染。绝大多数硬盘都是固定硬盘,被永久性地密闭固定在硬盘驱动器中。

作为计算机系统的数据存储器,存储容量是硬盘最主要的参数。硬盘的容量一般以千兆字节(GB)为单位,1 GB=1 024 MB。但硬盘厂商在标称硬盘容量时通常取 1 GB=1 000 MB,同时在操作系统中还会在硬盘上占用一些空间,所以在操作系统中显示的硬盘容量和标称容量会存在差异。因此,在 BIOS 中或在格式化硬盘时看到的容量会比厂家的标称值小。目前的主流硬盘的容量为 320 GB 和 500 GB,而 1 TB 以上的大容量硬盘亦已逐渐开始普及。

硬盘的另一个性能指标是转速。转速是硬盘盘片在 1 min 内所能完成的最大转数。转速的快慢是标识硬盘档次的重要参数之一,在很大程度上直接影响到硬盘的速度。硬盘的转速越快,硬盘寻找文件的速度也就越快,相对的硬盘的传输速度也就得到了提高。硬盘转速以 r/min 表示,r/min 是 revolutions per minute 的缩写,是“转/每分钟”。r/min 值越大,内部传输率就越快,访问时间就越短,硬盘的整体性能也就越好。目前市场上 7 200 r/min 的硬盘已经成为台式硬盘市场主流,服务器中使用的 SCSI 硬盘转速基本都采用 10 000 r/min,甚至还有 15 000 r/min 的,性能要超出家用产品很多。

3)光盘存储器

光盘存储器是由光盘驱动器(CD–ROM)和光盘组成,如图 1–22 所示。

常见的 CD–ROM 光盘片是由 3 层结构构成的。基层由硬塑料制成,坚固耐用;中间反射层由极薄的银铝合金构成,作为记录信息的载体;最上层涂有透明的保护膜,使得反射层不被划伤。CD–ROM 光盘都是单面的。通常一张 CD–ROM 光盘可以存储 650～700 MB 的信息。

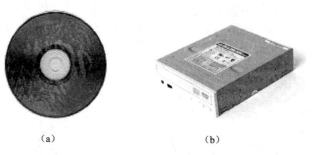

（a）   （b）

图 1–22　光盘及光盘驱动器
（a）光盘；（b）光盘驱动器

光盘是利用刻录在反射层上的一连串由里向外螺旋的凹坑来记录信息的,如图 1–23 所示。凹坑边缘转折处表示“1”,平坦无转折处则表示“0”。读盘时,光盘驱动器的光头发出激光束聚焦在高速旋转的光盘上,由于激光束照射在凹坑边缘转折处和平坦处反射回来的光的强度突然发生变化,光头上的检测部件根据反射光的强度识别出两种不同的电信号,这些电信号再经过电子线路处理后,还原为 0、1 代码串数字信息。这就是所谓的“光存储技术”的基本原理。

光盘驱动器有一个“倍速”的重要技术指标。“倍速”是指数据传输速率,也就是单位时间内从光盘驱动器向计算机传送的数据量。最初光盘驱动器的数据传输速率是 150 KB/s,而后数据传输速率成倍提高,于是,就以 150 KB/s 为基数,称为一倍速。例如 52 倍速光盘驱动器的数据传输速率是 52×150 KB/s=7.8 MB/s，即每秒传送 7.8 MB 数据。光盘驱动器的倍速越高，数据的传输速率就越快，播放视频、音频数据时，画面就越平稳和流畅，音质越清纯。光盘驱动器按照数据传输率可分为单倍速、双倍速、4 倍速、8 倍速、16 倍速、24 倍速、32 倍速、48 倍速、52 倍速等。

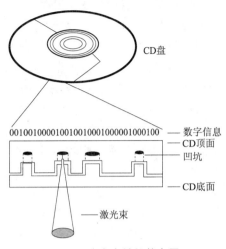

图 1-23　光盘存储的基本原理

根据光盘的性能不同，光盘分为只读型光盘、一次性写入光盘、可擦除光盘、数字多功能盘。

① 只读型光盘（CD-ROM）。CD-ROM 是光驱的最早形式，也是使用最为广泛的一种光驱。它由厂家写入程序或数据，出厂后用户只能读取，不能写入和修改存储的内容。它的制作成本低，信息存储量大，保存时间长。

② 一次性写入光盘（CD-R）。CD-R 允许用户一次写入多次读取。由于信息一旦被写入光盘便不能被更改，因此用于长期保存资料和数据等。

③ 可擦除光盘（CD-RW）。CD-RW 集成了软磁盘和硬磁盘的优势，既可以读数据，也可以将记录的信息擦去再重新写入信息。它的存储能力大大超过了软磁盘和硬磁盘。

④ 数字多功能盘（DVD）。DVD（Digital Versatile Disc）集计算机技术、光学记录技术和影视技术等为一体，其目的是满足人们对大存储容量、高性能的存储媒体的需求。DVD 的容量一般为 4.7 GB，是传统 CD-ROM 的 7 倍，甚至更高。现在 DVD 的存储量可高达 18 GB，逐渐成为未来 PC 中的主流部件。

4）移动存储器

目前，常用的移动存储器有移动硬盘和闪存，如图 1-24 所示。

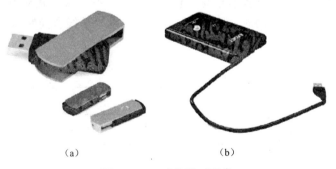

（a）　　　　　　　　　　　　（b）

图 1-24　U 盘和移动硬盘

（a）U 盘；（b）移动硬盘

① 移动硬盘。顾名思义，移动硬盘是以硬盘为存储介质，强调便携性的存储产品。它的特点是容量大，传输速度快，使用方便。目前市场上大多数的移动硬盘都是以标准硬盘为基础，只有很少部分是以微型硬盘（1.8 英寸硬盘等）为基础的，但价格因素决定着主流移动硬盘还是以标准笔记本硬盘为基础。由于采用硬盘为存储介质，因此，移动硬盘的数据读写方式与标准 IDE 硬盘是相同的。移动硬盘多采用 USB、IEEE1394 等传输速度较快的接口，可以有较高的速度与系统进行数据传输。

② U 盘，全称为 USB 闪存盘，英文名 USB flash disk。它是一个 USB 接口的无须物理驱动器的微型高容量移动存储产品，可以通过 USB 接口与计算机连接，实现即插即用。它采用一种新型的 EEPROM 内存，具有内存可擦可写可编程的优点，而且小巧、便于携带、存储容量大、价格便宜、性能可靠，被广泛应用于数码相机、MP3 播放器和移动存储设备。闪存的接口一般为 USB 接口，容量一般为 1 GB 以上。中国朗科公司拥有 U 盘基础性发明专利。

注意： 内存的特点是直接与 CPU 交换信息，存取速度快，容量小，价格高；外存的特点是容量大，价格低，存取速度慢，不能直接与 CPU 交换信息。内存用于存放立即要用的程序和数据；外存用于存放暂时不用的程序和数据。内存和外存之间常常频繁地交换信息。需要指出的是，外存属于 I/O 设备，而且它只能与内存交换信息，才能被 CPU 处理。

（3）高速缓冲存储器（Cache）

高速缓冲存储器是介于 CPU 与内存之间的存储器，其速度很快，可以与 CPU 的速度相匹配，通常是由静态随机存储器 SRAM 构成的，容量较小（几万字节至几兆字节）。其作用是把正在执行的指令地址附近的一部分指令或者数据从主存调入 Cache，供 CPU 在短时间内使用。

CPU 在读写数据时，首先访问 Cache，如果 Cache 中有要读取的数据，就从 Cache 中读取数据。只有当 Cache 中没有所需数据时，CPU 才去访问内存。由于 Cache 的读写速度快，因此 CPU 能迅速地完成数据的读写，进而提高计算机整体的工作速度，以解决高速的 CPU 与低速的内存之间速度差异问题，对提高程序的运行速度有很大的帮助。

Cache 又分为一级缓存（L1 Cache）、二级缓存（L2 Cache）和三级缓存（L3 Cache）。现在的微型计算机都把一级缓存集成在 CPU 内部，二级缓存在早期的系统中一般集成在主板上，现在也都集成在 CPU 内部，而且在主板上又集成了三级缓存。

4. 总线（Bus）

总线是信号线的集合，是模块间传输信息的公共通道，通过它实现计算机各个部件之间的通信，进行各种数据、地址和控制信息的传送，这组公共信号线就称为总线。总线是计算机各部件的通信线。按总线的功能，可分为数据总线、地址总线和控制总线三类。如图 1–25 所示。

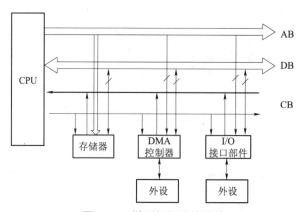

图 1–25 微型机的总线结构

① 数据总线（Data Bus，DB）。数据总线用来传输数据信息，是双向传输的总线。其 CPU 既可以通过 DB 从存储器或输入设备读入数据，又可以通过 DB 将内部数据送至存储器或输

出设备。

② 地址总线（Address Bus，AB）。地址总线用于传送 CPU 发出的地址信号，是一条单向传输总线。其给出 CPU 所读取或发送的数据的存储单元地址或 I/O，设备地址。

③ 控制总线（Control Bus，CB）。控制总线用来传送控制信号、时序信号和状态信息等，其中有的是 CPU 向内存和外设发出的控制信号，有的则是内存或外设向 CPU 传递的状态信息。控制总线通过各种信号使计算机系统各个部件能够协调工作。

5. 输入设备（Input）

输入设备是向计算机输入数据和信息的设备，是计算机与用户或其他设备通信的桥梁。键盘、鼠标、摄像头、扫描仪、光笔、手写输入板、游戏杆、语音输入装置等都属于输入设备。

（1）键盘

键盘是用户与计算机进行交流的主要工具，是计算机最重要的输入设备，也是微型计算机必不可少的外部设备。键盘内装有一块单片微处理器（如 Intel 8048），它控制着整个键盘的工作。当某个键被按下，微处理器立即执行键盘扫描功能，并将扫描到的按键信息代码送到主机键盘接口卡的数据缓冲区中；当 CPU 发出接收键盘输入命令后，键盘缓冲区中的信息被送到内部系统数据缓冲区中。

一般的 PC 用户使用的是 104 键盘。如图 1–26 所示。

图 1–26 键盘

计算机键盘中几种键位的详细功能见表 1–5。

表 1–5 计算机键盘中几种键位的功能

按　键	功　能
Enter 键	回车键。用于将数据或命令送入计算机
Space 键	空格键。它是在字符键区的中下方的长条键。因为使用频繁，它的形状和位置使左右手都很容易敲打
Back Space 键	退格键。按下它可使光标回退一格；常用于删除当前行中的错误字符
Shift 键	换档键。由于整个键盘上有 30 个双字符键（即每个键面上标有两个字符），并且英文字母还分大小写，因此需要此键来转换；在计算机刚启动时，每个双符键都处于下面的字符和小写英文字母的状态
Ctrl 键	控制键。一般不单独使用，通常和其他键组合成复合控制键

续表

按　　键	功　　　　能
Esc 键	强行退出键。在菜单命令中，它常是退出当前环境和返回原菜单的按键
Alt 键	交替换档键。它与其他键组合成特殊功能键或复合控制键
Tab 键	制表定位键。一般按下此键可使光标移动 8 个字符的距离
光标移动键	用箭头↑、↓、←、→分别表示向上、向下、向左、向右移动光标
屏幕翻页键	PgUp（Page Up），翻回上一页；PgDn（Page Down），下翻一页
PrintScreen SysRq	打印屏幕键。把当前屏幕显示的内容全部打印出来
双态键	包括 Insert 键和 3 个锁定键。Insert 的双态是插入状态和改写状态，Caps Lock 是字母状态和锁定状态，Num Lock 是数字状态和锁定状态，Scroll Lock 是滚屏状态和锁定状态。当计算机启动后，4 个双态键都处于第一种状态，按键后即处于第二种状态；在不关机的情况下，反复按键则在两种状态之间转换。为了区分锁定与否，许多键盘配置了指示灯

（2）鼠标

鼠标（Mouse）又称为鼠标器，也是微机上的一种常用的输入设备，是控制显示屏上光标移动的一种指点式设备。如图 1–27 所示。在软件支持下，通过鼠标器上的按钮，向计算机发出输入命令，或完成某种特殊的操作。常见鼠标种类如下。

① 机械式鼠标。机械式鼠标售价低廉并且购买方便，但由于技术含量较少，存在准确性与精确度较差，传输速度较慢，使用寿命较短等诸多缺点，而且在使用中圆球常会沾染一些杂物，须做不定期的清理，现在已经被淘汰。

图 1–27　鼠标

② 光电式鼠标。光电式鼠标精确度高，可靠性好。光电鼠标利用光线照射所在的物体表面，根据两次连续照射的位移来确定坐标的移动方向及数值。但因光的折射，平板必须配合滑鼠的光线的照射角度精确设计，否则无法运作。

③ 无线鼠标。无线鼠标是指无线缆直接连接到主机的鼠标。一般采用 27 MHz RF 无线技术、2.4 GHz 无线网络技术、蓝牙技术实现与主机的无线通信。无线鼠标需要额外的电池供电，寿命没有有线鼠标长，价格高等。

除了以上几种常见的鼠标，还有一种称为"轨迹球"的鼠标器，其工作原理与机械式鼠标相同，内部结构也类似。所不同的是轨迹球工作时球在上面，直接用手拨动球工作，球座固定不动。

（3）触摸屏

触摸屏是在普通显示屏的基础上，附加了坐标定位装置而构成的。当手指接近或触及屏幕时，计算机会感知手指的位置，从而利用手指这一最自然的工具取代键盘光标键或鼠标等定位输入设备。如图 1–28 所示。触摸屏通常有两种构成方法：红外检测式和压敏定位式。

（4）扫描仪

扫描仪是 20 世纪 80 年代中期开始发展起来的，是一种图形、图像的专用输入设备。如图 1–29 所示。利用它可以迅速地将图形、图像、照片、文本从外部环境输入计算机中。扫描仪的主要性能指标是分辨率、灰度级和色彩数。

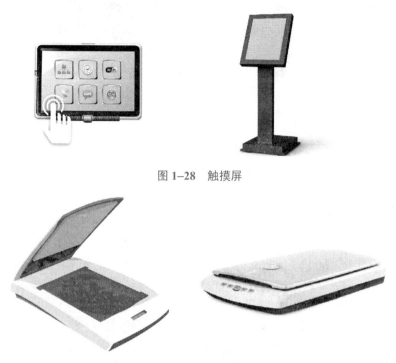

图 1-28　触摸屏

图 1-29　扫描仪

① 分辨率表示了扫描仪对图像细节的表现能力，通常用每英寸上扫描图像所包含的像素点表示，单位为 dpi（dot per inch），目前扫描仪的分辨率在 300～1 200 dpi 之间。

② 灰度级表示灰度图像的亮度层次范围，级数越多，说明扫描仪图像的亮度范围越大，层次越丰富。目前大多数扫描仪的灰度级为 1 024 级。

③ 色彩数表示彩色扫描仪所能产生的颜色范围，通常用每个像素点上颜色的数据位数 bit 表示。

（5）数码相机

数码相机也是计算机的一种输入设备，它的作用与传统的照相机相似，不同的是它不用胶卷，照相之后，可把照片直接输入计算机，计算机又可对输入的照片进行处理。一般用数码相机、计算机及一台打印机便可组成一个电脑摄影系统，做出普通照相馆无法做出的特殊效果。

（6）其他输入设备

常见的输入设备还有手写笔（用来输入汉字）、游戏杆（游戏中使用）、数字化仪（用来输入图形）、数字摄像机（可输入动态视频数据）、条形码阅读器、磁卡阅读器、光笔等。

6. 输出设备（Output）

输出设备是人与计算机交互的一种部件，用于数据的输出。它把各种计算结果数据或信息以数字、字符、图像、声音等形式表示出来。常见的有显示器、打印机、绘图仪、影像输出系统、语音输出系统、磁记录设备等。

（1）显示器

常用的有阴极射线管显示器、液晶显示器和等离子显示器。阴极射线管显示器（CRT）现在已经被液晶显示器（LCD）取代。如图 1-30 所示。

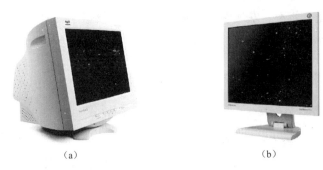

图 1-30   显示器

(a) CRT 显示器；(b) LCD 显示器

液晶显示器的性能参数如下。

① 可视面积。液晶显示器所标示的尺寸就是实际可以使用的屏幕范围。

② 显示器分辨率。分辨率是以乘法形式表示的，比如 800×600，其中 800 表示屏幕上水平方向显示的点数，600 表示垂直方向显示的点数。因此，所谓的分辨率就是指画面的解析度，由多少像素构成，其数值越大，图像也就越清晰。分辨率不仅与显示尺寸有关，还要受点距、视频带宽等因素的影响。

③ 对比度。对比值是最大亮度值（全白）与最小亮度值（全黑）的比值。LCD 制造时选用的控制 IC、滤光片和定向膜等配件，与面板的对比度有关，对一般用户而言，对比度能够达到 350∶1 就足够了，但在专业领域，这样的对比度是不能满足用户需求的。

④ 信号响应时间。响应时间指的是液晶显示器对于输入信号的反应速度，也就是液晶由暗转亮或由亮转暗的反应时间，通常是以毫秒为单位。此值是越小越好。如果响应时间太长，就有可能使液晶显示器在显示动态图像时，有尾影拖曳的感觉。

⑤ 可视角度。液晶显示器的可视角度左右对称，而上下则不一定对称。LCD 的可视角度是一个让人头疼的问题，当背光源通过偏极片、液晶和取向层之后，输出的光线便具有了方向性。也就是说，大多数光都是从屏幕中垂直射出来的，所以从某一个较大的角度观看液晶显示器时，便不能看到原本的颜色，甚至只能看到全白或全黑。为了解决这个问题，制造厂商们也着手开发广角技术，目前为止有三种比较流行的技术，分别是 TN+FILM、IPS 和 MVA。

（2）打印机（Printer）

打印机是计算机系统最基本的输出形式，可以把文字或图形在纸上输出，供用户阅读和长期保存。如图 1-31 所示。

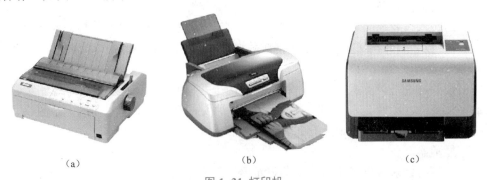

图 1-31 打印机

(a) 针式打印机；(b) 喷墨打印机；(c) 激光打印机

打印机按工作原理可分为击打式打印机和非击打式打印机两类。

击打式打印机是将字模通过色带和纸张直接接触打印出来的。击打式打印机又分为字模式和点阵式两种，点阵式打印机是用一个点阵表示一个数字、字母和特殊符号的，点阵越大，点数越多，打印字符就越清晰。目前我国普遍使用的针式打印机就属于击打式打印机，针式打印机速度慢，噪声大，但它特别适合打印票据，所以财务人员经常使用它。

非击打式打印机主要有激光打印机和喷墨打印机。

激光打印机打印效果清晰，质量高，而且速度快，噪声低。激光打印机是目前打印速度最快的一种。随着价格的下降和出色的打印效果，已经被越来越多的人所接受。喷墨打印机具有打印质量较高、体积小、噪声低的特点。喷墨打印机的打印质量优于针式打印机，但是需要时常更换墨盒。

7. 其他设备

（1）显示卡

显示卡（Display Card）又叫显示适配器，简称显卡，它的基本作用是控制计算机的图形输出，将计算机系统所需要显示的信息进行转换驱动，并向显示器提供行扫描信号，控制显示器的正确显示。显示卡是连接显示器和个人电脑主板的重要元件，是"人机对话"的重要设备之一。其外观如图 1–32 所示。

图 1–32　显示卡

显示卡由显示芯片、显示内存以及 RAMDAC（随机读写存储数–模转换器）等组成，这些组件决定了计算机屏幕上的输出量，包括屏幕画面显示的速度、颜色、刷新频率以及显示分辨率等。

（2）声卡

声卡也叫音频卡，是多媒体计算机中的重要部件，可以实现声波/数字信号的相互转换。声卡对送来的声音信号进行处理，然后再送到音箱进行还原。声卡处理的声音信息在计算机中以文件的形式存储。声卡主要由音效处理芯片、游戏/MIDI 插口、线性输入/输出插口、话筒输入插口和内置声音输出接口组成。目前大部分主板都集成了音效处理芯片，用户一般无须另外购置独立的声卡。图 1–33 所示为主板集成的音效处理芯片，图 1–34 所示为主板后部的集成声卡接口。

（3）网卡

网卡（Network Interface Card）也称网络适配器，它是连接计算机与网络的硬件设备，是计算机上网必备的硬件之一。网卡的主要作用是通过网线（双绞线、同轴电缆等）或其他的媒介来实现与网络中的其他用户共享资源和交换数据的功能。网卡分为有线网卡、无线网卡和无线移动网卡 3 种。

图 1-33 音效处理芯片

图 1-34 声卡接口

① 有线网卡：目前台式计算机中普遍使用的都是有线网卡，有线网卡又分为独立网卡和集成网卡两类，如图 1-35 和图 1-36 所示。由于网卡是上网的必备品，现在大部分主板都有集成网卡。

图 1-35 独立网卡

图 1-36 集成网卡

② 无线网卡：无线网卡的显著特点就是连接网络时不需要网线，它利用无线技术取代网线，如图 1-37 所示。

③ 无线移动网卡：无线移动网卡和无线网卡相比，优点是可以通过中国电信、中国移动或中国联通的 3G 无线通信网络上网，这种上网方式非常方便，但资费较高，与有线网络相比，网速稍慢。图 1-38 所示为 3G 无线上网卡。

图 1-37 无线网卡

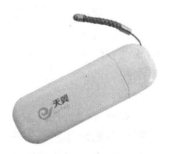

图 1-38 3G 无线网卡

1.4　计算机的主要技术指标

计算机的性能涉及体系结构、软硬件配置、指令系统等多种因素，一般来说主要有下列技术指标。

1. 字长

字长是指计算机运算部件一次能同时处理的二进制数据的位数。字长越长，作为存储数据，则计算机的运算精度就越高；作为存储指令，则计算机的处理能力就越强。通常，字长总是 8 的整倍数，如 8、16、32、64 位等。PC 机的字长已由 8088 的准 16 位（运算用 16 位，I/O 用 8 位）发展到现在的 32 位和 64 位。

2. 主频

主频是指 CPU 的时钟频率。它的高低在一定程度上决定了计算机速度的高低。主频以 MHz 为单位，一般来说，主频越高，速度越快。由于微处理器发展迅速，微机的主频也在不断提高。现在的 Intel 和 AMD 的 CPU 都普遍超越了 GHz 的大关，所以现在的 CPU 主频都以 GHz 为单位（基本的换算关系是 $1\,\text{MHz}=10^6\,\text{Hz}$，$1\,\text{GHz}=10^3\,\text{MHz}$）。如我们经常听说的 Pentium 4 3.0 GHz，其中 3.0 GHz 就是 CPU 的主频。

3. 运算速度

计算机的运算速度通常是指每秒钟所能执行加法指令数目。常用百万次/秒（Million Instructions Per Second，MIPS）来表示。这个指标更能直观地反映机器的速度。

4. 存储容量

存储容量包括主存容量和辅存容量，主要指内存储器的容量。显然，内存容量越大，内存的容量越大，存储的程序和数据就越多，能运行的软件功能越丰富，处理能力越强。微机的内存储器已由 286 机配置的 1 MB，发展到现在 Pentium 4 配置的 512 MB，甚至 1 GB 以上。

5. 存取周期

内存完成一次读（取）或写（存）操作所需的时间称为存储器的存取时间或者访问时间。而连续两次读（或写）所需的最短时间称为存储周期。对于半导体存储器来说，存取周期约为几十到几百纳秒（ns）。

此外，计算机的可靠性、可维护性、平均无故障时间和性能价格比等也都是计算机的技术指标。

1.5　程 序 设 计

程序设计技术从计算机诞生到今天一直是计算机应用的核心技术。从某种意义上说，计算机的能力主要靠程序来体现。

程序是计算机的一组指令，是程序设计的最终结果。程序经过编译和执行才能最终完成其功能。程序设计是指利用计算机解决问题的全过程，它包含多方面的内容，而编写程序只是其中的一部分。使用计算机解决实际问题，通常是先对问题进行分析并建立数学模型，然后考虑数据的组织方式和算法，并用某种程序设计语言编写程序，最后调试程序，使之运行后能产生预期的效果，这个过程称为程序设计。程序设计的基本目标是现实算法和对初始数据进行处理，从而完成问题的求解。

　　算法（algorithm）是指解决特定问题的一种方法或有穷步骤的集合。解决任何一个实际问题都需要有一种适合的、有效的方法，数据结构研究的一项重要的内容是数据的运算，也就是解决问题的步骤和方法，这就是算法的概念。算法可以理解为有基本运算及规定的运算顺序所构成的完整的解题步骤。或者看成按照要求设计好的有限的确切的计算序列，并且这样的步骤和序列可以解决一类问题。

　　通常，可采用下列四种方法描述一个算法：流程图算法描述、非形式算法描述、类语言算法描述、高级语言编写的程序或函数。

　　在程序设计中，可以使用程序流程来描述解题过程中的各种操作。从程序流程的角度来看，程序可以分为三种基本结构，即顺序结构、选择结构、循环结构。这三种基本结构可以组成所有的各种复杂程序。

　　1）顺序结构：顺序结构是一种线性、有序的结构，它依次执行各语句模块。

　　2）循环结构：循环结构是重复执行一个或几个模块，直到满足某一条件为止。

　　3）选择结构：选择结构是根据条件成立与否选择程序执行的通路。

　　1. 计算机的发展经历了哪几个阶段？各阶段主要特征是什么？

　　2. 一般情况下，通用计算机可以分为哪几类？

　　3. 计算机主要应用于哪些领域？

　　4. 简述冯·诺依曼思想。

　　5. 计算机系统是由哪两部分组成的？计算机硬件由哪五部分组成？

　　6. 程序设计语言按其发展的先后可分为哪几种？

　　7. 源程序都必须经过相应的翻译程序翻译成目标程序后才能由计算机来执行，这种翻译通常有哪两种方法？

　　8. 计算机中的信息为何采用二进制表示？

　　9. 计算机中常见的输入和输出设备有哪些？

　　10. 计算机的存储器通常分为几种？它们各自有什么特点？

　　11. 列举常用的外存储器。

　　12. RAM 和 ROM 的功能是什么？比较它们的特点与不同之处。

　　13. 打印机分为哪几种？其主要特点是什么？

　　14. 衡量 CPU 性能的主要技术指标有哪些？

　　15. 什么是计算机软件、系统软件、应用软件？

## 第 2 章

中文 Windows 7 操作系统

◇ 操作系统及其基本功能和分类

◇ Windows 7 的功能、基本概念和常用术语

◇ Windows 7 的启动和退出、"开始"菜单的使用等基本操作方法

◇ "资源管理器"或"计算机"的操作和使用

◇ 文件和文件夹的概念、创建与删除、复制与移动、文件名和文件夹名的重命名、属性的设置和查看以及文件的查找等操作

◇ 控制面板的使用，如桌面设置、添加和删除程序、输入法设置、日期/时间设置等

◇ Windows 7 常用工具，如记事本、计算器、画图的使用方法

Windows 7 是微软继 Windows XP、Vista 之后的又一代操作系统，它具有性能更高、启动更快、兼容性更强，具有很多新特性和优点，提高了屏幕触控支持和手写识别，支持虚拟硬盘，改善了多内核处理器，改善了开机速度和内核改进等。Windows 7 的设计主要围绕五个重点——针对笔记本电脑的特有设计；基于应用服务的设计；用户的个性化；视听娱乐的优化；用户易用性的新引擎。

微软中国网站发布的 Windows 7 共包括 4 个版本：家庭普通版、家庭高级版、专业版以及旗舰版。其中旗舰版拥有 Windows 7 的所有功能，适用于高端用户。

本章将以旗舰版为例介绍 Windows 7 的基本操作和使用方法。

2.1　操作系统概述

有人把操作系统在计算机系统中的作用比喻为"大脑"在人体中的作用，不论这种比喻是否恰当，但至少说明了一个问题——操作系统对计算机系统而言是至关重要的。

本节将简要介绍操作系统的基本概念，包括什么是操作系统、它有哪些功能、操作系统分类，以及常见的、流行的操作系统。

2.1.1　什么是操作系统

在讲述操作系统的定义之前，先介绍一下相关概念。

1. 裸机（Bare Machine）

计算机系统的硬件部分包括 CPU、存储器、I/O 设备等，是计算机工作的物理实体，简称为计算机硬件。

仅有硬件的计算机就是裸机，也就是说，裸机是没有任何软件支持的计算机。裸机对外提供的界面只是机器命令。用户若直接使用裸机，就必须熟悉计算机系统的硬件配置，并且能够使用机器语言书写程序。这对用户来讲很不方便。

2. 虚拟机（Virtual Machine）

虚拟机，顾名思义就是虚拟出来的 PC，它和真实的 PC 几乎完全一样。它是将一台 PC上的硬盘和内存的一部分拿出来虚拟成若干台机器，每台机器可以运行单独的操作系统而互不干扰，甚至可以将几个操作系统联成一个网络。在虚拟系统崩溃之后可直接删除而不影响本机系统。同时它也是唯一能在 Windows 和 Linux 主机平台上运行的虚拟计算机软件。虚拟机软件不需要重开机，就能在同一台电脑上使用几个操作系统，不但方便，而且安全。虚拟机在学习技术方面能够发挥很大的作用。

3. 操作系统（Operating System）

通常情况下，操作系统被定义为：控制和管理计算机硬件、软件资源，合理组织计算机工作流程以及方便用户使用的大型程序，它由许多具有控制和管理功能的子程序组成。

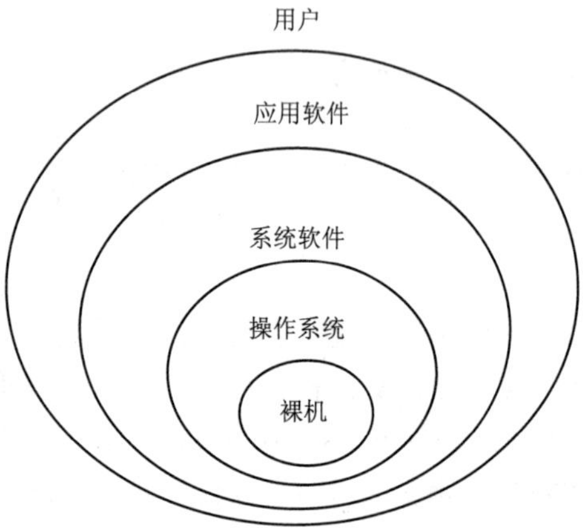

操作系统是一个复杂的软件系统，它与计算机硬件系统紧密联系着，也与用户紧密联系着。要让"裸机"接收用户的命令，执行相应的操作是非常难的事情，这是因为二进制不是人们熟悉的语言，而操作系统在硬件之上建立了一个服务体系，为用户使用计算机提供了一个非常友好、方便的环境界面。如果把现在的计算机系统分为若干层次，操作系统所处的地位就十分清楚了，如图 2-1 所示。操作系统种类繁多，但基本目的只有一个，即要实现在不同环境下为不同应用目的提供不同形式和不同效率的资源管理，以满足不同用户的操作需要。

图 2-1　操作系统的位置

2.1.2　操作系统的功能

操作系统的功能主要体现在两个方面：一是管理计算机，用来更有效地管理和分配计算机系统的硬件和软件资源，使得有限的系统资源能够发挥更大的作用；二是使用计算机，透过内部复杂、严谨的管理，为用户提供友好、便捷的操作环境，以便用户无须了解计算机硬件和软件的有关细节就能方便地使用计算机。

从资源管理的角度看，操作系统功能可分为以下 5 个方面。

1. 处理机管理

处理机是计算机系统中最重要的硬件资源（如微型机计算机中的 CPU），任何程序只有占用了处理机才能运行。同时，由于处理机的速度远比存储器的速度和外部设备速度快，只有协调好它们之间的关系才能充分发挥处理机的作用。操作系统可以使处理机在同一段时间内并发地处理多项任务，从而使计算机系统的工作效率得到最大程度的发挥。

2. 存储管理

当计算机在处理一个作业时，操作系统、用户程序和数据需要占用内存资源，这就需要操作系统进行统一的内存分配与管理，使它们既保持联系，又避免互相干扰。如何合理地使用与分配有限的存储空间，是操作系统对存储器管理的一个重要工作。操作系统按一定原则回收空闲的存储空间，必要时还可以使有用的内容临时覆盖掉暂时无用的内容，待需要时再把被覆盖掉的内容从外部存储器调入内存，从而相对地增加了可用的内存容量。当内存不够时，它通过调用虚拟内存来保障作业的正常处理。

3. 文件管理

把逻辑上具有完整意义的信息集合，将它们整体记录下来，并保存在存储设备中，这个整体就称为文件。为了区别不同信息的文件，应分别对它们命名，这个名字称为文件名。例如，一个源程序、一批数据、一个文档、一幅图像、一首乐曲或一段视频都可以各自组成一个文件。文件是由文件系统来管理的，文件系统是一个可以实现文件"按名操作"的系统软件。文件系统根据用户要求实现按文件名存取文件、负责对文件的组织，以及对文件存取权限、打印等的控制。

4. 设备管理

操作系统控制外部设备和 CPU 之间的通信，把提出请求的外部设备按一定的优先顺序排好队，等待 CPU 的处理。为了提高 CPU 与输入/输出设备之间并行操作的程度，协调高速 CPU 和低速输入/输出设备之间的工作，操作系统通常在内存中设定一些缓冲区，使 CPU 与外部设备通过缓冲区成批传送数据。数据传输方式是，先从外部设备一次读入一组数据到内存的缓冲区，CPU 依次从缓冲区读取数据，待缓冲区中的数据用完后再从外部设备读入一组数据。这样成组进行 CPU 与输入/输出设备之间的数据交互；减少了 CPU 外部设备之间的交互次数，提高了运算速度。

5. 用户接口

用户操作计算机的界面称为用户接口（或用户界面），通过用户接口，用户只须进行简单操作，就能实现复杂的应用处理。用户接口有三种类型：

① 命令接口。用户通过交互命令方式直接或间接地对计算机进行操作。

② 程序接口。供用户以程序方式进行操作。程序接口也称为应用程序编程接口（Application Programming Interface，API），用户通过 API 可以调用系统提供的例行程序，实现既定的操作。

③ 图形接口。是操作系统为用户提供的一种更加直观的方式，它是命令接口的图形化形式。图形接口借助于窗口、对话框、菜单和图标等多种方式实现。用户可以通过鼠标单击指示操作系统完成相应的功能。

2.1.3　操作系统的分类

1. 按与用户对话的界面分类

（1）命令行界面操作系统

用户只有在命令提示符（如 C:\DOS>）后输入命令才能操作计算机。典型的命令行界面操作系统有 MS–DOS、Novell 等。

（2）图形用户界面操作系统

在这类操作系统中，每一个文件、文件夹和应用程序都可以用图标来表示，所有的命令都组织成菜单或以按钮的形式列出。若要运行一个程序，只需用鼠标对图标和命令进行单击即可。典型的图形用户界面操作系统如 Windows XP/2000、Windows NT、网络版的 Novell 等。

2. 按操作系统的工作方式分类

（1）单用户单任务操作系统

单用户操作系统的主要特征是计算机系统内一次只能支持运行一个用户程序。这类系统的最大缺点是计算机系统的资源不能充分利用。微型机的 DOS 操作系统属于这一类。

（2）单用户多任务操作系统

单用户多任务操作系统也是为单个用户服务的，但它允许用户一次提交多项任务。例如，用户可以在运行程序的同时开始另一文档的编辑工作。常用的单用户多任务操作系统有 OS/2、Windows 3.x/95/98 等。

（3）多用户多任务分时操作系统

多用户多任务分时操作系统允许多个用户共享使用同一台计算机的资源，即在一台计算机上连接几台甚至几十台终端机，终端机可以没有自己的 CPU 与内存，只有键盘与显示器，每个用户都通过各自的终端机使用这台计算机的资源，计算机按固定的时间片轮流为各个终端服务。由于计算机的处理速度很快，用户感觉不到等待时间，似乎这台计算机专为自己服务一样。Windows 7、UNIX 就是典型的多用户多任务分时操作系统。

3. 按操作系统的功能分类

（1）批处理系统（Batch Processing Operating System）

批处理操作系统是 20 世纪 70 年代运行于大、中型计算机上的操作系统。当时由于单用户单任务操作系统的 CPU 使用效率低，I/O 设备资源未充分利用，因而产生了多道批处理系统，它主要运行在大中型机上。多道是指多个程序或多个作业同时存在和运行，故也称为多任务操作系统。IBM 的 DOS/VSE 就是这类系统。

（2）分时操作系统（Time-Sharing Operating System）

分时系统是一种具有如下特征的操作系统：在一台计算机周围挂上若干台近程或远程终端，每个用户可以在各自的终端上以交互的方式控制作业运行。

在分时系统管理下，虽然各用户使用的是同一台计算机，但却能给用户一种"独占计算机"的感觉。实际上是分时操作系统将 CPU 时间资源划分成极短的时间片（毫秒量级），轮流分给每个终端用户使用。当一个用户的时间片用完后，CPU 就转给另一个用户，前一个用户只能等待下一次轮到。由于人的思考、反应和键入的速度通常比 CPU 的速度慢得多，所以只要同时上机的用户不超过一定数量，人就不会有延迟的感觉，好像每个用户都独占着计算机似的。分时系统的优点是：第一，经济实惠，可充分利用计算机资源；第二，由于采用交互会话方式控制作业，用户可以坐在终端前边思考、边调整、边修改，从而大大缩短了解题周期；第三，分时系统的多个用户间可以通过文件系统彼此交流数据和共享各种文件，在各自的终端上协同完成共同任务。分时操作系统是多用户多任务操作系统。UNIX 是国际上最流行的分时操作系统。

> **提示：** 分时指的是并发进程对 CPU 时间的共享。共享的时间单位称为时间片，时间片很短，如几十毫秒。

（3）实时操作系统（Real-Time Operating System）

在某些应用领域，要求计算机对数据能进行迅速处理。例如，在自动驾驶仪控制下飞行的飞机、导弹的自动控制系统中，计算机必须对测量系统测得的数据及时、快速地进行处理和反应，以便达到控制的目的，否则就会失去战机。这种有响应时间要求的快速处理过程叫做实时处理过程。当然，响应的时间要求可长可短，可以是秒、毫秒或微秒级的。对于这类实时处理过程，批处理系统或分时系统均无能为力了，因此产生了另一类操作系统——实时操作系统。配置实时操作系统的计算机系统称为实时系统。实时系统按其使用方式可分成两类：一类是广泛用于钢铁、炼油、化工生产过程控制，武器制导等各个领域中的实时控制系统；另一类是广泛用于自动订购飞机票和火车票系统、情报检索系统、银行业务系统、超级市场销售系统中的实时数据处理系统。

（4）网络操作系统（Network Operating System）

计算机网络是通过通信线路将地理上分散且独立的计算机联结起来的一种网络。有了计算机网络之后，用户可以突破地理条件的限制，方便地使用远地的计算机资源。提供网络通信和网络资源共享功能的操作系统称为网络操作系统。

（5）分布式操作系统（Distributed Operating System）

分布式计算机系统由多台计算机组成，系统中各台计算机无主次之分；系统资源共享；系统中任意两台计算机可传递信息，交换信息；系统中若干台计算机可以并行运行，相互协作完成一个共同的任务。分布式操作系统是用于管理分布式计算机系统资源的操作系统。

2.1.4　常见操作系统简介

目前为止，世界上存在的几种主要的操作系统能够适应的计算机类型是各不相同的，每种操作系统都只能在特定的计算机硬件系统上运行。目前，多数用户使用的都是微型计算机，微型计算机流行的操作系统主要有以下几种。

1. MS-DOS 操作系统

MS-DOS 操作系统是美国微软（Microsoft）公司在 20 世纪 80 年代为 IBM 微型计算机开发的操作系统。它是一种单用户操作系统，单个用户的唯一任务是占用计算机上所有的硬件和软件资源。

MS-DOS 系统有很明显的弱点：一是它作为单任务操作系统已不能满足需要；二是由于最初是为 16 位微处理器开发的，因而所能访问的内存地址空间太小，限制了微型计算机的性能。

2. Windows 操作系统

Windows 是微软公司开发的具有图形用户界面的操作系统。在 Windows 系统下可以同时运行多个应用程序。例如，在使用 Word 文字处理软件编写一篇文章时，如果想在其中插入一幅图画，可以不退出 Word 而启动 Windows 中附带的应用软件"画笔"来画图，然后插入正在用 Word 软件编写的文章中去。这时，两个应用程序实际上都已调入内存储器中，处于工作状态。

3. UNIX 操作系统

UNIX 操作系统是一款功能强大的多用户、多任务操作系统，支持多种处理器结构，于1969 年由美国 AT&T 的贝尔实验室开发推出。经过长期的发展和完善，目前已成长为一种主流的操作系统技术和基于这种技术的产品大家族。由于 UNIX 具有技术成熟、可靠性高、网络和数据库功能强、伸缩性突出和开放性好等特点，可满足各行各业的实际需要，特别能满足企业重要业务的需要，使之成为被业界公认的工业化标准的操作系统。UNIX 是目前唯一能在各种类型计算机（从微型计算机、工作站到巨型计算机）的各种硬件平台上稳定运行的操作系统。

4. Linux 操作系统

Linux 是一款与 UNIX 完全兼容的操作系统，但它的内核全部重新编写，且所有源代码都是公开发布的。Linux 由芬兰人 Linus Torvalds 于 1991 年 8 月在芬兰赫尔辛基大学上学时发布的（那年 Torvalds 25 岁）。后来经过众多世界顶尖的软件工程师的不断修改和完善，Linux 得以在全球普及，已经成为一个稳定可靠、功能完善、性能卓越的操作系统，目前 Linux 已获得了许多国外计算机公司，如 IBM、SGI、HP，以及多个中国公司的支持。许多公司还相继推出了在 Linux 环境中运行的应用软件。Linux 正在成为 Windows 操作系统强有力的竞争对手。

5. 其他操作系统

除了上述操作系统之外，还有其他一些操作系统值得注意。例如，Macintosh OS 是美国苹果（Apple）公司为苹果系列计算机配置的操作系统，曾因硬件的升级而多次改名。该系统于 1984 年推出，是微型计算机市场上第一个成功采用图形用户界面的操作系统。由于苹果系列计算机在美国等国家和地区一直有较大的市场份额，因而这种操作系统也成为一种行销全球的产品。

2.2　中文 Windows 7 概述

图 2-2　Windows 标志

　　Windows 是美国 Microsoft 公司继成功开发了 MS-DOS 之后，为高档 PC（32 位机）开发的又一个个人计算机操作系统，如图 2-2 所示。Windows 是一个采用图形窗口界面的多任务的操作系统，它使用户对计算机的各种复杂操作只须通过单击鼠标即可轻松实现，从而为更广大的用户（甚至是对计算机知识为零的用户）使用计算机提供了方便。

　　自 1983 年开发成功 Windows 操作环境，到如今 Windows 已经成为微型计算机行业典型、主流的操作系统，在 20 多年的发展过程中，出现了一系列不同版本的 Windows 系统。

2.2.1　Windows 的发展

要了解 Windows 发展历史，必然要先了解一下微软公司。微软公司是全球最大的电脑软件提供商，总部设在华盛顿州的雷德蒙市。公司于 1975 年由比尔·盖茨和保罗·艾伦成立。公司最初以 Micro-soft 的名称发展和销售 BASIC 解释器。最初的总部是新墨西哥州的阿尔伯克基。

1975 年 4 月 4 日，Microsoft 成立。

1979 年 1 月 1 日，Microsoft 从北墨西哥州 Albuquerque 迁移至华盛顿州 Bellevue。

1981 年 6 月 25 日，Microsoft 正式登记公司。

1981 年 8 月 12 日，IBM 推出 MS-DOS 1.0 的个人电脑。

MS-DOS 是 Microsoft Disk Operating System 的简称，意即由美国微软公司提供的磁盘操作系统。在 Windows 95 以前，DOS 是 PC 兼容电脑的最基本配备，而 MS-DOS 则是最普遍使用的 PC 兼容 DOS。

1985 年 11 月，Microsoft Windows 1.0 发布。当时被人所青睐的 GUI 计算机平台是 GEM 及 Desqview/X，因此用户对 Windows 1.0 的评价并不高。

Windows 1.0（图 2-3）本质上宣告了 MS-DOS 操作系统的终结。

图 2-3　Windows 1.0 操作系统截图

1987 年 12 月 9 日，Windows 2.0 发布。

1990 年 5 月 22 日，Windows 3.0 正式发布，由于在界面/人性化/内存管理多方面的巨大改进，终于获得用户的认同。之后微软公司趁热打铁，于 1991 年 10 月发布了 Windows 3.0 的多语版本，为 Windows 在非英语母语国家的推广起到了重大作用。

1992 年 4 月，Windows 3.1 发布，在最初发布的 2 个月内，销售量就超过了 100 万份，至此，微软公司的资本积累/研究开发进入良性循环。

1993 年，Windows NT 3.1 发布，由于是第一款真正对应服务器市场的产品，所以稳定性方面比桌面操作系统更为出色。

1994 年，Windows 3.2 的中文版本发布。由于消除了语言障碍，降低了学习门槛，因此很快在国内流行起来。

1995 年最轰动的事件，莫过于 8 月期间 Windows 95 发布，出色的多媒体特性、人性化的操作、美观的界面令 Windows 95 获得空前成功。业界也将 Windows 95 的推出看作是微软发展的一个重要里程碑。

Windows 95 是一个混合的 16 位/32 位 Windows 系统，其版本号为 4.0，由微软公司发行于 1995 年 8 月 24 日。

1996 年 8 月，Windows NT 4.0 发布，增加了许多对应管理方面的特性，稳定性也相当不错，这个版本的 Windows 软件至今仍被不少公司使用。

1998 年 6 月 25 日，Windows 98 发布。这个新的系统是基于 Windows 95 编写的。微软敏锐地把握住了即将到来的互联网络大潮，捆绑的 IE 浏览器最终在几年后敲响了网景公司的丧钟。Windows 98 是如此出色，以致在 6 年后的今天还有很多用户依然钟情于它。

Microsoft Windows 2000（起初称为 Windows NT 5.0）是一个由微软公司发行于 2000 年 12 月 19 日的 Windows NT 系列的纯 32 位图形的视窗操作系统。Windows 2000 是主要面向商业的操作系统。

2001 年 10 月 25 日，Windows XP 发布。Windows XP 是微软把所有用户的要求合成一个操作系统的尝试，和以前的 Windows 桌面系统相比，稳定性有所提高，而为此付出的代价是丧失了对基于 DOS 程序的支持。

Windows Vista 是美国微软公司开发的代号为 Longhorn 的下一版本 Microsoft Windows 操作系统的正式名称。它是继 Windows XP 和 Windows Server 2003 之后的又一重要的操作系统。该系统带有许多新的特性和技术。2005 年 7 月 22 日，太平洋标准时间早晨 6 点，微软公司正式公布了这一名字。

2009 年 10 月 22 日，微软公司 CEO 鲍尔默在美国总部正式发布最新一代的操作系统 Windows 7。2009 年 10 月 23 日，微软公司分别在中国的杭州和北京发布 Windows 7 中文版，全球进入 Win7 时代。

微软于北京时间 2012 年 10 月 25 日 23 点 15 分推出最新的 Windows 8 系统。Windows 8 支持个人电脑（X86 构架）及平板电脑（X86 构架 或 ARM 构架）。它大幅改变以往的操作逻辑，提供更佳的屏幕触控支持，微软自称触摸革命将开始。

2.2.2　Windows 7 的功能和特点

与 Microsoft 公司以前发布的 Windows 操作系统相比，Windows 7 有以下新特征。

1）提供了玻璃效果（Aero）的图形化用户界面，操作直观、形象、简便，不同应用程序保持操作和界面方面的一致性，为用户带来很大方便。

2）做了许多方便用户的设计，如：快速最大化、窗口半屏显示、跳转列表（Jump List）、系统故障快速修复等，这些新功能令 Windows 7 成为最易用的 Windows。

3）进一步提高了计算机系统的运行安全可靠性和易维护性。Windows 7 改进了安全和功能的合法性，把数据保护和管理扩展到外围设备；改进了基于角色的计算方案和用户账户管理，在数据保护和坚固协作的固有冲突之间搭建沟通桥梁，同时也可开启企业级的数据保护和权限许可。

4）增强了网络功能和多媒体功能。Windows 7 进一步增强了移动工作能力，无论何时、何地，任何设备都能访问数据和应用程序；开启了坚固的特别协作体验，无线连接、管理和安全功能会进一步扩展；令性能和当前功能以及新兴移动硬件得到优化，拓展了多设备同步、管理和数据保护功能。

5）解决了操作系统存在的兼容性问题。

6）Windows 7 的资源消耗低、执行效率高，笔记本的电池续航能力也大幅增加，堪称是最绿色、最节能的系统。

2.2.3　Windows 7 运行环境

1. 安装 Windows 7 系统的硬件需求

Windows 版本的不断升级，对运行环境也提出了一定的要求，Windows 7 系统的硬件需求见表 2-1。

表 2-1　Windows 7 安装要求

设备名称	基本要求	备　注
CPU	2.0 GHz 及以上	Windows 7 有 32 位、64 位两种版本，如果使用 i7、i5 的 CPU，推荐使用 64 位版本
内存	1.0 GB DDR 及以上	建议 2 GB 以上，最好用 4～8 GB（32 位操作系统只能识别大约 3.25 GB 的内存，推荐安装 64 位版本）
硬盘	60 GB 以上可用空间	系统分区 60～100 GB 对日后使用有很大帮助
显卡	显卡支持 DirectX 9 WDDM 1.1 或更高版本（显存大于 128 MB）	显卡支持 DirectX 9 就可以开启 Windows Aero 特效
其他设备	DVD R/RW 驱动器或者 U 盘等其他储存介质	安装用
	互联网连接/电话	需要在线激活，如果不激活，最多只能使用 30 天

键盘和鼠标也是不可缺少的输入设备。

2. Windows 7 系统的软件需求

所谓 Windows 7 系统的软件需求，主要是指对于硬盘系统的需求。

1）安装 Windows 7 系统的硬盘分区必须采用 NTFS 结构，否则安装过程中会出现错误提示而无法正常安装。

2）由于 Windows 7 系统对于硬盘可用空间的需求比较高，因此用于安装 Windows 7 系统的硬盘必须要确保至少有 16 GB 的可用空间，最好能提供 40 GB 可用空间的分区供系统安装使用。

2.2.4　Windows 7 的启动和退出

1. Windows 7 的启动

启动 Windows 7 的过程如下：

① 连接好线路后，按下计算机电源开关 POWER 按钮，这时计算机进入自检状态。屏幕上会显示用户计算机的自检信息，如 CPU 型号、内存大小等。

② 计算机执行硬件测试，测试无误后即开始系统引导。

③ 根据使用该电脑的用户账户的多少，界面分为单用户登录和多用户登录两种。单击用户名图标，若没有设置用户密码，就可以直接进入；否则，需要输入密码，单击【登录】按钮即可。

2. Windows 7 的退出

关机的操作方法是单击屏幕中的【开始】按钮，接着单击【关机】按钮，系统会自动保存相关的信息。系统退出后，主机电源自动关闭，指示灯灭，这样就安全地关机了，此时用户将电源显示器的电源开关关闭即可。

关机还有一种特殊情况，即"非正常关机"。当计算机突然出现"死机"、"花屏"、"黑屏"等情况时，就不能通过【开始】菜单关闭了，此时可通过持续地按住主机机箱上的"电源开关"按钮 5 秒钟，片刻后主机会关闭，而后关闭显示器的电源开关即可。

单击屏幕中的【开始】按钮，接着单击如图 2-4 所示的右箭头，此时弹出【关机选项】菜单，选择相应的选项，也可完成系统的退出。

图 2-4　Windows 7 关机菜单

（1）休眠

休眠是退出 Windows 7 操作系统的另一种方法，选择【休眠】选项后，系统会将用户的工作内容保存在硬盘上，并将计算机上所有的部件断电。此时，计算机并没有真正地关闭，而是进入了一种低耗能状态。如果用户要将计算机从休眠状态唤醒，则必须重新按下主机上的 Power 按钮，启动计算机并再次登录，即可恢复到休眠前的工作状态。

（2）睡眠

睡眠状态能够以最小的能耗保证电脑处于锁定状态，与休眠状态最大的不同在于，从睡眠状态恢复到计算机原始工作状态不需要按主机上的 Power 按钮。

（3）重新启动

选择【重新启动】选项后，系统将自动保存相关信息，然后将计算机重新启动并进入【用户登录界面】，再次登录即可。

（4）锁定

当用户需暂时离开计算机，但是还在进行某些操作且不方便停止，也不希望其他人查看自己机器里的信息时，就可以选择【锁定】选项使电脑锁定，恢复到【用户登录界面】，再次使用时通过重新输入用户密码才能开启计算机进行操作。

（5）注销

Windows 7 同样允许多用户操作，每个用户都可以拥有自己的工作环境并对其进行相应的设置。当需要退出当前的用户环境时，选择【注销】选项后，系统将个人信息保存到磁盘中，并切换到【用户登录界面】。注销功能和重新启动相似，在注销前要关闭当前运行的程序，以免造成数据的丢失。

（6）切换用户

选择【切换用户】选项后，系统将快速地退出当前用户，并回到【用户登录界面】，以实现用户切换操作。

2.2.5 鼠标的使用

鼠标对 Windows 用户来说既方便又威力巨大，鼠标最常用的操作方法有以下几种。

1）移动：鼠标指针随着鼠标的移动而移动。

2）指向：把鼠标指针停留在某个对象上，即为指向。

3）单击：按下鼠标左键一次，通常用于选中某一对象。

4）双击：快速地连续按下鼠标左键两次，通常用于执行某一对象。

5）拖动：先单击选中某一对象，在不松开的情况下移动，到达目的地时再松开，这一过程称为拖动。

6）右击：按下鼠标右键，通常会打开【快捷菜单】。

鼠标指针在不同状态下具有不同的形状，图 2–5 列出了鼠标指针的不同形状和含义。

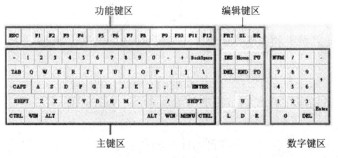

图 2–5　鼠标指针的形状与含义

2.2.6 键盘的使用和中英文输入法

1. 键盘的布局

键盘是计算机使用者向计算机输入数据或命令的最基本的设备。常用的键盘上有 101 个键或 104 个键，分别排列在 4 个主要部分：主键盘区、功能键区、编辑键区、数字小键盘区，其他功能区，如图 2–6 所示。

图 2–6　键盘布局

2. 键盘的快捷键

快捷键（又称热键）可以是单个键，也可以是多个键的组合。如<F1>键显示帮助信息；<F10>键用于激活操作中的菜单栏；<Ctrl+C>表示 Ctrl 和 C 键的组合，用于复制所选的内容等。表 2-2 列出了 Windows 系统中初始设置下的部分常用键盘快捷键。

表 2-2 常用键盘快捷键

组合键	功能	组合键	功能
Ctrl+Esc	打开【开始】菜单	Alt+F4	关闭当前窗口
Enter	确认	Tab	切换到对话框下一栏
Esc	取消	Shift+Tab	切换到对话框上栏
Ctrl+<空格>	启动或关闭	Shift+<空格>	半角/全角状态的切换
Ctrl+Shift	中文输入法的切换	Ctrl+.（小数点）	中/英文标点符号的切换
PrintScreen	拷贝整个屏幕内容到剪贴板	Alt+PrintScreen	将当前活动窗口内容拷贝到剪贴板
Ctrl+Alt+Delete	打开【任务管理器】，以供任务管理。例如，可强制结束某个应用程序的运行		

3. 中英文输入法

英文字母的输入非常简单，一个字母对应一个按键，可以用键盘直接输入，中文则需要使用专门的输入法。目前，汉字编码方案已经有数百种，其中在计算机上已经运行的就有几十种。

作为普通的计算机使用者，常用的中文输入法是键盘法，有数字码、拼音码、字形码、其他音形或形音综合码四种。

1）数字码。将待编码的汉字集以一定的规则排序后，依次逐个赋予相应的数字串（如 4 个数字）作为汉字输入代码。例如：区位码、电报码。优点：无重码；缺点：代码难以记忆。已基本淘汰。

2）拼音码。以我国汉字拼音方案为基础的输入方法。例如：全拼、双拼等。优点：简单易学；缺点：有的全拼输入速度较慢。

3）字形码。以汉字的形状确定的编码，编码规则较复杂。例如：五笔字型输入法。优点：码字较短，输入速度快；缺点：需要一定时间的学习和记忆。

4）其他。如音形码、形音码。

中英文输入法切换的方法有如下几种。

方法 1：按<Ctrl+空格键>。

方法 2：用鼠标单击输入法状态窗口中的【中英文切换】按钮。

方法 3：单击输入法指示器按钮，在弹出的输入法菜单中单击英文或汉字输入法。

4. 中文输入法的选择

中文 Windows 7 系统默认状态下，为用户提供了微软拼音、全拼、微软拼音 ABC 等多种汉字输入方法。在任务栏右侧的通知区域有输入法图标，用户可以使用鼠标法或键盘法选用、切换不同的汉字输入法。

（1）鼠标法

用鼠标单击任务栏右侧的输入法图标，将显示输入法菜单，如图 2-7 所示。在输入法菜单中选择输入法图标或其名称即可改变输入法，同时在任务栏显示出该输入法图标，并显示该输入法状态栏，如图 2-8 所示。右击任务栏上的输入法图标，在快捷菜单中选【设置】命令，可打开【文本服务和输入语言】对话框进一步进行相关设置，如图 2-9 所示。

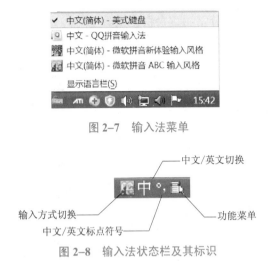

图 2-7　输入法菜单

图 2-8　输入法状态栏及其标识

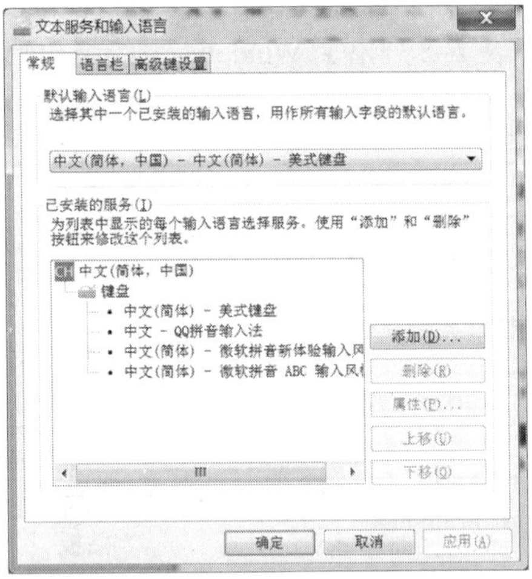

图 2-9　【文本服务和输入语言】对话框

（2）键盘切换法

方法 1：按<Ctrl+Shift>组合键切换输入法。每按一次<Ctrl+Shift>键，系统按照一定的顺序切换到下一种输入法，这时在屏幕上和任务栏上改换成相应输入法的状态窗口和它的图标。

方法 2：按<Ctrl+空格键>启动或关闭所选的中文输入法，即完成中英文输入方法的切换。

2.3　中文 Windows 7 的桌面

　　桌面就是在安装好中文版 Windows 7 后，用户启动计算机登录到系统后看到的整个屏幕界面，它是 Windows 7 的主控窗口，上面可以存放用户经常用到的应用程序和文件夹图标，用户可以根据自己的需要在桌面上添加各种快捷图标，在使用时双击图标就能够快速启动相应的程序或文件。Windows 7 的所有操作都是从桌面开始的。

　　通过桌面，用户可以有效地管理自己的计算机。与之前版本的 Windows 相比，Windows 7 桌面有着更加漂亮的画面、更富个性的设置和更为强大的管理功能。如图 2-10 所示。

图 2-10　Windows 7 桌面

Windows 7 的桌面由以下几个部分组成。

2.3.1　桌面的图标

桌面图标就是整齐排列在桌面上的一系列图片,这些图片由图标和图标名称两部分组成。有的图标左下角有一个箭头,这些图标被称为"快捷方式",双击这些图标可以快速地打开相应的窗口或者启动相应的程序。Windows 的桌面上通常有【计算机】、【网络】、【回收站】、【控制面板】等常用图标和其他一些程序文件的快捷方式图标,如图 2-10 所示。

1. 常用桌面图标

(1)计算机

【计算机】用来管理磁盘、文件和文件夹等。双击该图标可打开【计算机】窗口。在该窗口中可以查看计算机中的磁盘分区以及文件和文件夹等。

(2)网络

【网络】主要用来查看网络中的其他计算机,访问网络中的共享资源,进行网络设置等。双击此图标即可查看本地网络中共享的文件夹和局域网中的计算机。

(3)回收站

【回收站】用来暂时存放被用户删除的文件。如果用户误删了某些重要文件,可在【回收站】中还原。双击该图标便可打开【回收站】窗口,在该窗口中可以查看到用户最近删除的文件。

(4)控制面板

【控制面板】是 Windows 图形用户界面的一部分,可通过【开始】菜单访问。它允许用户查看并操作基本的系统设置和控制。

2. 添加系统图标

第一次进入 Windows 7 操作系统时,会发现桌面上只有一个回收站图标,诸如【计算机】、【网络】、【用户的文件】和【控制面板】这些常用的系统图标都没有显示在桌面上,因此用户需要在桌面上添加这些系统图标。

在桌面上添加【计算机】图标和【控制面板】图标的操作步骤如下:

① 在桌面空白处右击,从弹出的快捷菜单中选择【个性化】命令,打开【更改计算机上的视觉效果和声音】窗口,如图 2-11 所示。

图 2-11　【更改计算机上的视觉效果和声音】窗口

图 2-12 【桌面图标设置】对话框

② 在窗口的左边窗格中选择【更改桌面图标】选项，弹出【桌面图标设置】对话框。如图 2-12 所示。

③ 用户可以根据自己的需要在【桌面图标】组合框中选择需要添加到桌面上显示的系统图标，依次单击【应用】和【确定】按钮。

提示，用户若要删除系统图标，可在【桌面图标设置】对话框中取消选中相应图标前方的复选框即可。

2.3.2 "开始"菜单

【开始】菜单是 Windows 操作系统中的重要元素，其中存放了操作系统或系统设置的绝大多数命令，而且还可以使用当前操作系统中安装的所有程序，因此，【开始】菜单被称为操作系统的中央控制区域。

打开【开始】菜单的方法有两种：一种是单击任务栏最左侧的【开始】按钮，打开【开始】菜单，如图 2-13 所示；另一种是按<Ctrl+Esc>组合键。

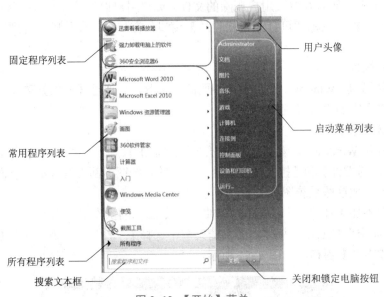

图 2-13 【开始】菜单

在 Windows 7 操作系统中，【开始】菜单主要由固定程序列表、常用程序列表、所有程序列表、用户头像、启动菜单列表、搜索文本框、关闭和锁定电脑按钮等组成，如图 2-13 所示。其中：

1）常用程序列表：列出了常用程序的列表，通过它可以快速启动常用的程序。

2）用户头像：显示当前操作系统使用的用户图标，以方便用户识别，单击它还可以设置用户账户。

3）启动菜单列表：列出了【开始】菜单中最常用的选项，单击它可以快速打开相应窗口。

4）所有程序列表：集合了计算机中所有的程序，用户可以从【所有程序】菜单中进行选择，单击即可启动相应的应用程序。

5）搜索文本框：Windows 7 新增的功能，它不仅可以搜索系统中的程序，还可以搜索系统中的任意文件。用户只要在文本框中输入关键词，单击右侧的🔍按钮即可进行搜索，搜索结果将显示在【开始】菜单上方的列表中。

2.3.3　任务栏

1. 任务栏的组成

系统默认状态下任务栏位于屏幕的底部，如图 2-14 所示，当然用户可以根据自己的习惯用鼠标将任务栏拖动到屏幕的其他位置。任务栏最左边是【开始】按钮，往右依次是【快速启动区】、【已打开的应用程序区】、【语言栏】、【系统通知区】和【显示桌面】按钮。单击任务栏中的任何程序按钮，可以激活相应的程序，或切换到不同的任务。

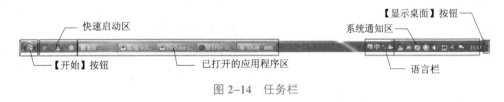

图 2-14　任务栏

（1）【开始】按钮

位于任务栏的最左边，单击该按钮可以打开【开始】菜单，用户可以从【开始】菜单中启动应用程序或选择所需的菜单命令，第 2.3.2 节中已做过详细介绍。

（2）快速启动区

用户可以将自己经常要访问的程序的快捷方式放入这个区中（只需将其从其位置，如桌面，拖动到这个区即可）。如果用户想要删除快速启动区中的选项时，可右击对应的图标，在出现的快捷菜单中选择【将此程序从任务栏解锁】命令即可。

（3）已打开的应用程序区

该区显示着当前所有运行中的应用程序和所有打开的文件夹窗口所对应的图标。

需要注意的是，如果应用程序或文件夹窗口所对应的图标在【快速启动区】中出现，则其不在【已打开的应用程序区】中出现。此外，为了使任务栏能够节省更多的空间，相同应用程序打开的所有文件只对应一个图标。为了方便用户快速地定位已经打开的目标文件或文件夹，Windows 7 提供了两个强大的功能：实时预览功能和跳跃菜单功能。

1）实时预览功能：使用该功能可以快速地定位已经打开的目标文件或文件夹。移动鼠标指向任务栏中打开程序所对应的图标，可以预览打开的多个界面，单击预览的界面，即可切换到该文件或文件夹。

2）跳跃菜单功能：鼠标右击【快速启动区】或【已打开的应用程序区】中的图标，出现如【跳跃】快捷菜单。使用【跳跃】菜单可以访问经常被指定程序打开的若干个文件。需要注意的是，不同图标所对应的【跳跃】菜单会略有不同。

（4）语言栏

【语言栏】主要用于选择汉字输入方法或切换到英文输入状态。在 Windows 7 中，语言栏可以脱离任务栏，也可以最小化融入任务栏中。

（5）系统通知区

用于显示时钟、音量及在后台运行的某些程序，单击系统的▲图标，会出现常驻内存的项目。

（6）【显示桌面】按钮

可以在当前打开窗口与桌面之间进行切换。当移动鼠标指向该按钮时，可预览桌面，当单击该按钮时则可显示桌面。

图2-15 【任务栏和「开始」菜单属性】对话框

2. 任务栏设置

（1）调整任务栏大小

将鼠标移到任务栏的边线，当鼠标指针变成↨形状时，按住鼠标左键不放，拖动鼠标到合适大小即可。

（2）设置任务栏

在任务栏空白处单击鼠标右键，在弹出的快捷菜单中选择【属性】，弹出如图2-15所示的【任务栏和「开始」菜单属性】对话框，在【任务栏】选项卡可对任务栏的位置、外观、通知区域进行相应的设置。同时，如果切换到【「开始」菜单】选项卡，可对【开始】菜单进行相应的设置。

（3）添加显示工具栏

① 右击任务栏的空白区，弹出如图2-16所示的快捷菜单。

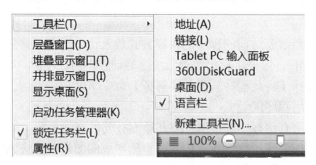

图2-16 【任务栏】快捷菜单

② 从工具栏的下一级菜单中选择，可决定任务栏中是否显示地址工具栏、链接工具栏、桌面工具栏或语言栏等。

提示： 当选择了【锁定任务栏】时，则无法改变任务栏的大小和位置。

2.4 中文 Windows 7 的基本操作

2.4.1 窗口及其操作

窗口是在运行程序时屏幕上显示信息的一块矩形区域。Windows 的窗口分为应用程序窗口和文档窗口。Windows 允许同时打开多个窗口，但在所有打开的窗口中，只有一个是正在操作、处理的窗口，称为当前活动窗口。图2-17为窗口的组成。

图 2-17　Windows 7 窗口的组成

1. 窗口的组成

（1）标题栏

总是出现在窗口的顶部，用于显示窗口的标题。拖动标题栏可移动整个窗口。标题栏还有一个作用就是标识窗口是否处于活动状态。

（2）地址栏

地址栏是一种特殊的工具栏。地址栏用于输入和显示文件的地址。用户可以通过下拉菜单选择地址，方便地访问本地或网络的文件或文件夹，也可以直接在地址栏输入。例如，输入 "C:" 并按<Enter>键可以显示磁盘 C:中的所有文件或文件夹。

其左侧包括【返回】按钮 和【前进】按钮 ，用于打开最近浏览过的窗口。

（3）菜单栏

几乎每个窗口都有自己的菜单栏，它位于地址栏的下面。不同的应用程序菜单栏也不相同。菜单栏列出了可用的菜单名，每个菜单都对应一组命令或动作，供选择使用。

（4）工具栏

工具栏中存放着常用的操作按钮。在 Windows 7 中，工具栏上的按钮会根据参看的内容不同有所变化，但一般包含【组织】和【视图】按钮。

通过【组织】按钮可以实现文件（夹）的剪切、复制、粘贴、删除、重命名等操作，如图 2-18 所示。通过【视图】可以调整图标的显示大小与方式，如图 2-19 所示。

图 2-18　【组织】按钮

图 2-19　【视图】按钮

图 2-20　控制菜单

（5）控制菜单按钮

控制菜单按钮是隐藏的，位于窗口的左上角，用鼠标单击该按钮可以打开控制菜单，其中的命令可以用来改变窗口大小，以及移动、放大、缩小、还原和关闭窗口。如图 2-20 所示。

（6）最小化按钮

对于一个处于打开状态的窗口，将鼠标指向最小化按钮并单击它，窗口将最小化为任务栏上的一个缩小的任务条，窗口的名字显示在任务条上。

（7）最大化按钮（恢复按钮）

单击最大化按钮，窗口将被放为最大，且恰好占据整个桌面。其他打开的窗口将被覆盖在下面。当窗口最大化时，在最大化按钮的同一位置就是恢复按钮。用鼠标单击该按钮，可将窗口恢复到最大化之前的大小。

（8）关闭按钮

单击关闭按钮用于关闭窗口。

（9）滚动条、滚动按钮

当窗口大小显示不了文件或文件夹的所有内容时，窗口的右端或底端将出现滚动条。滚动条分为垂直滚动条和水平滚动条两种。

（10）窗口边框

窗口边框是指窗口的 4 个外边框。拖动边框，可以将窗口改成任意大小。

（11）窗口角

窗口角是指窗口的 4 个角落。拖动窗口角，可以同时在水平、垂直方向上改变窗口的大小。

（12）状态栏

用于显示计算机的配置信息或当前窗口中选择对象的信息。

（13）工作区

窗口的内部称为工作区。用于显示当前窗口中存放的文件和文件夹内容。窗口不同，显示的内容也就不相同。

（14）导航窗格

导航窗格位于工作区的左边区域，与以往的 Windows 系统版本不同的是，Windows 7 操作系统的导航窗格包括【收藏夹】、【库】、【计算机】和【网络】4 个部分。单击其前面的【扩展】按钮◢，可以打开相应的列表。

2. 窗口的主要操作

（1）打开窗口

在 Windows 7 中，用户启动一个程序，打开一个文件（夹）时都将打开一个窗口。打开对象窗口的具体方法有如下几种。

方法 1：双击一个对象，将打开对象窗口。

方法 2：选中对象后按 Enter 键即可打开该对象窗口。

方法 3：在对象图标上单击鼠标右键，在弹出的快捷菜单中选择【打开】命令。

（2）窗口的移动

将鼠标指向需要移动的窗口的标题栏，拖动鼠标到指定位置即可实现窗口的移动。注意，最大化的窗口是无法移动的。

（3）窗口的最大化、最小化和恢复

每个窗口都可以 3 种方式之一出现，即由单一图标表示的最小化形式、充满整个屏幕的最大化形式，以及允许窗口移动并可以改变其大小和形状的恢复形式。通过使用窗口右上角的【最小化】按钮、【最大化】按钮或【恢复】按钮，可实现窗口在这些形式之间的切换。

另外，在 Windows 7 中，用户可通过对窗口的拖动来实现窗口的最大化和还原功能。例如，拖动【计算机】窗口至屏幕的最上方，当鼠标指针碰到屏幕的边缘时，会出现放大的"气泡"，同时将会看到 Aero Peek 效果填充桌面。此时释放鼠标左键，【计算机】窗口即可全屏显示。若要还原窗口，只需将最大化的窗口向下拖动即可。

当用户将窗口拖动至桌面的左右边缘时，窗口会自动垂直填充屏幕，同理，当用户将窗口拖离边缘时将自动还原。另外，若要自由调整窗口的大小，只需将鼠标指针移至窗口的水平边框、垂直边框或者顶点处，当光标变为双向箭头时，按住鼠标左键不放拖动即可。

（4）窗口大小的改变

当窗口不是最大时，可以改变窗口的宽度和高度。

1）改变窗口的宽度。将鼠标指向窗口的左边或右边，当鼠标变成左右双箭头后，拖动鼠标到所需位置。

2）改变窗口的高度。将鼠标指向窗口的上边或下边，当鼠标变成上下双箭头后，拖动鼠标到所需位置。

3）同时改变窗口的宽度和高度。将鼠标指向窗口的任意一个角，当鼠标变成倾斜双箭头后，拖动鼠标到所需位置。

（5）切换窗口

当用户打开多个窗口时，需要在各个窗口之间进行切换，下面是几种切换的方法。

方法 1：当窗口处于最小化状态时，用户在任务栏上选择所要操作的窗口的按钮，然后单击即可完成切换。当窗口处于非最小化状态时，可以在所选窗口的任意位置单击，当标题栏的颜色变深时，表明完成对窗口的切换。

方法 2：用<Alt+Tab>组合键来完成切换，用户可以在键盘上同时按下<Alt>和<Tab>两个键，屏幕上会出现切换任务栏，在其中列出了当前正在运行的窗口，用户这时可以按住<Alt>键，然后在键盘上按<Tab>键，从【切换任务栏】中选择所要打开的窗口，选中后再松开两个键，选择的窗口即可成为当前窗口。

方法 3：用户也可以使用<Alt+Esc>组合键，先按下<Alt>键，然后再通过按<Esc>键来选择所需要打开的窗口，但是它只能改变激活窗口的顺序，而不能使最小化窗口放大，所以，多用于切换已打开的多个窗口。

（6）关闭窗口

用户完成对窗口的操作后，在关闭窗口时有下面几种方式。

方法 1：直接在标题栏上单击【关闭】按钮 ✖ 。

方法 2：双击控制菜单按钮。

方法 3：单击控制菜单按钮，在弹出的控制菜单中选择【关闭】命令。

方法 4：使用<Alt+F4>组合键。

（7）窗口的排列

当用户在对窗口进行操作时打开了多个窗口，而且需要全部处于全显示状态，这就涉及排列的问题，在 Windows 7 中为用户提供了 3 种排列的方案可供选择。

在任务栏上的空白区右击,弹出一个快捷菜单,如图 2–21 所示。

1)层叠窗口。把窗口按先后的顺序依次排列在桌面上。

2)堆叠显示窗口。可以以横向的方式同时在屏幕上显示几个窗口。

3)并排显示窗口。可以以垂直的方式同时在屏幕上显示几个窗口。

2.4.2 菜单、对话框及其操作

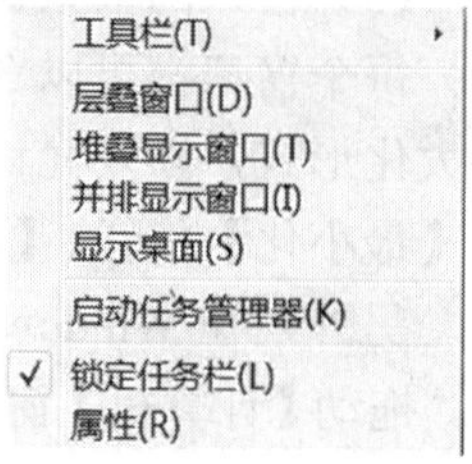

图 2–21　任务栏快捷菜单

菜单是一些命令的列表。除【开始】菜单外,Windows 7 还提供了下拉菜单、控制菜单和快捷菜单,如图 2–22 所示。不同程序窗口的菜单是不同的。下拉菜单通常出现在窗口的菜单栏上。快捷菜单是当鼠标指向某一对象时,右击后弹出的菜单。

Windows 7 中的控制菜单和菜单栏中的各程序菜单都是下拉式菜单,各下拉菜单中列出了可供选择的若干命令,一个命令对应一种操作。快捷菜单是弹出式菜单。

1. 应用程序中菜单的约定

当使用应用程序中的菜单时,约定如下。

1)灰色命令:灰色命令表示暂时不可使用,因为这个命令所需的条件或环境尚未具备。

2)带省略号(…):将打开一个对话框。

3)前有符号(✔):当前命令有效,再一次选择,命令无效。

4)带符号(●):当前命令被选中。

5)带组合键:如<Ctrl+C>,按下组合键直接执行相应的命令,而不必通过菜单。

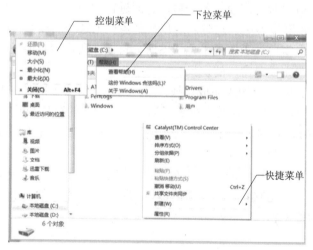

图 2–22　菜单

6)带符号(▶):鼠标指向时,系统弹出一个子菜单。

7)命令键:是指每个命令后面带下划线的英文字母,如图标(N)。打开菜单后,按键上的这个字母就可以执行这个命令。

2. 对菜单的操作

① 打开某下拉菜单(即选择菜单),有以下 2 种方法。

方法 1:用鼠标单击该菜单项。

方法 2：当菜单项后的方括号中含有带下划线的字母时，也可按<Alt+字母键>。

② 在菜单中选择某命令，有以下 3 种方法。

方法 1：用鼠标单击该命令选项。

方法 2：用键盘上的 4 个方向键将高亮条移至该命令选项，然后按回车键。

方法 3：若命令选项后的括号中有带下划线的字母，则直接按该字母键。

③ 撤销菜单。打开菜单后，如果不想选取菜单项，则可在菜单框外的任何位置上单击，即撤销该菜单。

3. 对话框

对话框是 Windows 操作系统中另一种重要的工作界面，如图 2-23 所示。对话框也有标题栏和【关闭】按钮，可以移动和关闭对话框。它和窗口的最大区别是不能改变大小。

一般的对话框是由以下控件组成：

1）标题栏：位于对话框的顶部，左端为名称，右端为【帮助】和【关闭】按钮。

2）选项卡：将相关功能合在一起，变一个对话框为多个对话框，单击选项卡，可实现不同项目的切换。

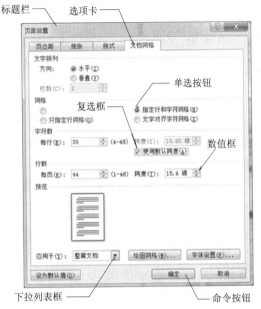

图 2-23　对话框

3）文本框：提供信息输入的地方。单击文本框，即可输入信息。

4）列表框：显示一组可用的选项。

5）单选按钮：只能任选其中一个选项。

6）复选框：可以选择一个或多个选项。

7）数值框：用来调整或输入数值。

8）滑动式按钮：直观地调整某个参数值。

9）命令按钮：完成特定的命令操作。

2.4.3　应用程序的运行和关闭

1. 应用程序的运行

启动操作系统的主要目的是运行应用程序。Windows 提供了多种运行应用程序的方法。

方法 1：如果应用程序在桌面上有图标或快捷方式图标，则双击桌面上的图标，即可运行相应的应用程序。

方法 2：单击【开始】按钮，移动鼠标箭头指向【所有程序】选项，再指向应用程序的选项。单击该选项，即可运行该应用程序。

方法 3：打开资源管理器或【计算机】，查找到应用程序的可执行文件，双击其图标，即可运行该应用程序。

方法 4：如果确切地知道应用程序的路径和文件名，则可单击【开始】|【运行】命令，然后输入应用程序的路径和文件名，回车或单击【确定】按钮，即可运行应用程序。

2. 应用程序的关闭

虽然 Windows 可以同时运行多个应用程序，但是应用程序使用完毕之后，应及时关闭，以释放它所占用的内存等系统资源，否则会降低其他应用程序的运行速度。

正常关闭应用程序有如下几种方法。

方法 1：单击应用程序窗口右上角的关闭按钮 ▬ ✖ ▬ 。

方法 2：单击应用程序窗口【文件】菜单，选择【退出】。

方法 3：右击任务栏的对应的应用程序按钮，在弹出的快捷菜单中选择【关闭】。

3. 关闭陷入死循环的应用程序

当应用程序陷入死循环，即系统对用户操作没有反应（俗称"死机"），正常关闭失效时，可以用以下方法关闭应用程序：

① 右击任务栏的空区，在出现的快捷菜单中选【启动任务管理器】，或者按组合键 <Ctrl+Alt+Del>，再选择【启动任务管理器】。

② 在【应用程序】选项卡中单击选定需要关闭的应用程序，再单击【结束任务】按钮，即可关闭应用程序，结束程序的运行。

有时应用程序没有响应，系统会给出另一个对话框，提示【系统无法结束该程序】，这时再单击该对话框的【立即结束】按钮，即可关闭停止响应的程序。

2.4.4　剪贴板及其使用

剪贴板实际上是系统在内存中开辟的临时存储区域。剪贴板所提供的信息传输和信息共享的技术可用在不同的应用程序之间，也可在同一个应用程序的不同文件之间，或者同一个文件的不同位置。剪贴板不仅可以存储正文，还可以存储图形、图像和声音等信息。

使用剪贴板时，要从应用程序中选定要传送的信息，再单击【复制】或【剪切】命令，将选定内容传送到剪贴板，然后在同一个或不同的另一个应用程序中单击【粘贴】命令，将剪贴板的内容传送到应用程序中。

复制整个屏幕画面到剪贴板，按<Print Screen>键；复制当前活动窗口或对话框到剪贴板，按< Alt+Print Screen>键。

2.4.5　快捷方式及其应用

1. 什么是快捷方式

在桌面上显示的各种图标中，左下角有一个弧形箭头的图标，称为快捷方式，如图 2-24 所示。为了快速地启动某个应用程序，通常在便捷的地方（如桌面或【开始】菜单）创建快捷方式，以后打开这个快捷方式，就可打开对应的应用程序。

图 2-24　快捷方式图标

快捷方式是一个连接对象的图标，它不是这个对象本身，而是指向这个对象的指针，这与一个人和他的照片的关系类似。因此，打开快捷方式便意味着打开了相应的对象，删除快捷方式却不会删除对应的对象。

不仅可以为应用程序创建快捷方式，还可以为 Windows 中的任何一个对象建立快捷方式。例如，可以为程序文件、文档、文件夹、控制面板、打印机或磁盘等创建快捷方式。如果经常使用某个文件或文件夹时，则应为它们建立快捷方式，且放置在桌面上。

快捷方式可放置于 Windows 7 中的任意位置，也就是说，可以在桌面、文件夹或【开始】菜单等任意位置创建快捷方式。

2. 快捷方式的创建

创建快捷方式的方法如下。

方法 1：在桌面创建快捷方式。

① 鼠标右键单击桌面空白处，在弹出的快捷菜单中依次选择【新建】|【快捷方式】命令，系统弹出【创建快捷方式】对话框，如图 2–25 所示。

② 单击【浏览…】按钮，系统弹出【浏览文件夹】对话框。

③ 选择要创建快捷方式的项目，单击【确定】按钮，回到【创建快捷方式】对话框，文本框中显示详细路径和名称。这一步的作用是查找要创建快捷方式的应用程序、文件或文件夹等，如果知道文件的路径及名称，直接在文本框中输入路径和文件名即可。

④ 单击【下一步】按钮，在【选择程序标题】对话框中可以更改快捷方式的名称。

⑤ 单击【完成】命令按钮，快捷方式创建结束，桌面上创建的快捷方式。

方法 2：用鼠标右键拖动建立快捷方式。

这是一种更加简捷的创建快捷方式的方法。其操作步骤如下。

① 选定要创建快捷方式的项目（该项目所在的窗口不能最大化）。

② 按下鼠标右键向【桌面】拖动，松开右键，系统弹出提示菜单。

③ 在菜单中单击【在当前位置创建快捷方式】命令，于是桌面上显示出该项目的快捷方式。

方法 3：在当前目录创建快捷方式。

① 选定要创建快捷方式的项目。

② 选择【文件】|【创建快捷方式】命令，或右击，在打开的快捷菜单中选择【创建快捷方式】命令，即可在当前目录中创建该项目的快捷方式。

方法 4：在【开始】菜单创建快捷方式。

① 单击【开始】|【所有程序】，鼠标指向用户要创建桌面快捷方式的应用程序。

② 用右键单击该应用程序，在弹出的快捷菜单中选择【创建快捷方式】命令，系统会将创建的快捷方式添加到【所有程序】子菜单中。

方法 5：发送快捷方式到桌面。

① 选定要创建快捷方式的项目。

② 右击，在弹出的快捷菜单中选择【发送到】|【桌面快捷方式】命令，即可完成桌面快捷方式的创建。

默认情况下，系统用【快捷方式】和原对象的名称给新建的快捷方式命名，给快捷方式更名的方法同普通文件一样。

3. 快捷方式的设置

在创建了桌面快捷方式后，用户还可以对其进行设置。右击快捷图标并选择【属性】命令，在打开的属性窗口中选择【快捷方式】选项卡就可以进行【更改图标】、【快捷键】、【运行方式】的设置，也可以单击【打开文件位置】按钮打开安装程序所在的文件夹，如图 2–26所示。

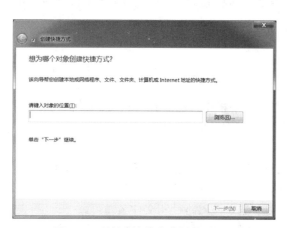

图 2-25 【创建快捷方式】对话框

图 2-26 【快捷方式】选项卡

2.4.6　回收站的操作

【回收站】是操作系统在硬盘中专门暂时存放被删除文件和文件夹的区域，这些被删除的文件和文件夹在需要时可以恢复。回收站的容量一般占磁盘空间的 10%左右。

1. 恢复被删除的文件或文件夹

在【回收站】窗口（图 2-27）中选中需要恢复的单个文件或文件夹，在工具栏中单击【还原此项目】命令即可恢复被选定的单个文件或文件夹；选中多个文件或文件夹，单击【还原选定的项目】命令，可恢复多个文件或文件夹；单击【还原所有项目】命令，可恢复全部被删除的文件和文件夹。

图 2-27 【回收站】窗口

图 2-28 【回收站属性】对话框

2. 彻底删除文件或文件夹

（1）删除部分文件

在【回收站】窗口中选中要彻底删除的文件或文件夹，使用【文件】|【删除】命令，或按 Delete 键。

（2）删除全部文件

在【回收站】窗口中使用【文件】|【清空回收站】命令，或单击工具栏中的【清空回收站】命令。

3. 更改【回收站】属性

用鼠标右击【回收站】图标，在快捷菜单中单击【属性】命令，如图 2-28 所示。在该对话框中，可对其属性进行设置。

选定属性窗口下部的【显示删除确认对话框】，

可避免误删了需要的文件。单选【不将文件移到回收站中。移除文件后立即将其删除】，文件就不会进入回收站。

2.4.7　帮助系统

如果用户在 Windows 7 的操作过程中遇到一些无法处理的问题，可以使用 Windows 7 的帮助系统。在 Windows 7 中可以通过存储在计算机中的帮助系统提供十分全面的帮助信息。学会使用 Windows 7 的"帮助"，是学习和掌握 Windows 7 的一种捷径。

打开"帮助"的方法如下。

① 单击 Windows 7 任务栏上的【开始】按钮，在显示的【开始】菜单中选择【帮助和支持】选项或回到桌面按<F1>键，打开如图 2-29 所示的帮助窗口。

图 2-29　【帮助和支持】选项

② Windows 7 的帮助窗口打开后，可使用索引和搜索得到用户所需要的帮助主题，方法较为简单，在搜索框中输入所需查找内容即可。

许多 Windows 7 对话框窗口右上角有一个带有小问号的按钮。在对话框窗口单击该小问号按钮，使之处于凹下状态，此时鼠标指针将变为 状态。将鼠标指针移动到一个项目上（可以是图标、按钮、标签或输入框等），然后单击即可得到相应的帮助信息。

2.5　磁盘文件及其标识

2.5.1　文件与文件名

1. 文件

文件（File）是指已命名的并存放在存储介质上相关信息的集合。文件的内容可以多种多样，例如一个程序、一组数据、一篇文章、一份档案皆可作为一个文件的内容。按文件的内容划分，由一系列数据组成的文件称为数据文件，由一系列指令组成的文件称为程序文件，等等。文件的存储介质也有多种，最常用的存储介质是磁盘。存储在磁盘上的文件称为磁盘文件。计算机使用的所有数据和程序都是以文件形式存储的。操作系统的一个重要功能就是文件管理。因此，文件是使用计算机必须理解的一个重要的概念。

2. 文件夹

文件夹是用来组织文件的一个数据结构，又叫文件目录。文件夹是用来存放具有某种关联的若干个文件和子文件夹的。文件夹与文件的区别在于文件中不能再包含文件，而文件夹中却可以包含文件或文件夹。

在 Windows 中，文件夹是组织文件的一种方式，可以把同一类型的文件保存在一个文件夹中，也可以根据用途将不同的文件保存在一个文件夹中，它的大小由系统自动分配。计算机资源可以是文件、硬盘、键盘、显示器等。用户不仅可以通过文件夹来组织管理文件，也可以用文件夹管理其他资源。例如，【开始】菜单就是一个文件夹；设备也可以认为是文件夹。文件夹中除了可以包含程序、文档、打印机等设备文件和快捷方式外，还可以包含下一级文件夹。利用"资源管理器"可以很容易地实现创建、移动、复制、重命名和删除文件夹等操作。

3. 文件和文件夹的命名

操作系统对一个文件包含多少信息并无限制。因此，磁盘文件可以没有内容，只有文件名，称为空文件。磁盘文件可以大到什么程度则取决于磁盘的容量和所使用软件的功能。不同类型的文件的格式也不相同，因此不同类型的文件需要用不同的软件来打开。

但是，每一个文件和文件夹都必须有文件名，以便和其他文件相区别，并便于调用、管理。文件名由建立者在建立文件时给定。给文件命名也称为"标识"某个文件。

文件和文件夹的命名是有相关约定的。在 Windows 7 系统中，文件和文件夹命名约定为：

1）文件名由主文件名和扩展名组成，中间用"."字符分隔，通常扩展名不超过 3 个字符，用来标志文件的类型。

2）不区分英文字母的大小写。

3）命名中可用汉字，但不能出现以下字符串中的字符：#号"#"、百分号"%"、"&"符、星号"*"、竖线"|"、反斜杠"\"、冒号":"、双引号"""、小于号"<"、大于号">"、问号"?"、斜杠"/"。

4）长度最多为 255 个字符。

5）名字中可用空格符，也可用多个分隔符"."。

6）在同一存储位置，不能有与已有文件名（包括扩展名）完全相同的文件。

2.5.2 文件分类

文件的分类可以有不同的标准。例如，按照文件的内容，分为数据文件和程序文件；按照文件的性质，分为可执行文件、覆盖文件、批处理文件、系统配置文件；按照编程所用的语言，分为汇编源程序文件和各种高级语言程序文件；等等。文件的扩展名用来区别不同类型的文件，因此也将文件扩展名称为文件类型名。大多数文件在存盘时，若不特别指出文件的扩展名，应用程序都会自动为其添加。使用文件的扩展名时有一些约定与习惯用法。如命令程序的扩展名为.com，可执行程序的为.exe，由 Word 2010 建立的文档文件为.docx，文本文件为.txt，位图格式的图形、图像文件为.bmp 等。表 2-3 是几种常用文件类型。

表 2-3 常用扩展名

扩展名	含　义
.exe	可执行文件。这类文件通常是某个软件的主文件，一般通过鼠标双击来直接运行
.doc	Office 软件中 Word 所产生的文件，通常用于办公，可包含文字、图片、表格等
.txt	文本文件。系统自带的记事本工具所产生的文件。该文件只能记录文字
.xls	Office 软件中 Excel 所产生的文件，常用于办公，可包含文字、图片、统计公式
.mp3	目前很流行的音乐文件格式，可使用 Winamp 等相应的播放软件来打开
.avi	视频文件，可使用 Windows 自带的媒体播放器来打开
.rm	较高压缩比的视频文件（有损压缩），文件容量更小，但效果不是很好
.zip 或.rar	压缩文件，由压缩软件产生。常用的压缩软件包括 Winzip、Winrar
.jpg	图片文件，由图形制作软件或数码设备生成。另有其他类型图片，如.bmp、.tga、.psd、.tif
.htm 或.html	网页文件，又称超文本链接语言

扩展名	含 义
.sys	系统文件
.bmp	位图文件，存放位图
.cal	日历产生的文件
.dat	应用程序创建用来存放数据的文件
.dll	动态连接库文件
.fon	字体文件
.ico	图标文件，存放图标
.ini	初始化文件，存放定义 Windows 运行环境的信息
.mid	midi（乐器的数字化接口）文件，存放使用 midi 设备演奏声音所需全部信息
.pcx	图像文件
.tmp	临时文件
.wav	声音文件，存放声音的频率信息的文件

2.5.3 文件通配符

在命令方式中引用文件名时，可以是单义的，也可以是多义的。所谓单义引用是指文件名仅仅与一个文件对应；而多义引用则是通过两个文件名通配符"?"和"*"，使该文件名对应多个文件。具体说明见表 2–4。

表 2–4 通配符的使用

通配符	含 义
?	表示任意一个字符
*	表示任意长度的任意字符

通配符"?"代表任意一个字符。若通配符"?"出现在文件基本名或扩展名中，则表示"?"所在位置可以是任何一个字符。例如：

dfile?.tru 表示 dfile1.tru、dfile2.tru、…、dfilen.tru 所有以 dfile 开头，主名长度为 6，扩展名为 tru 的文件。

通配符"*"代表任意长度的任意字符，即代表一个字符串。若通配符"*"出现在文件基本名或扩展名中，则表示该"*"号的位置可以是任何一串字符。见表 2–5。

表 2–5 "*"号不同位置

*.com	表示所有以.com 为扩展名的文件
.	表示所有文件
a*.tru	表示基本名以 a 开头，以.tru 为扩展名的所有文件
pc*.*	表示基本名以 pc 开头的所有文件

2.5.4 文件目录及其结构

为便于对磁盘（包括逻辑盘）上存储的大量文件进行有效管理，把每个文件的名字以及文件类型、长度、创建或最后修改的日期、时间等有关信息集中存放在磁盘的特定位置，组成一个"目录表"。每个文件在目录表中占一项。文件系统即根据目录表和文件分配表管理磁盘文件。

如果磁盘上的所有文件都顺序排列在一起，当文件数量较多时，查找和管理不是很方便。因此，操作系统通常将文件按树形结构进行组织和管理。树形目录分为若干层（级），最上层的目录称为根目录。PC 的每个硬盘分区或软盘、光盘、可移动磁盘都有一个而且只有一个根目录。如图 2–30 所示，这种结构像一棵倒置的树，树根为根目录，树中每一个分支称为文件夹（子目录），树叶称为文件。在树状结构中，用户可以将同一个项目有关的文件放在同一个文件夹中，也可以按文件类型或用途将文件分类存放；同名文件可以存放在不同的文件夹中；也可以将访问权限相同的文件放在同一个文件夹中，便于集中管理。

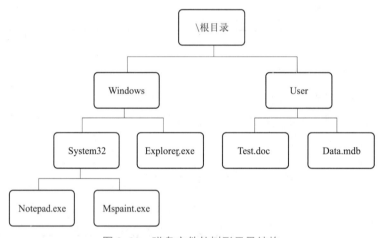

图 2–30 磁盘文件的树形目录结构

在 Windows 中，将各个硬盘分区、光盘、可移动磁盘、软盘作为独立的磁盘进行管理，它们都是【计算机】下的一个盘符。

Windows 95 之前仍沿用"目录"这个术语，在 Windows 95 及其后续版本中，则将"目录"称为"文件夹"（Folders）。实际上，文件夹只是目录的形象化表述。文件夹同样可以包含文件、程序以及下级文件夹，其意义以及层次结构与目录完全相同。

2.5.5 路径及其表示

在树形目录结构的文件系统中，为了建立和查找一个文件，除了要知道文件名外，还必须知道驱动器标识符（驱动器名）和包含该文件的目录名。列出从当前目录（或从根目录）到达文件所在目录所经过的目录和子目录名，即构成"路径（Path）"。对每一个文件，其完成的文件路径名由 4 部分组成，形式为：

[d:]\[Path]\filename[.exe]

d:表示驱动器；Path 表示路径；filename 表示文件主名；.exe 表示扩展名；[]表示该项目

可省略。两个子目录之间用分隔符"\"分开。例如，"C:\Windows \System32 \Notepad. exe"就是一个路径。

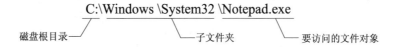

C:\Windows \System32 \Notepad.exe

磁盘根目录　　　　　　子文件夹　　　　　要访问的文件对象

文件路径分有两种：

1）绝对路径：从根目录开始到某个文件的路径。

2）相对路径：从当前目录开始到某个文件的路径。

例如，图 2-30 所示的 Windows 系统目录结构中，

● 绝对路径（C:\Windows \System32 \Notepad. exe）：表示 C 盘根目录下的 Windows 目录下的 System32 子目录下的 Notepad. exe 文件，为绝对路径。

● 相对路径（User\Data. mdb）：表示当前目录下的 User 目录下的 Data. mdb 文件，为相对路径。

如果使用一个".."，则表示当前目录的上一级目录。每使用一个".."符号，即表示退回上一层目录。例如，..\..\User\Data. mdb，表示当前目录为 System32，Data. mdb 文件的相对路径（用".."表示上一级目录）。

2.6　中文 Windows 7 的资源管理器

Windows 7 中【计算机】与【Windows 资源管理器】都是 Windows 提供的用于管理文件和文件夹的工具，两者的功能类似，其原因是它们调用的都是同一个应用程序 Explorer.exe。这里以【Windows 资源管理器】为例进行介绍。

2.6.1　资源管理器及其启动

1. 【资源管理器】的启动

图 2-31 为【资源管理器】启动后出现的窗口，【资源管理器】程序可以用下列方法之一启动。

方法 1：用【开始】菜单启动。

因为【资源管理器】是一个程序，可以用运行程序的方法来启动它。具体方法是：单击【开始】|【所有程序】|【附件】，在弹出的级联菜单中单击【Windows 资源管理器】选项，就可以启动资源管理器。

方法 2：如果在桌面上创建了【资源管理器】的快捷方式图标，那么双击此图标就可启动它。

方法 3：用键盘操作。按组合键<Ctrl+Esc>打开【开始】菜单；用上、下、左、右箭头键指向【所有程序】|【附件】，再选择【Windows 资源管理器】并按<Enter>键启动。

2. 资源管理器的窗口

【Windows 资源管理器】窗口打开后，即可使用它来浏览计算机中的文件信息和硬件信息。【Windows 资源管理器】窗口被分成左右两个窗格，左边是导航窗格，可以以目录树的形式显示计算机中的驱动器和文件夹，这样用户可以清楚地看出各个文件夹之间或文件夹和驱动器

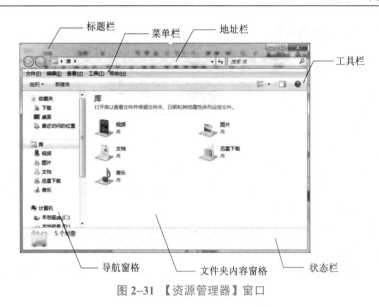

图 2-31 【资源管理器】窗口

之间的层次关系；右边是文件夹内容窗格，显示当前选中的选项里面的内容。

（1）收藏夹

收藏夹收录了用户可能要经常访问的位置。默认情况下，收藏夹中建立了三个快捷方式：【下载】、【桌面】和【最近访问的位置】。

当用户拖动一个文件夹到收藏夹中时，表示在收藏夹中建立起快捷方式。

（2）库

库是 Windows 7 引入的一项新功能，其目的是快速地访问用户重要的资源，其实现方式有点类似于应用程序或文件夹的【快捷方式】。默认情况下，库中存在 4 个子库，分别是：视频库、图片库、文档库和音乐库，其分别链向当前用户下的【我的视频】、【我的图片】、【我的文档】和【我的音乐】文件夹。当用户在 Windows 提供的应用程序中保存创建的文件时，默认的位置是【文档库】所对应的文件夹，从 Internet 下载的视频、图片、网页、歌曲等也会默认分别存放到相应的这 4 个子库中。

用户也可在库中建立【链接】链向磁盘上的文件夹，具体做法是：

① 在目标文件夹上单击鼠标右键，在弹出的快捷菜单中选择【包含到库中】命令。

② 在其子菜单中选择希望加到哪个子库中即可。

通过访问这个库，用户可以快速地找到其所需的文件或文件夹。

（3）文件夹标识

如果需要使用的文件或文件夹包含在一个主文件夹中，那么必须将其主文件夹打开，然后将所要的文件夹打开。文件夹图标前面有"▷"标记，则表示该文件夹下面还包含子文件夹，可以直接通过单击这一标记来展开这一文件夹；如果文件夹图标前面有"◢"标记，则表示该文件夹下面的子文件夹已经展开。如果一次打开的文件夹太多，资源管理器窗口中显得特别杂乱，所以使用文件夹后，最好单击文件夹前面或上面的"◢"标记将其折叠。

3. 查看图标的显示方式和排列方式

选择【Windows 资源管理器】窗口中【查看】菜单选项，可以更改文件夹窗口和文件夹内容窗口（文件列表窗口）中的项目图标的显示方式和排列方式。

（1）查看显示方式

在【Windows 资源管理器】中，可以使用两种方法重新选择文件窗口中的项目图标的显示方式。

方法 1：从【查看】菜单中改变文件窗口中的项目图标的显示方式。

选择【资源管理器】窗口菜单栏上的【查看】菜单，显示查看下拉式菜单。根据个人的习惯和需要，在【查看】菜单中可以将项目图标的排列方式选择为【超大图标】、【大图标】、【中等图标】、【小图标】、【列表】、【详细信息】、【平铺】和【内容】8 种方式之一。

方法 2：使用【查看】选项按钮，选择文件列表窗口中的项目图标显示方式。

单击工具栏中【查看】按钮 ▦▾，显示列表菜单。在显示的查看方式列表菜单中，可以根据需要选择项目图标的显示方式。

（2）排列图标文件列表窗口中的文件图标

同【计算机】窗口一样，在【Windows 资源管理器】窗口中，执行【查看】|【排列方式】命令，显示【排列图标】选项的级联菜单，可以根据需要改变图标的排列方式。

4. 资源管理器文件夹选项的配置

在 Windows 7 中，【文件夹选项】是【资源管理器】中的一个重要菜单项，通过它可以显示文件的扩展名、查看隐藏的文件，可以改变文件夹的外观、指定打开文件夹的方式等。例如，可以选择在打开所选文件夹内的文件夹时，是打开一个窗口还是层叠窗口，可以指定打开文件夹是通过单击鼠标还是双击鼠标来实现，等等。可以在资源管理器中执行【工具】|【文件夹选项】命令，打开【文件夹选项】对话框，如图 2-32 所示。

（1）设置文件的打开方式

如图 2-32 所示，在【常规】选项卡中可以对【浏览文件夹】的方式、【打开项目的方式】和【导航窗格】的风格进行设置。

- 【在同一窗口中打开每个文件夹】（默认选项）：【资源管理器】或【计算机】查看文件夹时，总是在同一个窗口显示其内容。
- 【在不同窗口中打开不同的文件夹】：查看文件夹时会在不同的窗口显示文件的内容。
- 【通过单击打开项目（指向时选定）】：单击鼠标左键打开文件，鼠标指针指向文件时选定该文件。
- 【通过双击打开项目（单击时选定）】（默认选项）：双击鼠标左键打开文件，单击鼠标时选定该文件。

（2）设置文件的查看属性

如图 2-33 所示，【查看】选项卡是由【文件夹视图】、【高级设置】选项组组成的。

- 【应用到文件夹】按钮：使所有的文件夹的属性都与当前打开的文件夹相同。
- 【重置文件夹】按钮：恢复文件夹的默认状态，用户可以重新设置所有的文件夹属性。
- 【记住每个文件夹的视图设置】复选框：用户每次打开的文件属性（如位置、显示方式、图标排列等）将被记录，以备下次打开时使用。
- 【在标题栏显示完整路径】复选框：使访问文件的路径完整地显示在窗口的标题栏上，如果打开、浏览文件的层次较深，该项功能特别有用，用户可以从标题栏内了解文件的具体位置。

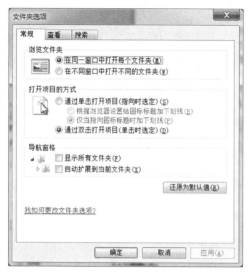
图2-32 【文件夹选项】对话框

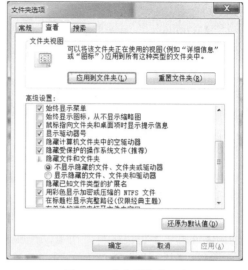
图2-33 【查看】选项卡

● 【隐藏已知文件类型的扩展名】复选框：可以隐藏所有文件类型的扩展名；取消选择，则查看文件时会显示文件的扩展名。

● 【不显示隐藏的文件、文件夹或驱动器】单选框：在【资源管理器】或【计算机】可以隐藏的已设置【隐藏】属性的文件、文件夹或驱动器。

● 【显示隐藏的文件、文件夹和驱动器】单选框：在【资源管理器】或【计算机】可以查看隐藏的文件、文件夹和驱动器。

2.6.2 创建文件和文件夹

具体有如下几种方法。

方法1：使用【文件】下拉菜单。

① 选定新建文件夹所在的文件夹（可以是驱动器文件夹或其下的各级文件夹）。

② 鼠标指向【文件】菜单中的【新建】子菜单，如图2-34所示。

图2-34 【新建】级联菜单

③ 如果要创建新的文件，在【新建】子菜单中选择要创建文件的文件类型，在【文件夹内容】窗格中出现默认名为【新建×××文档】的新文件，用户可在蓝色的框中输入文件名并按<Enter>键确认；如果要创建新的文件夹，单击【文件夹】命令。在【文件夹内容】窗格中出现默认名为【新建文件夹】的新文件夹，用户可在蓝色的框中给出用户文件夹名并按<Enter>键确认。

方法 2：使用快捷菜单。

① 选定新文件夹所在的文件夹。

② 右击【文件夹内容】窗格中任意空白处，在快捷菜单中指向【新建】。

③ 在弹出的子菜单中按方法 1 中的③操作即可。

方法 3：使用工具栏。

① 选定新文件夹所在的文件夹。

② 在工具栏直接单击【新建文件夹】按钮，然后给【新建文件夹】命名即可。

2.6.3　选定文件或文件夹

在【资源管理器】中要对文件或文件夹进行操作，首先应选定文件或文件夹对象，以确定操作的范围。

选定对象（文件或文件夹）的操作方法如下。

1. 选定单个对象

方法 1：在【文件夹内容】窗格中单击所选的文件或文件夹的图标或名字，所选定的文件或文件夹及其图标以蓝底显示。

方法 2：反复按<Tab>或<Shift+Tab>键，直到【文件夹内容】窗格中出现蓝框为止，然后按上、下箭头键选定对象。也可用<Home>、<End>、<PgUp>、<PgDn>等功能键来选定对象。例如：按<Home>键选定【文件夹内容】窗格中的第一个对象；按字母键<M>，则选定以 M 开头的所有对象中的第一个。

2. 选定连续多个对象

如果要选定多个连续的对象，可进行如下操作。

方法 1：在【文件夹内容】窗格中，单击要选定的第一个对象，然后移动鼠标指针至要选定的最后一个对象，按住<Shift>键不放并单击最后一个对象，那么这一组连续文件即被选中。如图 2-35 所示。

方法 2：另一个快捷的方法是用鼠标左键从连续对象区的右上角外开始向左下角拖动，这时就出现一个虚线矩形框，直到此虚线矩形框围住所要选定的所有对象为止，然后松开左键。

方法 3：反复按<Tab>或<Shift+Tab>键，直到【文件夹内容】窗格中出现蓝框为止，然后按上、下箭头键选定第一个对象；再按住<Shift>键不放，按箭头键来选定其余的对象。也可用<Home>、<End>、<PgUp>、<PgDn>等功能键来扩展选定其余的对象。

3. 选定不连续的多个对象

在【文件夹内容】窗格中，按住<Ctrl>键不放，单击所要选定的每一个对象，都选择好后，就可放开<Ctrl>键。

4. 选定不连续的连续对象

如果要选定的多个对象分布在几个局部连续的区域中，可进行如下操作。

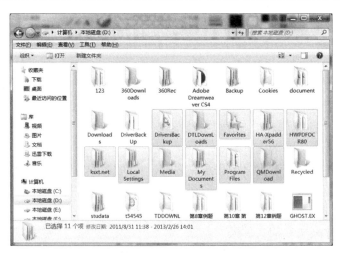

图 2-35 选定文件

① 用"选定连续多个对象"的方法选定第一个局部连续的对象组（即单击该区域的第一个对象，再按住<Shift>键单击该区域的最后一个对象）。

② 按住<Ctrl>键，单击第二个局部连续区域中的第一个对象，再按住组合键<Ctrl+Shift>单击该区域中的最后一个对象，从而选定了第二个局部连续的对象组。

③ 反复操作②，可选定全部要选的对象。

5. 选定全部对象

方法1：单击【编辑】菜单中的【全选】命令可选定当前文件夹中的（即文件夹内容窗格中的）全部文件和文件夹对象。

方法2：按【全选】命令的快捷键<Ctrl+A>，可以迅速全部选定文件夹内容窗格中的全部对象。

6. 取消选定的对象

只需用鼠标在文件夹内容窗格中任意空白区处单击一下，全部取消已选定的对象。

2.6.4 移动与复制文件或文件夹

1. 复制文件或文件夹

在【资源管理器】和【计算机】中可以方便而直观地复制和移动文件或文件夹。

移动：指文件从原来位置上消失，而出现在指定的位置上。

复制：指原来位置上的源文件保留不动，而在指定的位置上建立源文件的拷贝（称目标或副本）。

复制对象方法很多，用户可以根据具体情况灵活使用。具体有：

方法1：剪贴板法。

① 打开源文件所在的文件夹，选定要复制的一个或多个对象。

② 单击【编辑】菜单中的【复制】命令，或工具栏中【组织】|【复制】命令，或右键快捷菜单中的【复制】命令。此时 Windows 把对象复制到剪贴板上（也可以不打开【编辑】菜单，直接按快捷键<Ctrl+C>）。

③ 打开目标文件夹（目标文件夹可以是驱动器文件夹或其下的各级文件夹）。

④ 单击【编辑】菜单中的【粘贴】命令，或工具栏中的【组织】|【粘贴】命令，或右

键快捷菜单中的【粘贴】命令。（也可以不打开【编辑】菜单，直接按快捷键<Ctrl+V>。）

注：只要剪贴板上的内容没有被破坏，那么就可以实现一到多的复制。

方法 2：用鼠标左键拖动。

① 打开源文件所在的文件夹，选定要复制的对象。

② 按住<Ctrl>键，用鼠标左键将选定的对象拖动到目标文件夹，此时目标文件夹变成蓝色框，拖动过程中鼠标指针下出现一个标有"+"的小方框，它表示"复制"之意。

③ 放开鼠标左键和<Ctrl>键。

方法 3：用鼠标右键拖动。

① 打开源文件所在的文件夹，选定要复制的一个或多个对象。

② 用鼠标右键将选定的对象拖动到目标文件夹，放开右键时，出现一快捷菜单。

③ 单击菜单中的【复制到当前位置】命令即完成复制。

方法 4：使用【文件】菜单中的【发送】命令。

使用【文件】菜单中的【发送到】命令可将选定的对象快速传送到目的地（如打印机、传真机或特定文件夹）。发送到【文档】的具体操作步骤如下。

① 在【文件夹内容】窗格中选定要发送的对象。

② 打开【文件】下拉菜单，鼠标指针指向【发送到】命令。

③ 在下一级级联菜单中，选择【文档】。

注：【发送到】命令在右击对象打开的快捷菜单中也可以得到。

2. 移动文件或文件夹

移动对象的方法与复制对象的方法类似，稍做变动就可用来移动对象。具体变动如下。

● 剪贴法中，只要用【剪切】命令替换【复制】命令，其余操作相同。执行【剪切】命令后，所选定的对象的图标变淡，只有执行【粘贴】命令后，所选定的原对象才被剪去，如果想取消本次移动，那么，只要在执行【粘贴】命令之前，按<Esc>键即可。

● 方法 4 中，按住<Shift>键，同时用鼠标左键拖动对象，就实现了移动的目的。

● 方法 5 拖动对象的操作中，只要用【移动到当前位置】命令替换【复制到当前位置】命令即可，其余操作相同。

注意：

1）按住左键拖动（以下简称左拖）对象时，应注意区别两种情况：

● 在同一磁盘驱动器的文件夹之间左拖对象时，Windows 默认是移动对象。所以，在同一驱动器的各文件夹间左拖移动对象时，不必按住<Shift>键。

● 在不同磁盘驱动器之间左拖动对象时，Windows 默认是复制对象，不必按住<Ctrl>键。

2）如果目标文件夹和源文件夹是同一个文件夹，则复制文件的副本文件名后会加"－ 副本"字样；如果目标文件夹和源文件夹是不同的文件夹，但目标文件夹中存在与要复制或移动的文件名相同的文件，则在复制或移动时，系统会提示用户做出是否"替换"的决定。

2.6.5　删除文件或文件夹

1. 删除文件或文件夹

删除文件或文件夹的具体方法是，首先选定要删除的一个或多个对象，然后：

方法 1：提出删除请求。

① 按<Delete>键，或【文件】|【删除】命令，或右键快捷菜单中的【删除】命令。

② 单击【确认文件删除】对话框中的【是】按钮；如果想取消本次删除操作，可单击【否】按钮。

方法 2：直接左拖动到回收站。

将要删除的对象左拖至【回收站】图标处，单击【确认文件删除】对话框中的【是】按钮即可。

注意：

● 如果删除的对象是文件夹，就是将该文件夹中的文件和子文件夹一起被删除。

● 如果删除的对象是在硬盘上，那么删除时被送到【回收站】文件夹中暂存起来，以备随时恢复用。

● 如果想直接删除硬盘上的对象而不送入【回收站】，那么只要按组合键<Shift+Delete>键，并回答【是】即可。

● 如果删除的对象是在软盘或 U 盘，那么删除时不送入回收站。

2. 撤销复制、移动和删除操作

如果在完成对象的复制、移动和删除操作后，用户突然改变主意，想要回到刚才操作前的状态，那么只要单击【编辑】菜单中的【撤销】命令，或单击工具栏【组织】|【撤销】命令即可。【撤销】命令可及时避免误操作，非常有用。

2.6.6　文件或文件夹重命名

对文件或文件夹名进行更名是经常遇到的问题，在【资源管理器】或【计算机】中具体方法如下。

方法 1：使用【文件】下拉菜单。

① 选定要更名的文件或文件夹。

② 单击【文件】下拉菜单（或右击要更名的对象，选定快捷菜单）中的【重命名】命令。

③ 在选定对象名字周围出现细线框且进入编辑状态，用户可直接键入新的名字，或将插入点定位到要修改的位置修改文件名，如图 2-36 所示。

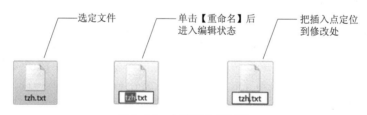

图 2-36　文件重命名过程

④ 按<Enter>键，或单击该名字方框外任意处即可。

方法 2：两次单击对象法。

① 单击要更名的文件或文件夹的图标。

② 单击该对象的文件名或文件夹名，等待出现细线框且进入编辑状态（或按<F2>键）。

③ 在选定的对象细线框内键入新名字或修改旧名字。

④ 按<Enter>键或单击该名字方框外任意处即可。

注：如要取消本次更名，可在按<Enter>键前按<Esc>键。

2.6.7 文件或文件夹的查找及对象属性浏览

1. 查找文件或文件夹

Windows 7 操作系统中提供了查找文件和文件夹的多种方法，在不同的情况下可以使用不同的方法。

（1）使用【开始】菜单上的搜索框

单击【开始】按钮，从弹出的【开始】菜单中的【搜索程序和文件】文本框中输入想要查找的信息，如图 2-37 所示。

例如想要查找计算机中所有关于 Windows 的信息，只要在文本框中输入"Windows"，输入完毕，与所输入文本框相匹配的项都会显示在【开始】菜单上。

> 提示：从【开始】菜单进行搜索时，搜索结果中仅显示已建立索引的文件。计算机上的多数文件会自动建立索引。例如，包含在库中的所有内容都会自动建立索引。索引就是一个有关计算机中的文件的详细信息的集合，通过索引，可以使用文件的相关信息快速准确地搜索到想要的文件。

图 2-37 【开始】菜单上的搜索结果

（2）使用文件夹或库中的搜索框

若已知所需文件或文件夹位于某个特定的文件夹或库中，可使用位于每个文件夹或库窗口的顶部的【搜索】文本框进行搜索。

如：要在 D 盘中查找所有的文本文件，需首先打开 D 盘，在其窗口的顶部的【搜索】文本框中输入"*.txt"，则开始搜索，搜索结果如图 2-38 所示。

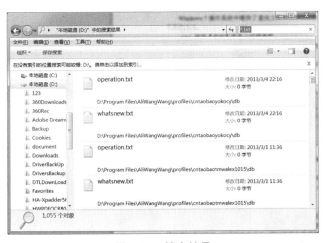

图 2-38 搜索结果

如果用户想要基于一个或多个属性来搜索文件，则搜索时可在文件夹或库的【搜索】文本框中使用搜索筛选器指定属性，从而更加快速地查找指定的文件或文件夹。

例如，在上例中按照【修改日期】来查找符合条件的文件，则需单击图 2-38 的【搜索】文本框，弹出搜索筛选器，其中提供了【修改日期】和【大小】两项，选择【修改日期】，即可进行关于日期的设置。

提示： 搜索时可以使用通配符 "*" 和 "？"，搜索筛选器的内容将会随着搜索内容的不同而有所不同，搜索条件可以按组合条件进行。

2. 对象属性

在 Windows 中，文件和文件夹都有各自的属性，属性就是性质和设置，有些属性是可以修改的。可以根据用户需要设置或修改文件或文件夹的属性，了解文件或文件夹的属性，有利于对它的操作。对于初学者来说，通过查看文件或文件夹的属性，可以尽快掌握各种文件的类型和文件的图标以及文件的路径，如可执行文件、文档文件、图形文件、声音文件的图标以及它们的存储位置，了解所用计算机磁盘驱动器状况等。

（1）磁盘驱动器属性

查看磁盘驱动器属性的操作如下。

① 在【资源管理器】或【计算机】窗口中选定要查看的磁盘驱动器。

② 在【文件】菜单中单击【属性】命令，打开如图 2-39 所示的属性对话框（或右击驱动器图标，在弹出的快捷菜单中选择【属性】）。

③ 对话框有【常规】、【工具】、【共享】、【安全】等选项卡标签，分别单击选定，即可了解该磁盘驱动器的容量和可用空间数据，以及用于磁盘管理的工具等有关信息。

（2）查看并设置文件或文件夹的属性

查看文件或文件夹属性的具体操作如下。

① 右击文件或文件夹，打开快捷菜单。

② 在快捷菜单中，单击【属性】命令，屏幕出现对话框，如图 2-40 所示（或选定文件或文件夹，在【文件】菜单中单击【属性】命令）。

③ 文件或文件夹的属性有【只读】、【隐藏】、【存档】三种（注：【系统】属性不显示在这里）。用户可在属性前的复选框中选择设置文件的属性。具有【只读】属性的文件可以保护文件不被误删除或修改；具有【隐藏】属性的文件或文件夹没有设置显示时是不显示的；一般新建或修改后的文件都具有【存档】属性。

图 2-39　磁盘驱动器【属性】对话框

图 2-40　文件【属性】对话框

2.7　中文 Windows 7 系统环境设置

控制面板是用来进行系统设置和设备管理的工具集,使用控制面板,可以控制 Windows 7 的外观和工作方式。在一般情况下,用户不用调整这些设置选项,也可以根据自己喜好,进行诸如改变桌面设置、调整系统时间、添加或删除程序、查看硬件设备等操作。

启动控制面板的方法有很多,最简单的是单击【开始】按钮,在弹出的【开始】菜单右侧的【启动菜单列表】选择【控制面板】选项,打开如图 2-41 所示的【控制面板】窗口。

控制面板中内容的查看方式有三种,分别为【类别】、【大图标】和【小图标】,可通过图 2-51 右上角的下拉列表框来选择不同的显示形式。图 2-41 为【类别】视图显示形式,它把相关的项目和常用的任务组合在一起,以组的形式呈现出来。

2.7.1　外观和个性化设置

1. 设置主题

主题决定着整个桌面的显示风格,Windows 7 为用户提供了多个主题选择,可通过【个性化】窗口进行设置。打开【个性化】窗口的方法如下。

方法 1:在图 2-41 所示的【控制面板】窗口单击【外观和个性化】组,在打开的【外观和个性化】窗口中选择【个性化】选项,即可打开如图 2-42 所示的【个性化】窗口。

方法 2:在桌面空白处单击鼠标右键,在弹出的快捷菜单中选择【个性化】命令。

在图 2-42 所示的窗口中部主题区域提供了多个主题选择,如 Aero 主题提供了 7 个不同的主题(可通过移动滚动条来查看),用户可以根据喜好选择喜欢的主题。选择一个主题后,其声音、背景、窗口颜色等都会随着改变。

主题是一整套显示方案,更改主题后,之前所有的设置如桌面背景、窗口颜色、声音等元素都将改变。当然,在应用了一个主题后,也可以单独更改其他元素,如桌面背景、窗口颜色、声音和屏幕保护程序等,当这些元素更改设置完毕后,可保存该修改的主题,操作如下。

图 2-41　【控制面板】窗口

图 2-42　【个性化】窗口

① 在图 2-42 的【我的主题】下的【未保存的主题】选项上单击鼠标右键,在弹出的快

捷菜单中选择【保存主题】命令，打开【将主题另存为】对话框。

② 在对话框中，输入主题的名称，再单击【确定】按钮，即可保存该主题。

2. 设置桌面背景

Windows 7 系统提供了很多个性化的桌面背景，用户可以根据自己的爱好来设置桌面背景，操作步骤如下。

① 右击桌面空白处，在弹出的快捷菜单中选择【个性化】命令，打开【个性化】设置窗口，如图 2-42 所示，单击底部的【桌面背景】超级链接。

② 进入【桌面背景】窗口，默认的图片位置是【Windows 桌面背景】，提供了众多新颖美观的壁纸，选中喜爱的壁纸上方的复选框，如图 2-43 所示。

③ 如果选中了多张背景，可以单击【更改图片时间间隔】下拉列表，选择桌面变换的频率，设置完毕后单击【保存修改】按钮保存设置。

> **提示：** 用户除了可以使用系统提供的图片外，单击"浏览"按钮还可以选择保存在硬盘上的图片。

3. 显示设置

（1）设置屏幕分辨率

显示分辨率是指显示器上显示的像素数量，分辨率越高，显示器的像素就越多，屏幕区域就越大，可以显示的内容就越多，反之则越少。显示颜色是指显示器可以显示的颜色数量，颜色数量越高，显示的图像就越逼真；颜色越少，显示的图像色彩就越粗糙。

设置显示器分辨率的步骤如下。

① 在桌面上空白处右击，在弹出的快捷菜单中选择【屏幕分辨率】命令，打开【屏幕分辨率】窗口，如图 2-44 所示。

图 2-43 【桌面背景】窗口

图 2-44 【屏幕分辨率】窗口

② 在【屏幕分辨率】窗口中，单击【分辨率】下拉列表，可以调整屏幕分辨率，调整结束后，单击【确定】按钮。

（2）设置颜色质量

颜色质量指可同时在屏幕上显示的颜色数量，颜色质量在很大程度上取决于屏幕分辨率的设置。颜色质量的范围可以从标准 VGA 的 16 色，一直到高端显示器的 40 亿色（32 位）。

操作步骤如下。

① 在图 2-44 所示的【屏幕分辨率】窗口选择【高级设置】选项，打开如图 2-45 所示的对话框。

② 在【监视器】选项卡中，使用【颜色】下拉列表选择颜色质量即可。

（3）设置刷新频率

刷新频率是指屏幕上的内容重绘的速率。刷新频率越高，显示内容的闪烁感就越不明显。人眼对闪烁并不是非常敏感，但过低的刷新率（低于 72 Hz）会导致长时间使用后眼睛疲劳，因此选择合适的刷新频率就显得非常重要。在图 2-45 所示的对话框中，使用【屏幕刷新频率】下拉列表可选择所需的屏幕刷新频率。

4. 设置屏幕保护

屏幕保护程序是指在开机状态下在一段时间内没有使用鼠标和键盘操作时，屏幕上出现的动画或者图案。屏幕保护程序可以起到保护信息安全，延长显示器寿命的作用。

设置显示器分辨率的步骤如下。

① 在桌面上空白处右击，在弹出的快捷菜单中选择【个性化】命令，打开【个性化】设置窗口，如图 2-42 所示。单击底部的【屏幕保护程序】超级链接。

② 弹出【屏幕保护程序设置】对话框，如图 2-46 所示。在【屏幕保护程序】下拉列表中选择一种屏幕保护程序，在【等待】文本框中设置需要等待的时间后，单击【确定】按钮。

如果要退出屏幕保护程序，只要打开【屏幕保护程序设置】对话框，在【屏幕保护程序】下拉列表中选择【（无）】，单击【确定】即可。

图 2-45　【监视器】选项卡

图 2-46　【屏幕保护程序设置】对话框

5. 桌面小工具

Windows 7 操作系统自带了很多漂亮实用的小工具，它能在桌面右边创建一个窗格，以添加一些实用小工具，用于展示这些小工具软件的主界面或者从互联网获得的股市行情、天气追踪或热点新闻之类的信息，也可以为用户进行日程管理，它以实用性强而受到广大用户的交口称赞。如果计算机在启动后没有出现桌面小工具，则按照以下步骤开启桌面小工具。

① 在桌面空白处右击，从弹出的快捷菜单中选择【小工具】命令。打开【小工具库】窗

口，如图 2–47 所示。

图 2–47 【小工具库】窗口

② 在【小工具库】窗口中，列出了系统自带的多个小工具，用户可以从中选择自己喜欢的个性化小工具，只需双击小工具图标，或者右击，在弹出的快捷菜单中选择【添加】命令，即可将其添加到桌面上，也可以用鼠标将小工具直接拖到桌面上。

2.7.2 鼠标的设置

设置鼠标的方法如下。

① 打开【控制面板】窗口，选择【硬件和声音】，在打开的窗口中选择【鼠标】。

② 在打开的【鼠标 属性】对话框中，对鼠标进行相应的设置，如图 2–48 所示。

2.7.3 系统日期/时间和区域语言设置

1. 日期和时间的设置

在任务栏的右边有一个数字式电子钟，当鼠标指针在此处停留一秒钟，就会显示当前的日期。用户可以根据自己的需要来设置日期和时间。

图 2–48 【鼠标 属性】对话框

打开【日期和时间】对话框（图 2–49）的方法有以下几种。

方法 1：右击任务栏右面的电子钟，在快捷菜单中选择【调整日期/时间】命令。

方法 2：单击任务栏右面的电子钟，在弹出的对话框中选择【更改日期和时间设置】。

方法 3：在【控制面板】中选择【时钟、语言和区域】，在打开的窗口中，选择【日期和时间】。

其中各选项含义如下：

1）【时间和日期】选项卡：在【时间和日期】选项卡中，单击【更改日期和时间】按钮可以打开【日期和时间设置】对话框，在该对话框中可以设置当前的日期和时间，如图 2–50所示；单击【更改时区】按钮可以打开【时区设置】对话框，在该对话框中可以通过选择时区下拉列表框中的时区选项来进行设置不同的时区。

2）【Internet 时间】选项卡：在【Internet 时间】选项卡中，可以使用户的计算机时钟自动与 Internet 时间服务器同步。

图 2-49 【日期和时间】对话框　　　　图 2-50 【日期和时间设置】对话框

如果启用了同步，用户的计算机时钟每周就会和 Internet 时间服务器进行一次同步，也可以通过单击【立即更新】按钮来执行立刻同步。当然，同步只有在计算机与 Internet 连接时才能进行。

2. 区域语言的设置

如果用户想更改系统时间的显示格式，可以在【控制面板】中选择【时钟、语言和区域】，在打开的窗口中，选择【区域和语言】选项，打开【区域和语言】对话框（图 2-51），切换到【格式】选项卡，可以根据需要来更改日期和时间格式：在该选项卡中，通过单击【其他设置】按钮，可以打开【自定义格式】对话框（图 2-52）。在【时间】选项卡中选择或者输入新的值来更改【时间格式】、【时间分隔符】、【AM 符号】和【PM 符号】等。

 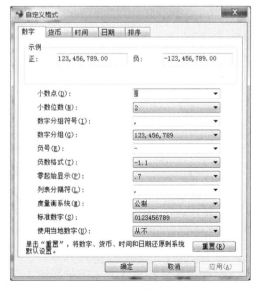

图 2-51 【区域和语言】对话框　　　　图 2-52 【自定义格式】对话框

2.7.4 输入法的设置与安装

Windows 提供了多种汉字输入法,如全拼、双拼、微软拼音 ABC、微软拼音、郑码输入法等。

1. 安装中文输入法

虽然 Windows 在系统安装时已预装了多种输入法,但是,用户还可以根据自己的需要,任意安装或卸载某种输入法。下面介绍输入法的安装和删除的操作过程。

中文输入法的安装操作步骤如下。

① 单击【控制面板】窗口中的【时钟、语言和区域】,在打开的窗口中,选择【区域和语言】选项,打开【区域和语言】对话框(图 2-51)。

② 切换到【键盘和语言】选项卡,单击【更改键盘】按钮,打开【文本服务和输入语言】对话框,如图 2-53 所示。

③ 单击【添加】按钮,显示【添加输入语言】对话框,如图 2-54 所示。

④ 在列表框中用复选框选择要添加的语言及输入法。

⑤ 单击【确定】按钮,即可完成中文输入法的安装。

图 2-53 【文本服务和输入语言】对话框

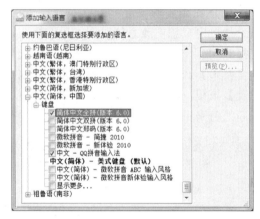

图 2-54 【添加输入语言】对话框

2. 删除某一输入法

删除某一输入法的步骤如下。

① 如前所述打开【文本服务和输入语言】对话框,如图 2-53 所示。

② 在【已安装的服务】列表中选择要删除的输入法。

③ 单击【删除】按钮即可完成输入法的删除。

3. 设置输入法

对于经常使用计算机的用户来说,合理地设置输入法,可以显著地提高工作效率。用户可以按照下面的步骤来设置输入法。

① 如前所述打开【文本服务和输入语言】对话框,如图 2-53 所示。

② 要设置默认输入法,在【默认输入语言】组中的下拉列表框中选择需要的输入法。

　　③　如果用户要设置某个输入法，可以在【已安装的服务】选项组中选择该输入法，然后单击【属性】按钮，打开该输入法的属性对话框进行设置。

　　④　为了便于随时设置和选择输入法，用户可以单击【语言栏】按钮，在打开的【语言栏设置】对话框中选中【在桌面上显示语言栏】复选框，使任务栏显示出输入法指示器。

　　⑤　切换到【高级键设置】选项卡，如图 2-55 所示。在【要关闭 Caps Lock】选项组中，用户可以设置关闭英文大写功能的快捷键。在【输入语言的热键】选项组中，用户可以设置输入法的快捷键。

　　⑥　输入法设置完毕，单击【确定】按钮保存设置并关闭对话框。

图 2-55　【高级键设置】选项卡

2.7.5　程序的安装和卸载

1. 安装应用程序

　　如果从光盘进行安装，则先将光盘插入光驱，有的安装程序将自动运行，则可以根据自动运行的提示进行安装。如果不需要该光盘自动运行，则从光盘的右键菜单中选择【打开】命令，这样将显示光盘中的内容，从中找到程序的安装文件。如果需要安装的程序文件在硬盘中已经存在，则可以直接打开该程序的安装文件所在的文件夹。

　　一般情况下，应用程序的安装文件名为"setup"，图标为 🖥 setup.exe 。当然也有其他形式的安装文件，如以程序的名称命名，扩展名一般为".exe"，图标为其他形式的安装文件。

　　①　找到安装文件后，直接双击，则开始进行程序的安装向导。如安装"Office 2010"软件时，双击安装程序，将出现如图 2-56 所示的向导，单击【继续】按钮就可以继续了。

　　②　一般情况下，安装的过程中会出现一个选择是否同意阅读并接受许可条款的步骤。选择同意阅读并接受许可条款，才能单击【下一步】按钮继续进行安装。

　　③　在继续安装的过程中，有时还需要用户自己定义安装的类型，用户可以根据需要选择安装的程序，如图 2-57 所示。

图 2-56　Office 2010 安装程序向导

图 2-57　Office 2010 安装程序向导

④ 接下来继续按照安装向导的提示进行安装。当安装完成后，一般会出现一个【安装完成】的窗口，单击【确定】按钮即可。有的程序安装后可能需要重新启动计算机，则需要按照提示进行重启。

⑤ 在安装过程的任意步骤中，单击【取消】按钮都可以取消程序的安装。

2. 卸载应用程序

在图 2-41 的【控制面板】窗口中双击【程序】图标，将出现【程序】窗口，可以通过单击【程序】下的【卸载程序】超链接，打开【卸载或更改程序】窗口，如图 2-58 所示，通过必要的步骤实现删除已有的程序。

在该窗口中列出了计算机中已经安装的所有程序，选择某个程序后，单击【卸载】按钮，将弹出如图 2-59 所示是否卸载程序的对话框，单击【是】按钮，可以对其进行删除。

图 2-58　【卸载或更改程序】窗口　　　　　　图 2-59　是否卸载程序对话框

2.7.6　安装和使用打印机

1. 添加打印机

① 根据打印机厂商的说明书，将打印机电缆连接到计算机正确的端口上。

② 将打印机电源插入电源插座，并打开打印机，这时 Windows 7 将检测即插即用打印机，并且在很多情况下不做任何选择即可安装它。

③ 如果出现【发现新硬件向导】对话框，应选择【自动安装软件（建议）】复选框，并单击【下一步】按钮，然后按指示操作。

2. 打印机共享

将打印机设置成共享，使局域网内的所有用户计算机共同使用该打印机。

① 在【控制面板】中选择【硬件和声音】下的【查看设备和打印机】超链接，打开如图 2-60 所示的【设备和打印机】窗口，选择要设置共享的打印机，右击并在弹出的快捷菜单中选择【打印机属性】命令。

② 打开打印机属性窗口，选择【共享这台打印机】复选框，如图 2-61 所示。

③ 单击【确定】按钮后，返回至【打印机和传真】窗口中，共享该打印机的设置已完成。

3. 管理打印作业

打印机在进行打印作业时，要对一个或多个打印文稿进行取消、暂停、继续、重新打印作业，因此需要对提交给打印机的用户打印文档进行管理。

图 2-60 【设备和打印机】窗口

图 2-61 设置共享属性

① 激活打印机管理器，要管理打印作业，首先需要激活打印机管理器。

• 打开【设备和打印机】窗口，双击要使用的打印机图标，打开打印机管理器。如果没有提交任何打印作业至该打印机中，打印机管理器窗口为空白，且在该窗口的状态栏上显示【队列中有 0 个文档】。

• 如果在应用程序中执行了打印操作，即发送了打印作业，这时打印机管理器如图 2-62 所示。

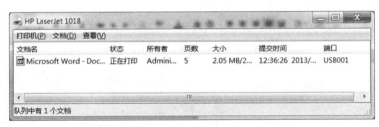

图 2-62 打印机管理器

② 取消、暂停、继续、重新打印作业。

• 双击正在使用的打印机，打开打印机管理器。

• 右击用户欲暂停或继续打印的文档，弹出快捷菜单，如图 2-63 所示。

图 2-63 右击打印文档弹出的快捷菜单

• 按照需要选择所需操作。

2.7.7 多用户使用环境的设置

当多个用户同时使用一台计算机时，若可以在计算机中创建多个账户，不同的用户可以在各自的账户下进行操作，则更能保证各自文件的安全。Windows 7 支持多用户使用，只需为每个用户建立一个独立的账户，每个用户可以按自己的喜好和习惯配置个人选项，可以用自己的账号登录 Windows，并且多个用户之间的 Windows 设置是相对独立互不影响的。

在 Windows 7 中，系统提供了 3 种不同类型的账户，分别为【管理员账户】、【标准账户】和【来宾账户】，不同的账户使用权限不同。

1)【管理员账户】拥有最高的操作权限，具有完全访问权，可以做任何需要的修改。

2)【标准账户】可以执行管理员账户下几乎所有的操作，但只能更改不影响其他用户或计算机安全的系统设置。

3)【来宾账户】针对的是临时使用计算机的用户，拥有最低的使用权限，不能对系统进行修改，只能进行最基本的操作，该账户默认没有被启用。

1. 创建新账户

在图 2-41 所示的【控制面板】窗口单击【用户账户和家庭安全】组，在打开的【用户账户和家庭安全】窗口中选择【添加或删除用户账户】，打开如图 2-64 所示的【管理账户】窗口。

窗口的上半部分显示的是当前系统中所有有用账户，当成功创建新用户账户后，新账户会在该窗口中显示。单击【创建一个新账户】链接，打开如图 2-65 所示的【创建新账户】窗口，输入要创建用户账户的名称，单击【创建账户】按钮，完成一个新账户的创建。

图 2-64 【管理账户】窗口

图 2-65 【创建新账户】窗口

2. 设置账户

在图 2-64 窗口中选择一个账户，单击该账户名，如图中的 Administrator 账户，弹出如图 2-66 所示的【更改账户】窗口，可进行更改账户名称、创建、修改或删除密码（若该用户已创建密码，则是修改密码、删除密码）、更改图片、删除账户等操作。

（1）创建密码

单击图 2-66 中的【创建密码】链接，打开如图 2-67 所示的【创建密码】窗口，输入密码即可。

（2）更改账户名称和图片

单击图 2-66 中的【更改账户名称】链接，打开如图 2-68 所示的【重命名账户】窗口，输入新的账户名称即可。

图 2-66　【更改账户】窗口

图 2-67　【创建密码】窗口

单击图 2-66 中的【更改图片】链接，打开如图 2-69 所示的【选择图片】窗口，选择要
更改的图片即可。

图 2-68　【重命名账户】窗口

图 2-69　【选择图片】窗口

（3）删除账户

选择要删除的账户名，单击图 2-66 中的【删除账户】链接，完成相应的设置即可。

2.8　Windows 7 附件常用工具

Windows 7 中有许多实用程序，例如，画图、记事本、计算器、截图工具、写字板、便
签、照片查看器等，它们都可以通过选择【开始】|【所有程序】|【附件】，再选择相应的快
捷图标来启动。

2.8.1　画图

在计算机中，图像分为两种：位图和矢量图。相应的画图类软件也分两类。Windows【附
件】中的【画图】程序是一个色彩丰富的位图图像绘制和处理工具，用户可以用它创建简单

或者精美的图画。这些图画可以是黑白或彩色的，并可以存为位图文件，甚至还可以用【画图】程序查看和编辑扫描好的照片。可以用【画图】程序处理图片，例如.jpg、.gif 或.bmp 文件。可以将"画图"图片粘贴到其他已有文档中，也可以将其用作桌面背景。与专业图形处理程序（如 PhotoShop 等）相比，它所提供的功能比较简单。

执行【开始】|【所有程序】|【附件】|【画图】命令，打开如图 2-70 所示的【画图】程序窗口，该窗口主要组成部分如下。

1）标题栏：位于窗口的最上方，显示标题名称，在标题栏上单击鼠标右键，可以打开【窗口控制】菜单。

2）【画图】按钮：提供了对文件进行操作的命令，如新建、打开、保存、打印等。

3）快速访问工具栏：提供了常用命令，如保存、撤销、重做等，还可以通过该工具栏右侧的【向下】按钮来自定义快速访问工具栏。

4）功能选项卡和功能区：功能选项卡位于标题栏下方，将一类功能组织在一起，其中包含【主页】和【查看】两个选项卡，图 2-70 中显示的是【主页】选项卡中的功能。

5）绘图区：该区域是画图程序中最大的区域，用于显示和编辑当前图像效果。

6）状态栏：状态栏显示当前操作图像的相关信息，其左下角显示鼠标的当前坐标，中间部分显示当前图像的像素尺寸，右侧显示图像的显示比例，并可调整。

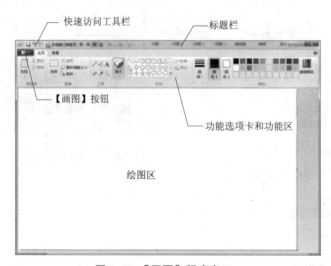

图 2-70 【画图】程序窗口

画图程序中所有绘制工具及编辑命令都集成在"主页"选项卡中，其按钮根据同类功能组织在一起形成组，各组主要功能如下。

1）【剪贴板】组：提供【剪切】、【复制】、【粘贴】命令，方便编辑。

2）【图像】组：根据选择物体的不同，提供矩形或自由选择等方式。还可以对图像进行剪裁、重新调整大小、旋转等操作。

3）【工具】组：提供各种常用的绘图工具，如铅笔、颜色填充、插入文字、橡皮擦、颜色吸取器、放大镜等，单击相应按钮即可使用相应的工具绘图。

4）【刷子】组：单击【刷子】选项下的【箭头】按钮，在弹出的下拉列表中，有 9 种格式的刷子供选择。单击其中任意的【刷子】按钮，即可使用刷子工具绘图。

5）【形状】组：单击【形状】选项下的【箭头】按钮，在弹出的下拉列表中，有 23 种基本图形样式可供选择。单击其中任意的【形状】按钮，即可在画布中绘制该图形。

6）【粗细】组：单击【粗细】选项下的【箭头】按钮，在弹出的下拉列表中选择任意选项，可设置所有绘图工具的粗细程度。

7）【颜色】组：【颜色 1】为前景色，用于绘制线条颜色；【颜色 2】为背景色，用于绘制图像填充色。单击【颜色 1】或【颜色 2】选项后，可在颜色块里选择任意颜色。

2.8.2　记事本

记事本是一个基本的文本编辑器，用于纯文本文件的编辑，默认文件格式为 TXT。记事本编辑功能没有写字板的强大（使用写字板输入和编辑文件的操作方法同 Word 类似，其默认文件格式为 RTF），用记事本保存文件不包含特殊格式代码或控制码。记事本可以被 Windows 的大部分应用程序调用，常被用于编辑各种高级语言程序文件，并成为创建网页 HTML 文档的一种较好工具。

① 执行【开始】|【所有程序】|【附件】|【记事本】命令，打开如图 2-71 所示的【记事本】程序窗口。

② 在记事本的文本区输入字符时，若不自动换行，则每行可以输入很多字符，需要通过左右移动滚动条来查看内容，很不方便，此时可以通过菜单栏的【格式】|【自动换行】命令来实现自动换行。

③ 记事本还可以建立时间记录文档,用于记录用户每次打开该文档的日期和时间。设置方法是：在记事本文本区的第一行第一列开始位置输入大写英文字母 LOG，按回车键即可。以后每次打开该文件时，系统会自动在上一次文件结尾的下一行显示打开该文件时的系统日期和时间，达到跟踪文件编辑时间的目的。当然，也可以通过执行【编辑】|【时间/日期】命令，将每次打开该文件时的系统日期和时间插入文本中。

图 2-71　【记事本】程序窗口

2.8.3　连接到投影仪

Windows 7 为用户提供了简单便捷地将计算机连接到投影仪，以在大屏幕上进行演示的方法。

① 首先确保投影仪已打开，然后将显示器电缆从投影仪插入计算机的视频端口，因投影仪使用 VGA 或 DVI 电缆，必须将该电缆插入计算机的匹配视频端口。虽然某些计算机具有两种类型的视频端口，但大多数便携式计算机只有一种类型的视频端口。也可以使用 USB 电缆将某些投影仪连接到计算机上的 USB 端口。

② 然后执行【开始】|【所有程序】|【附件】|【连接到投影仪】命令，弹出如图 2-72 所示的用于选择桌面显示方式的四个选项（其中，【仅计算机】表示仅在计算机屏幕上显示桌面；【复制】表示在计算机屏幕和投影仪上均显示桌面；【扩展】表示将桌面从计算机屏幕扩展到投影仪；【仅投影仪】表示仅在投影仪上显示桌面），选择相应选项即可。

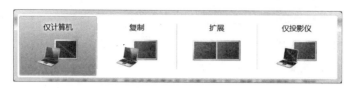

图 2-72　用于选择桌面显示方式的四个选项

也可以通过附件中的【连接到网络投影仪】来通过网络连接到某些投影仪，从而可以通过网络进行演示。当然，这需要投影仪具有该网络功能。

2.8.4　截图工具

Windows 7 自带的截图工具用于帮助用户截取屏幕上的图像，并且可以对截取的图像进行编辑。

① 执行【开始】|【所有程序】|【附件】|【截图工具】命令，打开如图 2-73 所示的【截图工具】程序窗口。

② 单击【新建】按钮右侧的向下箭头按钮，弹出如图 2-74 所示的【截图工具】菜单，截图工具提供了【任意格式截图】、【矩形截图】、【窗口截图】、【全屏幕截图】四种截图方式，可以截取屏幕上的任何对象，如图片、网页等。

图 2-73　【截图工具】程序窗口

图 2-74　【截图工具】菜单

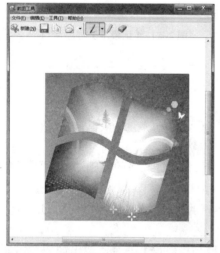

图 2-75　【截图工具】编辑窗口

1. 矩形截图

矩形截图截取的图形为矩形。

① 在图 2-74 中选择【矩形截图】选项，此时，除了截图工具窗口外，屏幕处于一种白色半透明状态。

② 当光标变成"十"形状时，将光标移到所需截图的位置，按住鼠标左键不放，拖动鼠标，选中框成红色实线显示，被选中的区域变得清晰。释放鼠标左键，打开图 2-75 所示的【截图工具】编辑窗口（此处以截取桌面为例），选中的区域被截取到该窗口中。

③ 在图 2-75 中，可以通过菜单栏和工具栏，使用【笔】、【橡皮】等对图片勾画重点添加备注，或将它通过电子邮件发送出去。

④ 在图 2-75 中的菜单栏执行【文件】|【另存为】命令，可在打开的【另存为】对话框中对图片进行保存，保存的文件为 PNG 格式。

2. 任意格式截图

截取的图像为任意形状。

在图 2-74 中选择【任意格式截图】选项，此时，除了截图工具窗口外，屏幕处于一种的白色半透明状态，光标则变成剪刀形状，按住鼠标左键不放，拖动鼠标，选中的区域可以是任意形状，同样，选中框成红色实线显示，被选中的区域变得清晰。释放鼠标左键，被选中的区域截取到【截图工具】编辑窗口中。编辑和保存操作与矩形截图方法一样。

3. 窗口截图

可以自动截取一个窗口，如对话框。

① 在图 2-74 中选择【窗口截图】选项，此时，除了截图工具窗口外，屏幕处于一种白色半透明状态。

② 当光标变成小手的形状，将光标移到所需截图的窗口，此时该窗口周围将出现白色边框，单击鼠标左键，打开【截图工具】编辑窗口，被截取的窗口出现在该编辑窗口中。

编辑和保存操作与矩形截图方法一样。

4. 全屏幕截图

自动将当前桌面上的所有信息都作为截图内容，截取到【截图工具】编辑窗口，然后按照与矩形截图一样的方法进行编辑和保存操作。

图 2-76　标准型【计算器】

2.8.5　计算器

Windows 7 自带的计算器程序（图 2-76）除了具有标准型模式外，还具有科学型、程序员和统计信息模式，同时还附带了单位转换、日期计算和工作表等功能。Windows 7 中计算器的使用与现实中计算器的使用方法基本相同，使用鼠标单击操作界面中相应的按钮即可计算。

2.8.6　照片查看器

Windows 照片查看器是 Windows 7 自带的看图工具，是一个集成于系统中的系统组件，不能单独运行。当双击 BMP、JPG、PNG 等格式的图片时，系统默认情况下自动使用 Windows 照片查看器打开此图片。如，打开【图片库】，双击其中的郁金香图片，打开如图 2-77 所示的【Windows 照片查看器】窗口。

图 2-77　【Windows 照片查看器】窗口

Windows 照片查看器不具备编辑功能，只能用于浏览已经保存在计算机中的图片。若一个文件夹中存放了多张照片，则可以通过单击 ▶▶ （下一个）按钮浏览此文件夹中的下一幅图片；单击 ◀◀ （上一个）按钮浏览此文件夹中的上一幅图片；单击 ◉ （放映幻灯片）按钮，以放映幻灯片的形式全屏观看图片，并每隔一段时间自动切换到下一张图片。

2.8.7　磁盘清理和磁盘碎片整理

使用磁盘清理程序可以帮助用户释放硬盘空间，删除系统临时文件、Internet 临时文件，安全删除不需要的文件，减少它们占用的系统资源，以提高系统性能。

Windows 7 系统为用户提供了磁盘清理工具。使用这个工具，用户可以删除临时文件，释放磁盘上的可用空间。

1. 磁盘清理

清理磁盘可以删除某个驱动器上旧的或不需要的文件，释放一定的空间，从而起到提高计算机运行速度的效果。

清理磁盘的步骤如下。

① 单击【开始】按钮，选择【所有程序】|【附件】|【系统工具】|【磁盘清理】命令。

② 打开【驱动器选择】对话框，如图 2-78 所示。

③ 选择要进行清理的驱动器，然后单击【确定】按钮，系统将会进行前期计算，同时弹出如图 2-79 所示的对话框，此时用户还可以取消磁盘清理的操作。计算完成后，弹出该驱动器的磁盘清理对话框，如图 2-80 所示。

图 2-78　【驱动器选择】对话框

图 2-79　计算可释放空间

④ 在该对话框中列出了可删除的文件类型及其所占用的磁盘空间，选择某文件类型前的复选框，在进行清理时即可删除；在【占用磁盘空间总数】信息中显示了删除所有选择的文件类型后可得到的磁盘空间。

⑤ 在【描述】框中显示了当前选择的文件类型的描述信息，单击【查看文件】按钮，可查看该文件类型中包含文件的具体信息。

⑥ 单击【确定】按钮，将弹出【磁盘清理】确认删除消息框，如图 2-81 所示。单击【删除文件】按钮，弹出【磁盘清理】对话框。清理完毕后，该对话框将自动关闭。

2. 整理磁盘碎片

工作目标：使用【磁盘碎片整理程序】，重新整理硬盘上的文件和使用空间，以达到提高程序运行速度的目的。

"文件碎片"表示一个文件存放到磁盘上不连续的区域。当文件碎片很多时，从硬盘存取文件的速度将会变慢。

图 2-80　【磁盘清理】对话框

图 2-81　【磁盘清理】确认删除消息框

磁盘整理操作步骤：

① 单击【开始】按钮，选择【所有程序】|【附件】|【系统工具】|【磁盘碎片整理程序】命令，打开【磁盘碎片整理程序】对话框，如图 2-82 所示。

提示：一般情况下，进行磁盘碎片整理时，应先对磁盘进行分析，碎片百分比较高时进行碎片整理比较有效，当然也可直接进行磁盘碎片整理。

② 在图 2-82 所示的【磁盘碎片整理程序】对话框中，在列表框中选择需要整理的磁盘。

③ 单击【磁盘碎片整理】按钮，开始磁盘整理。

图 2-82　【磁盘碎片整理程序】对话框

2.8.8　命令行方式操作

命令行方式操作即 DOS 方式操作。Windows 应用越来越普及、方便，但 DOS 命令方式因为运行安全、稳定、占用资源少等特点，仍为一些专业人员所喜爱。所以，Windows 的各种版本都保留了对 DOS 应用程序的兼容。

要使用 DOS 命令行方式进行操作，需切换到 DOS 环境。

操作步骤：单击【开始】|【所有程序】|【附件】|【命令提示符】命令，即可进入命令行方式，如图 2-83 所示。

图 2-83　【命令提示符】窗口

图 2-83 窗口中的符号"＞"就是 DOS 系统的提示符，它指出了当前路径（例如，图中"c:\>"，表示当前路径是"c:"盘的根目录）。DOS 系统在提示符后面闪动的光标处等待用户从键盘输入的命令。例如，当输入"date"后，按回车键，窗口中就会显示当前系统的日期，并等待用户输入新的日期。当输入"help"后，按回车键，窗口中将显示所有提供给用户操作的 DOS 命令及功能描述。

DOS 命令非常丰富，格式要求也非常严格，在命令行方式下不能使用鼠标，只能通过键盘输入命令完成各种操作。表 2-5 中列出部分 DOS 命令。

表 2-5　DOS 命令列表

命令字	命令功能	命令字	命令功能
CD	改变路径	HELP	提供命令的帮助信息
CLS	清除屏幕信息	MD	创建子目录
CHKDSL	检查磁盘并显示状态报告	MOVE	将文件从一个移到另一个目录
COPY	复制文件	PATH	显示或设置文件搜索路径
DATE	显示或设置日期	PRINT	打印文本文件
DEL	删除文件	RD	删除目录
DIR	显示目录及文件	REN	修改文件名
DISCOMP	比较两个软盘的内容	TIME	显示或设置系统时间
EXIT	返回 Windows	TYPE	显示文本文件内容
FIND	在文件中搜索字符串	VER	显示磁盘卷标和序列号
FORMAT	格式化磁盘	XCOPY	复制文件和目录树

2.9　压　缩　文　件

Windows 7 系统的一个重要的新增功能就是置入了压缩文件程序，因此，用户无须安装第三方的压缩软件（如 WinRAR 等），就可以对文件进行压缩和解压缩。通过压缩文件和文件夹来减少文件所占用的空间，在网络传输过程中可以大大减少网络资源的占用；多个文件被压缩在一起后，用户可以将它们看成一个单一的对象进行操作，以便于查找和使用。文件被压缩以后，用户仍然可以像使用非压缩文件一样，对它进行操作，几乎感觉不到有什么差别。

2.9.1　压缩和解压

1. 创建压缩文件

Windows 7 支持在快捷菜单中快速压缩文件，操作十分简单。

在想要压缩的文件上右击，会弹出如图 2-84 所示的快捷菜单，图中用圈标注的部分就是在其中创建的快捷键。

如果要快速压缩文件，则在文件上右击，然后选择【添加到"××.rar"】（××代表所选文件的文件名），就会把这个文件压缩成以"××.rar"命名的 rar 格式文件，并自动保存在当前文件夹中。

如果选择【添加到压缩文件】，会出现图 2-85 所示的设置对话框。

图 2-84　快捷菜单　　　　　　　　　　　　图 2-85　【压缩文件名和参数】对话框

1）在【压缩文件名】下拉列表框中指定压缩文件保存的目录和文件名，还可以通过单击【浏览】按钮来做出选择。

2）在【压缩文件格式】选项组中，选择文件压缩格式。

3）在【压缩选项】选项组中选择其他压缩条件选项。

以上的选项设置好后，单击【确定】按钮，开始压缩文件。

提示，向压缩文件夹中添加文件，只需直接从资源管理器中将文件拖动到压缩文件夹即可。

2. 解压文件

选中需要解压缩的文件并右击，弹出系统快捷菜单，如图 2-86 所示。

如果要快速解压文件，则选择【解压到当前文件夹】命令，就会把这个文件直接解压缩到当前目录下。

如果选择【解压文件】命令后，系统弹出【解压路径和选项】对话框，如图 2-87 所示。

图 2-86　快捷菜单　　　　　　　　　　　　图 2-87　【解压路径和选项】对话框

1）该对话框的【目标路径】下拉列表框中，指定了解压缩后文件的存储路径和名称。

2）【更新方式】选项组：【解压并替代文件】,【解压并更新文件】,【仅更新已存在的文件】。

3）【覆盖方式】选项组：【在覆盖前询问】,【没有提示直接覆盖】,【跳过已经存在的文件】。

设置了以上的选项后，单击【确定】按钮，开始解压文件。

3. 大文件分卷压缩

当大型文件压缩后得到的压缩文件过大，不方便传输使用（如网络上传文件大小有限制、邮件附件大小有限制等）时，需要按限制文件大小进行分卷压缩，将大文件分卷压缩成多个分卷压缩包。

如果要分卷压缩文件，则在文件上右击，然后选择【添加到压缩文件】，打开【压缩文件名和参数】对话框，如图 2-85 所示。在【压缩分卷大小，字节】列表框中直接输入每个分卷文件大小（例如 5000000，即约 5 MB），或者从下拉列表框中选择分卷文件大小，单击【确定】按钮，就会把这个文件压缩成多个分卷，压缩文件名称顺序为×××.part1.rar，×××.part2.rar，…（×××代表所选文件的文件名）。

4. 分卷压缩文件解压

对分卷压缩文件，必须将全部分卷文件完整地放置在同一文件夹下，然后在压缩文件的第 1 分卷×××.part1.rar（×××为分卷压缩前原文件名称）上右击后，选择有关解压命令，执行后即可完整恢复压缩前原文件。

2.9.2 创建自解压可执行文件

创建自解压可执行文件的主要步骤如下。

① 创建压缩文件。

② 双击生成的压缩文件，系统弹出如图 2-88 所示窗口。

图 2-88　压缩文件窗口

③ 在工具栏的最右侧单击【自解压格式】按钮。

④ 在系统弹出的【自解压格式设置】对话框中，选择自解压模块为 Default.SFX，如图 2-89 所示。

⑤ 单击【确定】按钮，生成自解压格式文件。

在自解压格式设置窗口中，如图 2-89 所示，单击【高级自解压选项】按钮，系统将弹出【高级自解压选项】设置对话框，如图 2-90 所示。

图 2-89 【自解压格式设置】对话框

图 2-90 【高级自解压选项】对话框

在该对话框中，可以设定自解压文件执行后的默认解压路径、解压后运行的程序、解压前运行的程序等。

 思考题

1. 什么是操作系统？操作系统的功能是哪些？

2. 操作系统有哪些分类？各自的特点是什么？

3. 常见的操作系统有哪些？它们各有什么特点？

4. 常用的文件类型有哪些？

5. 文件通配符 "?" 和 "*" 的含义是什么？

6. 文件夹的目录结构是什么类型？为什么要采用文件夹目录结构？

7. 对文件的操作有哪些？

8. 简述 Windows 7 的主要特点。

9. 什么是 Windows 7 的桌面？它包含哪些内容？

10. 什么是任务栏？其作用是什么？

11. Windows 7 窗口主要由几部分组成？如何对窗口进行操作？举例说明。

12. 简要说明 Windows 7 的菜单、对话框、图标、属性和剪贴板的含义和作用。

13. 举例说明如何在"计算机"或"资源管理器"中对文件或文件夹进行操作。

14. 简述控制面板的作用，并举例说明它在实际操作中的应用。

Word 2010 文字处理软件

◇ Word 的基本概念及 Word 的启动与退出
◇ 文档的创建、输入、打开、保存、保护和打印
◇ 文本的选定、插入与删除、复制与移动、查找与替换等基本编辑技术
◇ 文字格式、段落设置、页面设置和分栏等基本排版技术
◇ 表格的制作、修改，表格中文字的排版和格式设置等
◇ 图形或图片的插入、图形的绘制和编辑

Office 是一套由微软公司开发的风靡全球的办公软件，是微软影响力最为广泛的产品之一，它和 Windows 操作系统一起被称为"微软双雄"。

Word 是 Office 的核心组件之一，是目前流行的字处理和排版软件之一，是实现办公自动化的有力工具。Word 具有很强的直观性，它的最大特点是"所见即所得"（WYSIWYG, What You See Is What You Get），即在屏幕上看到的效果和打印出来的效果是一样的。使用 Word 不仅可以帮助用户完成信函、公文、报告、学术论文、商业合同等文本文档的编辑与排版，还能帮助用户方便地制作图文并茂、形式多样、感染力强的宣传、娱乐文稿。

Word 2010 使用面向结果的全新用户界面，让用户可以轻松找到并使用功能强大的各种命令按钮，快速实现文本的录入、编辑、格式化、图文混排、长文档编辑等。

本章将详细介绍 Word 2010 的主要功能和使用方法。

3.1　初识 Word 2010

3.1.1　了解 Word 2010

1. 文字处理软件的发展

文字处理软件最早较有影响的是 MicroPro 公司在 1979 年研制的 WordStar（WS，文字之星），并且很快成为畅销的软件，风行于 20 世纪 80 年代。汉化的 WS 在我国非常流行。

1989 年，香港金山公司推出的 WPS（Word Processing System）是完全针对汉字处理重新开发设计的。当时在我国的软件市场上独占鳌头，但它不能处理图文并茂的文件。WPS 97 吸取了 Word 软件的优点，在功能和操作方式上与 Word 的相似，成为国产字处理软件的杰出代表。

1983 年，MS Word 正式推出，成千上万的观众被 Word 1.0 版的新功能所倾倒。人们第一次看到 Word 使用了一个叫"鼠标"的东西，复杂的键盘操作变成了鼠标"轻轻一点"。Word

还展示了所谓"所见即所得"的新概念，能在屏幕上显示粗体字、下划线和上/下角标，可驱动激光打印机打印出与书刊印刷质量相媲美的文章……这一切引起了强烈的轰动效应。随着1989 年 Windows 的推出和巨大成功，微软的文字处理软件 Word 成为文字处理软件销售的市场主导产品。早期的文字处理软件是以文字为主，现代的字处理软件可以集文字、表格、图形、图像、声音的处理于一体。

2. Word 2010 基本功能

Word 2010 功能非常强大，下面先列出 Word 2010 最基本的功能，这些功能是 Word 以前版本都具有的，然后再介绍 Word 2010 增加的新功能。

最基本的功能如下：文字输入、修改，管理文档；制作、修改表格；实现图文混排；支持"所见即所得"的显示方式；选定内容后，右击鼠标可以打开与选定对象有关的快捷菜单；智能选项按钮，方便用户精细调整文档内容的格式；自动拼写检查；对象的连接与嵌入功能；制作生成网页（只需要将文档另存为 HTML 格式即可）。

3. Word 2010 新增功能

Word 2010 是 Word 产品多次升级后的新版本，与以前的版本相比，最大不同之处在于对人与软件之间的关系做了重新定位，使软件围着人的操作转（而不像以前那样，人要围着软件转），人们可以随时获得及时的帮助，简化了操作过程，充分体现了软件的智能化，使软件（对人）更加友好。

Word 2010 新增的主要功能如下。

（1）导航窗格

过去的每一个版本只能定位搜索结果，而 Word 2010 中在导航窗格中则可以列出整篇文档所有包含该关键词的位置，搜索结果快速定位，并高亮显示与搜索相匹配的关键词。

（2）屏幕截图

以往在 Word 中插入屏幕截图时，都需要安装专门的截图软件，或者使用键盘上的 PrintScreen 键来完成，Word 2010 自带了屏幕截图功能。

（3）背景移除

使用 Word 2010，在 Word 中加入图片以后，用户可以进行简单的抠图操作，而无须再启动 PhotoShop 了。操作方法为：首先在插入面板下插入图片，在打开的图片工具栏中单击【删除背景】图标按钮。

（4）屏幕取词

Word 中有自带的文档翻译功能，而在 Word 2010 中除了有以往的文档翻译、选词翻译和英语助手之外，还加入了【翻译屏幕提示】的功能，可以像电子词典一样进行屏幕取词翻译。

（5）文字视觉效果

在 Word 2010 中，用户可以为文字添加图片特效，如阴影、凹凸、发光以及反射等，同时，还可以对文字应用格式，从而让文字完全融入图片，这些操作实现起来也非常容易，只需要单击几下鼠标即可。

（6）更具表现力的图形

新的图表和绘图功能扩展了三维形状、透明度、阴影等显示效果，增强了图形的表达能力，在视觉上，带来了更强的冲击力。

（7）发布和维护博客

将 Word 2010 与用户的博客网站相连接，就可以直接将 Word 文档发布为网络日志（博客），使发布博客的操作简便、高效。

3.1.2　Word 2010 的启动和退出

1. 启动 Word 2010

启动 Word 2010 的常用方法有以下 3 种。

方法 1：通过 "开始" 菜单启动。

单击【开始】|【所有程序】|【Microsoft Office】|【Microsoft Word 2010】菜单命令，就可以启动 Word 2010，同时，计算机会自动建立一个新的文档。

方法 2：通过桌面快捷方式启动。

双击 Windows 桌面上的 Word 快捷方式图标 ""，这是启动 Word 的一种快捷方法。

方法 3：通过已有的 Word 2010 文档启动。

通过 "计算机" 或 "Windows 资源管理器" 等程序，找到要打开的 Word 2010 文档，双击这个 Word 文档的图标，即可启动 Word 2010 并同时打开被双击的 Word 文档。

当 Word 启动后，首先看到的是 Word 2010 的标题屏幕，然后出现 Word 窗口并自动创建一个名为 "文档 1" 的新文档，如图 3-1 所示。

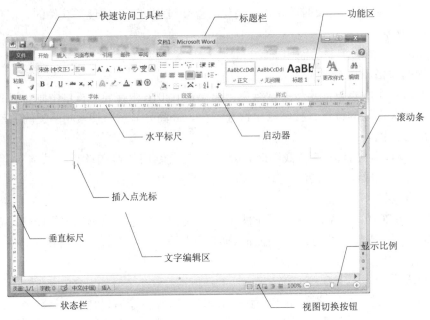

图 3-1　Word 2010 窗口

2. 退出 Word 2010

常用的退出 Word 的方法有以下几种。

方法 1：单击【文件】|【退出】，关闭所有的文件，并退出 Word 2010。

方法 2：单击 Word 2010 工作界面右上角的【关闭】按钮。

方法 3：直接按快捷键<Alt+F4>。

3.1.3　Word 2010 的窗口组成

Word 窗口由标题栏、快速访问工具栏和功能区等部分组成，如图 3-1 所示。在 Word 窗口的工作区中可以对创建或打开的文档进行各种编辑、排版操作。

1. 标题栏

标题栏是 Word 窗口最上端的一栏，如图 3-1 所示。

标题栏用于显示文档名和应用程序名称，如果直接启动 Word，系统就会自动创建一个名为"文档 1"的空文档。

2. 快速访问工具栏

快速访问工具栏位于标题栏的左端，以图标的方式显示可用工具，用户可以通过这里快速访问某些功能。

3. 功能区

功能区位于标题栏下面，以选项卡的方式分类管理各种功能。通常情况下，功能区有"开始"、"插入"、"页面布局"、"引用"、"邮件"、"审阅"、"视图"等选项卡，如图 3-1 所示，每个选项卡中包含了相关的常用命令按钮，这些按钮又被进一步分栏显示。

单击工具栏名称（比如字体）右侧的对话框按钮 （称作启动器），就可以打开相应的对话框。

4. 编辑区

编辑区是指功能区以下和状态栏以上的一个区域。在 Word 窗口的编辑区中可以打开一个文档，并对它进行文本键入、编辑或排版等。

5. 导航窗格

导航窗格主要显示文档的标题文字，以方便用户快速查看文档，单击其中的标题，即可快速跳转到相应的位置。

6. 状态栏

状态栏位于 Word 窗口的最下端，如图 3-1 所示。Word 2010 的状态栏不仅显示传统意义上的关于文档的一些信息（如当前光标所在的页号、文档的统计字数、语言等），还提供了视图方式和调节显示比例操作（含义见 3.1.4 节）。

7. 标尺

标尺有水平和垂直标尺两种。在【Web 版式视图】和【草稿】视图下只能显示水平标尺，只有在【页面】视图下才能显示水平和垂直两种标尺，如图 3-1 所示。标尺除了显示文字所在的实际位置、页边距尺寸外，还可以用来设置制表位、段落、页边距尺寸、左右缩进、首行缩进等。

8. 滚动条

滚动条分水平滚动条和垂直滚动条。使用滚动条中的滑块或按钮可以滚动工作区内的文档。滚动条中滑块和按钮的操作见表 3-1。

表 3-1　滚动条中滑块和按钮的操作

操　作	结　果
单击按钮 ▲	向上滚动一行
单击按钮 ▼	向下滚动一行
单击按钮 ▲	向前滚动一页
单击按钮 ▼	向下滚动一页

续表

操　作	结　果
在垂直滑块上方单击	向上滚动一屏
在垂直滑块下方单击	向下滚动一屏
单击按钮	可按指定方式，选择浏览
拖动垂直滚动块	滚动到指定的页
单击按钮	向左滚动
单击按钮	向右滚动

不管采用哪种方法移动文档，其插入点（即闪烁着的黑色竖条）的位置并没有改变。滚动文档后，应在需定位插入点处单击鼠标，重新定位插入点。

9. 插入点

当 Word 启动后，就自动创建一个名为"文档 1"的文档，其工作区是空的，只是在第一行第一列有一个闪烁着的黑色竖条"|"（或称光标），称为插入点。键入文本时，它指示下一个字符的位置。每输入一个字符，插入点自动向右移动一格。在【大纲视图】和【草稿】视图下，还会出现一小段水平横条，称为文档结束标记。

3.1.4　Word 2010 的视图方式和显示比例调节

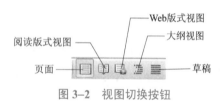

图 3–2　视图切换按钮

所谓视图方式，简单地说就是查看文档的方式。同一个文档可以在不同的视图下查看，虽然文档的显示方式不同，但是文档的内容是不变的。Word 2010 有 5 种视图：【页面视图】、【阅读版式视图】、【Web 版式视图】、【大纲视图】和【草稿】，可以根据对文档的操作需求采用不同的视图。视图之间的切换既可以通过【视图】功能选项卡，也可以使用状态栏右侧的视图切换按钮，如图 3–2 所示。

1.【页面视图】方式

启动 Word 后，Word 默认的视图方式为【页面视图】方式，此时的显示效果与打印效果完全一致，用户可以从中看到各种对象（包括页眉、页脚、水印、图形和分栏排版等）在页面中的实际打印位置，即"所见即所得"。这对于编辑页眉和页脚，调整页边距，以及处理边框、图形对象、分栏等都是很有用的。但【页面视图】下占用计算机资源相应较多，使处理速度变慢。

2.【阅读版式视图】方式

该视图方式下最适合阅读长篇文章。在此视图下，用户像阅读电子图书一样，阅读文档的内容。在该视图下同样可以进行文字的编辑工作，但视觉效果好，眼睛不会感到疲劳，如图 3–3 所示。

3.【Web 版式视图】方式

Web 版式视图的最大优点是：在屏幕上阅读和显示文档时效果极佳，它的正文显示得更大，并且自动换行以适应窗口，而不是显示实际打印的形式（其他几种视图方式均是按页面大小进行显示）。也就是说，不管 Word 的窗口大小如何改变，在文档编辑区中，每一行文本

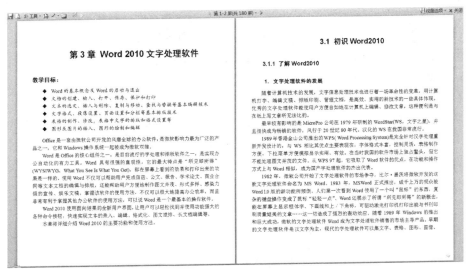

图 3-3 【阅读版式视图】

都会随着窗口缩小而适当地自动换行以适应窗口的大小，始终显示文档的所有文本内容。此外，在 Web 版式视图方式下，还可以设置文档的背景颜色，进行浏览和制作网页等。

4. 【大纲视图】方式与样式

【大纲视图】方式是按照文档中标题的层次来显示文档，但前提是必须应用 Word 的"标题"样式来设置文档中的各级标题。所谓样式，就是应用于文档中的各级标题和文本的一套格式特征，它能迅速改变文档的外观。在【大纲视图】方式下，用户可以折叠文档，只查看主标题，或者扩展文档，也可以查看某级标题或者整个文档的内容，从而使用户查看文档的结构变得十分容易，如图 3-4 所示。在这种视图方式下，用户还可以通过拖动标题来移动、复制或重新组织正文，方便了用户对文档大纲的修改。使用【大纲】工具栏中的相应按钮可以容易地"折叠"或"展开"文档，对大纲中各级标题进行"上移"或"下移"、"提升"或"降低"等调整文档结构的操作。

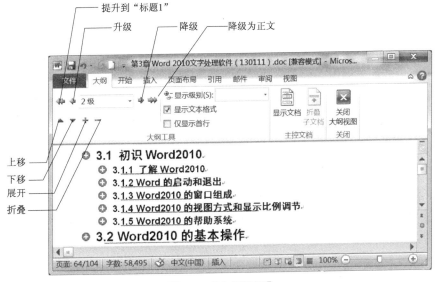

图 3-4 【大纲视图】

5.【草稿】方式

【草稿】是 Word 中最简化的视图模式，在该视图中不显示页边距、页眉和页脚、背景、图形图像及没有设置为【嵌入式】环绕方式的图片。因此，【草稿】视图模式仅适用于编辑内容和格式都比较简单的文档。

6.【显示比例】调节

如果需要改变文字在屏幕上的显示效果（比如，缩小或放大文档内容），可以利用 Word 提供的【显示比例】功能。默认的显示比例为100%，拖动窗口状态栏右侧的【显示比例】滚动条，如图 3-5 所示，就可以快速调节显示比例。另一种快速调节显示比例的方法是，在按住<Ctrl>键的同时，上下滚动鼠标滚轮，这种调节方法更直观。

图 3-5 【显示比例】调节滚动条

3.1.5　Word 2010 的帮助系统

用户在实际操作过程中经常会因为不知道选择怎样的功能（命令）实现特定的操作而束手无策，实际上，Word 提供了功能强大的帮助系统，可以解决用户在操作过程中遇到的任何问题。用户只要激活帮助系统，输入相应操作的关键字，帮助系统就会帮助用户检索查询解决问题的方法、操作步骤，并以非常简练、易懂的形式显示出来供用户阅读。

激活帮助系统有以下几种方法。

方法 1：直接按<F1>键，即可打开【Word 帮助】对话框，如图 3-6 所示。

方法 2：在 Word 窗口右上角有一个按钮 ，单击该按钮，也可以打开【Word 帮助】对话框。

图 3-6 【Word 帮助】对话框

3.2　Word 2010 的基本操作

本节主要讲述如何使用 Word 创建一个新的文档或打开已存在的文档，如何移动插入点和输入文本、保存文档等最常用的操作，如何选定文本并对其进行插入、删除、复制、移动、查找与替换等基本编辑技术。

3.2.1　创建新文档

当启动 Word 后，会自动打开一个新的空白文档，并暂时命名为"文档1"。如果在编辑文档的过程中还需另外创建一个或多个新文档，可以用下列方法之一来创建，Word 对以后新建的文档以创建的顺序依次命名为"文档2"、"文档3"等。每一个新建文档对应有一独立的窗口，任务栏中就有一个相应的文档按钮，可单击此按钮进行文档间的切换。

新建一个文档的常用方法有以下几种。

方法 1：利用【文件】按钮创建新文档。

如图 3-7 所示。在【新建
打用模板】中，有【空白
文档】选项后，再单击【创

rl+N>快捷键，Word 会自动新建一
作不出现图 3-7 所示对话框。
编辑区输入各种内容。

图 3-7 【新建文档】对话框

3.2.2 打开文档

当要查看、修改、编辑或打印已存在的 Word 文档时，首先应该打开它。打开一个文档，就是将指定的文档从磁盘读入内存，并将其内容显示在文字编辑区中。文档的类型可以是 Word 文档，也可以利用 Word 软件的兼容性，经过转换打开非 Word 文档（如.WPS 文件、纯文本文件等）。下面分别介绍打开文档的方法。

1. 打开一个或多个已存在的 Word 文档

打开一个或多个已存在的 Word 文档有下列三种常用的方法。

方法 1：单击【快速访问工具栏】中的【打开】按钮。

方法 2：单击【文件】|【打开】。

方法 3：直接按快捷键<Ctrl+O>。

执行【打开】命令时，Word 会显示一个如图 3-8 所示的【打开】对话框。在【打开】对话框中的文件名列表框中选定要打开的文档名。

当文档名选定后，单击对话框中的【打开】按钮，则所有选定的文档被一一打开，最后打开的一个文档成为当前的活动文档。每打开一个文档，任务栏中就有一个相应的文档按钮与之对应，可单击此按钮进行文档间的切换。

2. 打开最近使用过的文档

在 Word 2010 中，默认会显示 20 个最近打开过或编辑过的 Word 文档，用户可以通过"最近"面板打开最近使用的文档，操作步骤为：

图 3-8 【打开】对话框

① 单击【文件】|【最近所用文件】，右边的列表中可以看到最近使用过的若干个文件。
② 如果要打开列表中的某个文件时，只需用鼠标单击该文件名即可。
这些文件列表会随着用户创建或编辑不同的文件而不断被更新。

3.2.3 输入文本

新建一个空白文档后，就可输入文本了。在窗口工作区的左上角有一闪烁着的黑色竖条"|"，称为插入点，它表明输入的字符将出现的位置，当输入文本时，插入点自左向右移动。如果输入了一个错误的字符或汉字，那么可以按<Backspace>键删除该错字，然后继续再输入。

输入完一行字符时，不需要按回车键仍可以继续输入文本，Word 会自动换行。只有当一个段落结束时，才按回车键，这时在段尾显示段落标记（也叫硬回车）"↵"。因此，在 Word 中，"↵"为段落标记符，一个段落标记就代表一段（和平常所说的自然段不同）。同一段内确实要换行，可采用软回车，方法是在要强行换行处单击鼠标，再按<Shift+ Enter>组合键即可，软回车标记是"↓"。

1. 文字输入的一般原则

文字录入一般遵循以下原则。

1）不要用空格来增加字符的间距，而应当在录入完成后，为文本设置字体来设置字符间距。

2）不要用按<Enter>键的方式来加大段落之间的间距，而是在录入完成后，为文本设置段落格式来设置段落之间的间距。

2."即点即输"

利用"即点即输"功能，可以在文档空白处的任意位置处快速定位插入点和对齐格式设置，输入文字、插入表格、图片和图形等内容。当将鼠标指针"Ⅰ"移到特定格式区域时，"即点即输"指针形状会表明双击此处将要应用的格式设置：左对齐、居中、右对齐、左缩进和左侧或右侧文字环绕。"即点即输"指针形状见表 3-2。例如，当指针移到页面中央时，"即点即输"指针形状变为"Ⅰ"形，表示输入的内容将居中放置。

表 3-2　"即点即输"指针形状及设置格式

"即点即输"指针形状	设置格式	"即点即输"指针形状	设置格式
 I⁼	左对齐	 I⁼	左缩进
 ≡I	右对齐	 I▣	左侧文字环绕
 I	居中	 ▣I	右侧文字环绕

注意：如果在文档中看不到"即点即输"指针，那么应先启用"即点即输"功能。其方法是：单击【文件】|【选项】命令，打开【Word 选项】对话框，在【高级】选项卡中，选中【启用"即点即输"】复选框，单击【确定】按钮。然后，在文档空白处单击一下以启用"即点即输"指针。

3. 选择输入法

方法 1：单击任务栏右边的语言栏中的输入法指示器，在弹出的输入法菜单中选择所需的输入法，如图 3-9 所示。

方法 2：使用快捷键<Ctrl+Shift>进行输入法切换。另外，快捷键<Ctrl+空格键（Space）>可以在中英文输入法之间进行切换。常用组合键见表 3-3。

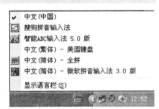

图 3-9　输入法菜单

表 3-3　常用组合键

组合键	作　　用
Ctrl+Space	切换中/英文输入法
Ctrl+Shift	切换已安装的中文输入法
Shift+Space	中文输入状态下切换全角/半角输入状态
Ctrl+.	中文输入法状态下切换中/英文标点符号

4. "插入"模式与"改写"模式

选择了一种输入法后，就可以在光标处输入文本。Word 2010 提供了"插入"和"改写"两种模式用于输入。"插入"和"改写"两种模式的区别是：

插入：输入的内容作为新增加部分出现在工作区中。

改写：输入的内容会替换原有的内容，被替换文字的长度由输入文字的长度决定。

切换两种模式的方法是：单击 Word 2010 窗口状态栏中的【改写】或【插入】按钮，当显示【改写】时，表明处于"改写"模式，当显示【插入】时，表明处于"插入"模式，如图 3-10 所示。

页面：16/106　　字数：57,731　　中文(中国)　　插入

图 3-10　"插入"状态

另外，通过键盘上的<Insert>键也可以切换两种输入模式。

5. 删除字符

当输入错误的字符时，需要进行删除。可采用以下两种方法。

方法 1：用<Delete>键删除光标后面的字符。

方法 2：用退格键（<Backspace>）删除光标前面的字符。

6. 插入点的移动

用户可以在整个屏幕范围内的任意位置移动光标，并在光标处进行文本插入、删除和修改等操作。插入点位置指示着将要插入的文字或图形的位置，以及各种编辑修改命令将生效的位置。移动插入点的操作是各种编辑操作的前提，方法有以下几种。

方法 1：利用鼠标移动插入点。用鼠标将"Ⅰ"形光标移到特定位置，单击即可。

方法 2：利用键盘快捷键移动插入点。相应内容见表 3–4。

表 3–4　用键盘移动插入点

按　键	作　用
←	把插入点左移一个字符或汉字
→	把插入点右移一个字符或汉字
↑	把插入点上移一行
↓	把插入点下移一行
Home	把插入点移到当前行的开始处
End	把插入点移到当前行的末尾处
PgUp	把插入点上移一屏
PgDn	把插入点下移一屏
Ctrl+Home	把插入点移到文档的开始处
Ctrl+End	把插入点移到文档的末尾处
Ctrl+PgUp	移到屏幕顶端
Ctrl+PgDn	移到屏幕底端
Ctrl+←	左移一个单词
Ctrl+→	右移一个单词
Ctrl+↑	上移一段
Ctrl+↓	下移一段

7. 插入符号和特殊符号

在输入文本时，可能要输入（或插入）一些键盘上没有的特殊的符号（如俄、日、希腊文字符，数学符号，图形符号等），除了利用汉字输入法的软键盘外，Word 还提供"插入符号"的功能。具体操作步骤如下。

① 把插入点移动到要插入符号的位置（插入点可以用键盘的上、下、左、右箭头键来移动，也可以移动"Ⅰ"形鼠标指针到选定的位置并单击）。

② 单击功能区的【插入】选项卡，在【符号】栏中，单击【符号】按钮，打开【符号】

下拉菜单，在【符号】下拉菜单中可以看到一些最常用的符号，单击所需的符号即可将其插入 Word 2010 文档中。如果【符号】下拉菜单中没有所需要的符号，单击【其他符号】按钮，弹出如图 3–11 所示的【符号】对话框，从中选择需要的符号即可。

图 3–11　【符号】对话框

> **提示：**【符号】选项卡的【字体】下拉列表中，有一项"（标准字体）"的子集为"CJK 统一汉字"，利用它可以选用一些 GB 2312—1980 中不包含的生僻汉字。

8. 插入文件

利用 Word 插入文件的功能，可以将几个文档连接成一个文档。其具体步骤如下。

① 把插入点移动到要插入另一个文档的位置。

② 单击【插入】选项卡，在【文本】栏中，单击【对象】按钮右边的下拉箭头 对象 ，，打开【对象】下拉菜单，单击【文件中的文字】按钮，打开如图 3–12 所示的【插入文件】对话框。

③ 在【插入文件】对话框中，选定要插入文档所在的文件夹和文档名。

④ 单击【确定】按钮，就可在插入点指定处插入所需的文档。

图 3–12　【插入文件】对话框

9. 显示/隐藏段落符号和空格

一般来说，段落符号和空格是不显示在 Word 的文本区域内的。但是，在字处理过程中，如果想了解文档的哪些地方有段落，可通过选择【文件】|【选项】按钮打开【Word 选项】对话框，在【显示】选项卡中，通过选中或取消【段落标记】复选框来显示或隐藏段落标记

"↵"。如果想显示文档中空格的个数，可以在【显示】选项卡中，选中【空格】复选框，Word就会把空格的个数以点的形式显示出来；反之，则隐藏。

3.2.4 文档的基本编辑技术

1. 文本的选取

在 Word 中，常常要对文档的某一部分进行操作，如某个段落、某些句子等，这时必须先选取要进行操作的部分，然后才能对其操作。被选取的文字以灰底黑字的高亮形式显示在屏幕上，如图 3–13 所示，这样就很容易与未被选取的部分区分开来。选取文本之后，所做的任何操作都只作用于选定的文本。

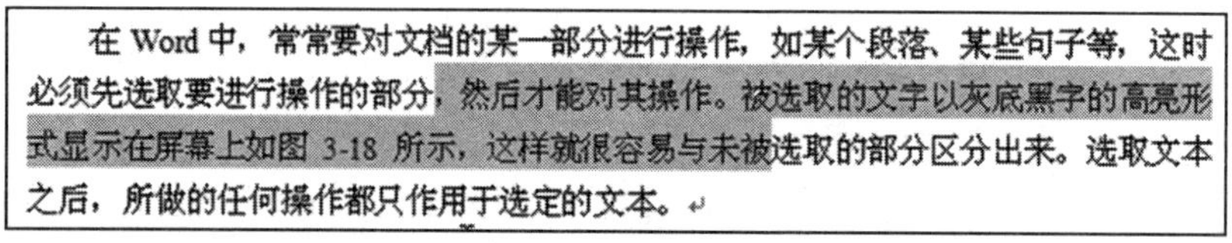

> 在 Word 中，常常要对文档的某一部分进行操作，如某个段落、某些句子等，这时必须先选取要进行操作的部分，然后才能对其操作。被选取的文字以灰底黑字的高亮形式显示在屏幕上如图 3-18 所示，这样就很容易与未被选取的部分区分出来。选取文本之后，所做的任何操作都只作用于选定的文本。↵

图 3–13 被选取的文本

在文档中，鼠标显示为"I"形的区域是文档的编辑区；当鼠标指针移到文档编辑区的左侧空白区时，鼠标指针变成斜向右上方的箭头"⤢"，此时，此区域成为文档的选定区。

（1）用鼠标选取

根据所选定文本区域的不同情况，分别有：

1）任意文本区的选取。

首先将"I"形鼠标指针移到所要选定文本区的开始处，然后拖动鼠标直到所选定文本区的最后一个文字并松开鼠标左键，这样，鼠标所拖动过的区域被选定。Word 以灰底黑字显示被选定的文本。文本选定区域可以是一个字符或标点，也可以是整篇文档。

如果要取消选定区域，可以用鼠标单击文档的任意位置或按键盘上的箭头键。

2）大块文本的选取。

首先用鼠标指针单击选定区域的开始处，然后按住<Shift>键，再配合滚动条将文本翻到选定区域的末尾，再单击选定区域的末尾，则两次单击范围中包括的文本就被选定。

3）矩形区域的选取。

将鼠标指针移动到所选区域的左上角，按住<Alt>键，拖动鼠标直到区域的右下角，放开鼠标。

4）行的选取。

将鼠标"I"形指针移到这一行左端的选定区，当鼠标指针变成斜向右上方的箭头⤢时，单击，就可选定一行文本，如果拖动鼠标，则可选定若干行文本。

5）句的选取。

按住<Ctrl>键，将鼠标光标移到所要选择的句子的任意处单击一下。

选中多句：按住<Ctrl>键，在第一个要选中的句子的任意位置按下左键，松开<Ctrl>键，拖动鼠标到最后一个句子的任意位置松开左键，就可以选中多句。配合<Shift>键的用法就是按住<Ctrl>键，在第一个要选中句子的任意位置单击，松开<Ctrl>键，按下<Shift>键，单击最后一个句子的任意位置。

6）段的选取。

方法 1：在段中的任意位置三击鼠标左键，就可选定一段。

方法 2：将鼠标"$\mathcal{I}$"形指针移到这一段左端的选定区，当鼠标指针变成斜向右上方的箭头时，双击，就可选定一段。

选中多段：在左边的选定区双击选中第一个段落，然后按住<Shift>键，在最后一个段落中任意位置单击，即可选中多个段落。

7）全文选取。

方法 1：单击功能区的【开始】选项卡，在【编辑】工具栏中单击【选择】按钮，在打开的下拉菜单中单击【全选】命令。

方法 2：直接按快捷键<Ctrl+A>选定全文。

方法 3：按住<Ctrl>键，将鼠标指针移到文档左侧的选定区单击，就可以选中全文。

方法 4：将鼠标指针移到文档左侧的选定区并连续快速三击鼠标左键。

（2）用键盘选取

当用键盘选定文本时，注意应首先将插入点移到所选文本区的开始处，然后再按表 3–5 中所示的组合键。

表 3–5　常用选定文本的组合键

组合键	选定功能
Shift+→	选定插入点右边的一个字符或汉字
Shift+←	选定插入点左边的一个字符或汉字
Shift+↑	选定到上一行同一位置之间的所有字符或汉字
Shift+↓	选定到下一行同一位置之间的所有字符或汉字
Shift+Home	从插入点选定到它所在行的开头
Shift+End	从插入点选定到它所在行的末尾
Shift+Page Up	选定上一屏
Shift+Page Down	选定下一屏
Ctrl+A	选定整个文档

2. 删除文本块

删除几行或一大块文本的快速方法是：首先选定要删除的文本，然后按<Delete>键。

如果删除之后想恢复所删除的文本，只要单击【快速访问工具栏】中的【撤销】按钮 ↻ ▾ 即可。

注意，被删除的内容不放在剪贴板上，否则需要使用剪切命令。

3. 移动或复制文本

在编辑文档的时候，经常需要将某些文本从一个位置移动到另一个位置，或者需要重复输入一些前面已经输入过的文本，这时可以使用移动或复制文本的方法。复制文本是一种常用的操作，与移动文本的操作类似。剪切、复制、粘贴三项操作均可通过剪贴板进行，具体方法如下。

方法 1：使用剪贴板。

① 选定所要移动或复制的文本。

② 单击【开始】选项卡，在【剪贴板】工具栏中，单击【剪切】（或【复制】）按钮，或按

快捷键<Ctrl+X>（或<Ctrl+C>）。此时所选定的文本被剪切（复制）并临时保存在剪贴板之中。

③ 将插入点移到文本拟要移动（复制）到的新位置。此新位置可以是在当前文档中，也可以在另一文档上。

④ 在【剪贴板】工具栏中，单击【粘贴】按钮，或按快捷键<Ctrl+V>，所选定的文本便移动（复制）到指定的新位置上。

在粘贴文档的过程中，有时希望粘贴后的文稿的格式有所不同，Word 2010【开始】选项卡的【剪贴板】栏中的【粘贴】按钮命令，提供了三种粘贴选项：📋【保留源格式】、📋【合并格式】、🅰【只保留文本】。这三种选项的功能如下。

●【保留源格式】：可使所粘贴的文字与格式和被粘贴的对象完全相同；

●【只保留文本】：只粘贴文字内容，不使用原来的格式；

●【合并格式】：粘贴后的文本格式，是源文本格式与粘贴位置处文本格式的"合并"。

默认的粘贴方式是【保留源格式】。

剪贴板中的内容可以反复粘贴，并可以粘贴到其他文件中。

> **提示**：可以通过单击【开始】选项卡中【剪贴板】工具栏右下角的启动器按钮▣打开/关闭【剪贴板】任务窗格。剪贴板中最多可以临时保存 24 个剪切或复制的项目，每剪切或复制一次，在【剪贴板】任务窗格中增加一个相应的项目，如图 3-14 所示。可以选择粘贴或删除其中某一次的项目，也可以按【全部粘贴】按钮或【全部清空】按钮，粘贴全部项目或删除全部项目。默认是粘贴第一个剪切/复制的项目。剪贴板中的相同项目可以在不同的位置多次粘贴。

方法 2：使用快捷菜单。

具体步骤如下。

① 选定所要移动或复制的文本。

② 将"I"形鼠标指针移到所选定的文本区，当鼠标指针形状变成向左上角指的箭头"↖"时，单击鼠标右键（简称"右击"），弹出如图 3-15 所示的快捷菜单。

图 3-14　【剪贴板】任务窗格

图 3-15　右击选定文本时打开的快捷菜单

③ 单击快捷菜单中的【剪切】（或【复制】）命令。

④ 将"I"形鼠标指针移到文本拟要移动（复制）到的新位置上并右击，弹出快捷菜单。

⑤ 单击快捷菜单中的【粘贴】命令，完成移动（复制）操作。

方法 3：使用鼠标拖动。

如果所移动或复制的文本比较短小，而且拟移动（复制）到的目标位置在同一屏幕中，那么用鼠标拖动它更为简捷。具体步骤如下。

① 选定所要移动或复制的文本。

② 将"I"形鼠标指针移到所选定的文本区，使其变成向左上角指的箭头"⇖"。

③ 按住鼠标左键，此时鼠标指针下方增加一个灰色的矩形（如果要复制文本，则先按住 <Ctrl>键，再按住鼠标左键，此时鼠标指针下方增加一个灰色并带"+"的矩形），并在其前方出现一虚竖线段（即虚插入点），它表明文本要插入的新位置。

④ 拖动鼠标指针前的虚插入点到文本拟要移动（复制）到的新位置上并松开鼠标左键，这样就完成了文本的移动。

方法 4：使用鼠标右键拖动。

方法 3 是用鼠标左键拖动选定的文本实现移动（复制）操作。类似方法 3，也可用鼠标的右键拖动选定的文本来移动（复制）文本。其操作步骤如下。

① 选定所要移动或复制的文本。

② 将"I"形鼠标指针移到所选定的文本区，使其变成向左上角指的箭头"⇖"。

③ 按住鼠标右键，将虚插入点拖动到文本拟要移动到的新位置上并松开鼠标右键，出现如图 3–16 所示的快捷菜单。

④ 单击快捷菜单中的【移动到此位置】（【复制到此位置】）的命令，完成移动（复制）操作。

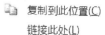
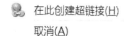

图 3–16　右拖动选定文本时打开的快捷菜单

4. 撤销与恢复

在编辑文档的时候，经常会发生一些误操作，比如删除了不该删除的字符等，为此，Word 提供了撤销与恢复功能。【撤销】即取消上一步的操作，【恢复】则为还原被【撤销】的动作。

（1）撤销

使用【撤销】功能可以撤销以前的一步或多步操作，撤销操作有以下几种方法。

方法 1：单击【快速访问工具栏】上的【撤销】按钮 ↺▾，可以撤销上一步操作。连续使用可进行多次撤销。

方法 2：按快捷键<Ctrl+Z>完成撤销操作。

（2）恢复

如果【撤销】命令用错了，可以使用【恢复】命令还原到之前的状态。恢复操作有以下几种方法。

方法 1：单击【快速访问工具栏】上的【恢复】按钮 ↻，可以恢复上一步撤销操作。连续使用可进行多次恢复。

方法 2：按快捷键<Ctrl+Y>完成恢复操作。

注意：【撤销】或【恢复】操作时必须按照原顺序的逆顺序进行，不可以跳过中间某些操作。

5. 拼写和语法检查

检查文档中所有的拼写和语法问题时，可以使用【拼写和语法】对话框来浏览文档，可采用 2 种方法打开【拼写和语法】对话框，如图 3-17 所示。

图 3-17　【拼写和语法】对话框

方法 1：单击【审阅】选项卡，在【校对】工具栏中，单击【拼写和语法】按钮。

方法 2：按<F7>键。

当【拼写和语法】对话框打开时，将显示当前光标位置后查找到的第一个可能的错误。每个可能错误的单词或短语都被用带颜色的下划线标志出来："红色"代表拼写错误，"绿色"代表语法错误。

6. 自动更正

利用自动更正功能，可以防止输入错误单词，如将 and，错误输成 the 时，Word 会自动更正。除此以外，还可以通过短语的缩写形式快速输入短语，如通过"jsj"输入"计算机应用"。为让 Word 能自动将错误的单词进行更正，可将短语的缩写形式替换成短语，为错误的单词或缩写建立一个自动更正词条。

依次单击【文件】|【选项】按钮，在打开的【Word 选项】对话框中切换到【校对】选项卡，在【自动更正选项】区域单击【自动更正选项】按钮，系统弹出如图 3-18 所示的【自动更正】对话框，在对话框中进行相应的设置。

为错误单词或短语的缩写形式建立了自动更正词条后，当输入该错误单词或短语的缩写形式时，按<Space>（空格）键或标点符号，Word 便自动将错误单词或短语的缩写形式替换成正确单词或短语的全称。

图 3-18　【自动更正】对话框

3.2.5 保存文档

1. 保存新建文档

文档输入完后，此文档的内容还驻留在计算机的内存之中，为了永久保存所建立的文档，须在退出 Word 前将它作为磁盘文件永久保存起来。保存文档的方法有如下几种。

方法 1：单击【快速访问工具栏】中的【保存】按钮 。

方法 2：单击【文件】下拉菜单中的【保存】命令。

方法 3：直接按快捷键<Ctrl+S>。

如果当前编辑的是尚未保存过的新文档，选择上述方法 1、方法 2 或者方法 3，都将显示【另存为】对话框，如图 3-19 所示。在对话框中设置好文件的路径、文件名和类型，单击【保存】按钮即可。

文档保存后，该文档窗口并没有关闭，可以继续输入或编辑该文档。

Word 2010 文档的默认后缀是.docx（即 *.docx 形式的文件）。如果要将文档用不同的名字保存（备份），或者生成与其他版本的软件兼容的文档等，可以在【保存类型】中选择不同的类型。

图 3-19 【另存为】对话框

● 【Word 模板（*.dotx）】：将文档保存为模板，使新文档继承其中的格式。

● 【Word 97-2003 文档（*.doc）】：生成与低版本的 Word 系统兼容的文档。

用户从保存类型下拉列表可看到系统提供的存储类型是相当多的，有 PDF、XPS、RTF、纯文本、网页等。

用户对已保存的文档进行修改后，必须对其再次保存。再次保存时，不会出现对话框。

2. 将当前文档换名保存

如果要将当前文档用另一个文件名保存下来，可选择【文件】|【另存为】命令。此时，需要给该文档指定文件名。当前文档更名保存后，Word 将自动关闭原来的活动文档，并保留其最新的内容。而更名文档变成当前文档，其后的编辑与原来的文档无关。

3. 自动保存

为了避免因计算机死机或断电导致的文档信息丢失，Word 2010 中提供了自动保存功能。但文件在每次关闭之前也应该进行存盘。设置自动保存的操作步骤如下。

① 单击【文件】|【选项】命令，打开【Word 选项】对话框。

② 在【Word 选项】对话框中单击【保存】选项卡，如图 3-20 所示。

③ 选中【保存自动恢复信息时间间隔】复选框，同时在右边的微调器中输入"10"，表示每 10 分钟 Word 将自动保存一次。

④ 单击【确定】按钮，完成自动保存设置。

4. 关闭文档

如果结束当前文档的操作工作，需要将其关闭。关闭 Word 2010 的方法有以下几种。

方法1：单击【文件】|【关闭】命令。

方法2：单击文档右上角的【关闭】按钮。

方法3：利用退出 Word 2010 程序的方法关闭文档。

如果关闭的文档修改后尚未存盘，关闭时会提示用户是否保存修改，如图 3–21 所示。

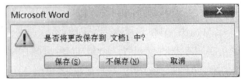

图 3–20 设置自动保存   图 3–21 关闭文档提示

3.2.6 文档的保护

1. 设置"权限密码"

如果所编辑的文档是一份机密文件，不希望无关人员查看此文档，则可以给文档设置【打开文件时的密码】，使别人在没有密码的情况下无法打开文档。

如果文档允许别人查看，但禁止修改，可以给文档设置【修改文件时的密码】。具体设置方法如下。

图 3–22 【常规选项】对话框

① 单击【文件】，在下拉菜单中选择【另存为】命令，打开【另存为】对话框。

② 在左下角单击【工具】按钮，选择【常规选项】命令，打开【常规选项】对话框，如图 3–22 所示。

③ 在【常规选项】对话框中，设置【修改文件时的密码】或者【打开文件时的密码】（这两种密码可以相同，也可以不同）。

单击【建议以只读方式打开文档】复选框，则将文件属性设置成【只读】。

④ 单击【确定】按钮后，根据提示重新输入一次密码，如图 3–23 所示，单击【确定】按钮。

⑤ 在【另存为】对话框中，设置保存文件的名称，并单击【确定】按钮，对该文档进行【保存】即可。

至此，密码设置完成。关闭文档后，密码就起作用了。当再打开此文档时，首先出现【密码】对话框，要求用户键入密码以便核对。

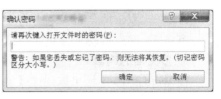

图 3-23　【确认密码】对话框

2. 取消"权限密码"

如果要取消已设置的密码，用上述方法打开图 3-22 所示对话框，在对话框中设置过的密码有一排"*"号，双击这排"*"号选定它，然后按<Delete>键删除密码（也可以将插入点移到这排"*"号的左端，反复按<Delete>键，逐一删除密码），再单击【确定】按钮。对文档进行保存，即可删除设置的权限密码。

3.2.7　多窗口编辑技术

1. 窗口的拆分

在 Word 2010 中，一个文档窗口可拆分成两个窗格，在两个窗格中可分别显示同一个文档的不同部分，这对一个长文档来说编辑起来就更加方便了。拆分窗口的方法有下列三种。

方法 1： 使用功能区的【视图】|【窗口】|【拆分】命令。

单击【拆分】按钮，在文档窗口中就会出现一条灰色的长横线，移动鼠标到适当位置，单击，就将一个文档窗口拆分成上、下两个窗格，如图 3-24 所示。此后，拖动鼠标左键调整分割线位置，便可调整两个窗格的相对大小。两个窗格分别有自己的水平滚动条和垂直滚动条，在一个窗格中编辑文本，会同时作用在另一个窗格中。

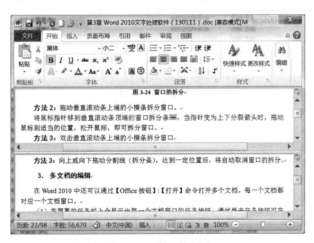

图 3-24　窗口的拆分

方法 2： 将鼠标指针移到垂直滚动条顶端的窗口拆分条，当指针变为上下分裂箭头时，拖动鼠标到适当的位置，松开鼠标，即可拆分窗口。

方法 3： 鼠标左键双击小横条，便将一个文档窗口平分成大小相同的两个窗格。

插入点（光标）所在的窗口称为工作窗口。将鼠标指针移到非工作窗口的任意部位并单击一下，就可将它切换成工作窗口。在这两个窗口间可以对文档进行各种编辑操作。

2. 取消拆分

方法 1： 选择功能区的【视图】选项卡，在【窗口】工具栏中单击【取消拆分】按钮。

方法 2：双击两个窗口之间的分割线（拆分条）。

方法 3：向上或向下拖动分割线（拆分条），达到一定位置后，将自动取消窗口的拆分。

3. 多文档的编辑

在 Word 2010 中还可以通过【文件】|【打开】命令打开多个文档，每一个文档都对应一个文档窗口。

方法 1：在屏幕的任务栏上会显示出每一个文档窗口的任务按钮，通过单击任务按钮可在各个文档窗口之间切换。

方法 2：选择功能区的【视图】选项卡，在【窗口】工具栏中单击【切换窗口】按钮，将列出所有打开的文档名称，如图 3–25 所示。其中一个文档名称前有"√"符号，表示该文档所在的窗口是当前的工作窗口。

方法 3：选择【窗口】工具栏中的【全部重排】按钮，使所有的文档窗口都显示在屏幕上，可在各个文档窗口之间进行操作。单击某个文档窗口可使其成为当前窗口。

图 3–25　多文档的编辑

编辑完成后，可将文档窗口分别进行保存和关闭操作。

4. 并排比较两个文档

如果打开了多个文档，选择功能区的【视图】|【窗口】|【并排查看】命令，打开【并排比较】对话框。

选择需要并排比较的另一文档名称，单击【确定】按钮，此时，两个文档并排显示。

3.3　Word 2010 的排版

Word 之所以受到人们的喜爱，原因之一就是可以设置文档的外观，可以快速地编排出丰富多彩的文档格式，并且可以立即在屏幕上显示出设置后的效果，即"所见即所得"。文档排版包括设置字体、字号、行与行间的距离、段与段间的距离以及文本对齐、设置边框和底纹、页面边框等操作。

3.3.1　文字格式的设置

文字的格式主要指的是字体、字形和字号。此外，还可以给文字设置颜色、边框、加下划线或者着重号和改变文字间距等。

Word 默认的字体格式为：汉字为宋体、五号，西文为 Times New Roman、五号。文字的格式指的是设置文本的格式。首先要选定文本块，随后设置的格式将只对设定的文本块起作用。如果没有选定文本块，则设置的格式只对以后新输入的文字起作用。

1. 设置字体、字形、字号、下划线、着重号和颜色等

方法 1：用【字体】工具栏（图 3–26）设置文字的格式。

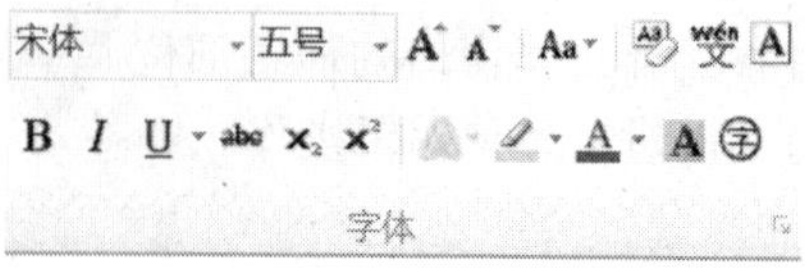

① 选定要设置格式的文本。

② 选择功能区的【开始】选项卡，单击【字体】工具栏中的【字体】下拉列表框 宋体 ，选择需要的字体。

③ 单击【字号】下拉列表框 五号 ，选择需要的字号。

图 3–26　【字体】工具栏

表 3–6 列出了部分"字号"与"磅值"的对应关系。

表 3-6　部分"字号"与"磅值"的对应关系

字号	初号	一号	二号	三号	四号	五号	六号	七号	八号
磅值	42	26	22	16	14	10.5	7.5	5.5	5

④ 单击【颜色】下拉按钮 ▲▾，打开颜色列表框，从中选择所需的颜色选项。

⑤ 如果需要，还可以单击【字体】工具栏中的【加粗】 B 、【倾斜】 I 、【下划线】 U ▾ 、【字符边框】 A 或【字符底纹】 A 等按钮，给所选的文字设置【加粗】、【倾斜】等格式。

注意：Ｔ 表示 TrueType；Word 中同时使用【号】和【磅】作为字号单位，1 磅=1/72 英寸，1 英寸=25.4 毫米，换算后得 1 磅=0.352 毫米。

方法 2：用【字体】对话框设置文字的格式。

使用【字体】对话框可以对文字的各种格式进行详细设置，用此命令设置文字格式的一般步骤如下。

① 选定要设置格式的文本。

② 选择【字体】工具栏右下角的启动器按钮 ，打开【字体】对话框，如图 3-27 所示。

③ 单击【字体】选项卡，在该选项卡中可以对字体进行设置。

在【字体】选项卡中，还有一组如【删除线】、【双删除线】、【上标】、【下标】、【阴影】、【空心】等效果的复选框，选定某个复选框可以使字体格式得到相应的效果，尤其是上、下标在简单公式中是很实用的。格式效果如图 3-28 所示。

图 3-27　【字体】对话框

图 3-28　字符格式

注意：已选定的要设置文字格式的文本可能是中、英文混合的，为了避免英文字体按中文字体来设置，在【字体】选项卡中可分别对中、英文进行设置。

2. 改变字符间距、字宽度和水平位置

有时由于排版的原因，需要改变字符间距、字宽度和水平位置，具体步骤如下。

① 选定要调整的文本。

② 选择功能区的【开始】选项卡，单击【字体】工具栏右下角的启动器按钮 ，打开

图 3-29 【字符间距】选项卡

【字体】对话框，选择【高级】选项卡，如图 3-29 所示。

③ 在【高级】选项卡中设置以下选项。

缩放：将文字在水平方向上进行扩展或压缩。100%为标准缩放比例，小于 100%文字变窄，大于 100%文字变宽。可直接输入列表框中不存在的缩放比例，如 120%。

间距：通过调整【磅值】，加大或缩小文字的字间距。默认的字间距为【标准】。

位置：通过调整【磅值】，改变文字相对水平基线以提升或降低文字显示的位置，系统默认为【标准】。

④ 设置后，可在预览框中查看设置结果，确认后单击【确定】按钮。

3. 给文本添加边框和底纹

具体步骤如下。

① 选定要加边框和底纹的文本。

② 选择功能区的【页面布局】选项卡，单击【页面背景】工具栏中的【页面边框】按钮，打开【边框和底纹】对话框，选择【边框】选项卡，如图 3-30 所示。

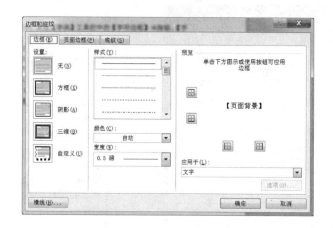

图 3-30 【边框】选项卡

③ 在【边框】选项卡的【设置】选项组和【线型】、【颜色】、【宽度】列表框中选定所需的参数。

④ 在【应用于】下拉列表框中选择【文字】选项。

⑤ 在预览框中可查看效果，确认后单击【确认】按钮。

如果要加底纹，可以单击【底纹】标签，如图 3-31 所示。做类似上述的操作，在选项卡中选定颜色和图案（在 Word 中每种颜色都有对应的名称，当鼠标停在颜色色块上面时，一般都会有颜色的名称显示）；在【应用于】下拉列表框中选择【文字】；在预览框中查看效果后单击【确认】按钮。边框和底纹可以同时或单独加在文本上。效果如图 3-32 所示。

图 3–31　【底纹】选项卡

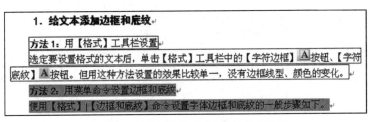

图 3–32　给文本添加边框和底纹的效果

3.3.2　段落的格式化

一篇文章是否简洁、醒目和美观，除了文字格式的合理设置外，段落的恰当编排也是很重要的。简单地说，段落就是以段落标记作为结束的一段文字。每按一次<Enter>键就插入一个段落标记，并开始一个新的段落。若不做新的设置，下一新段落将延续前一段落的格式特征。如果删除段落标记，那么下一段文本就连接到上一段的文本之后，成为上一段文本的一部分，其段落格式改变成与上一段相同。

这里主要介绍段落左右边界的设置、段落的对齐方式、行间距与段间距的设定。

提示：当输入文本到页面右边界时，Word 会自动换行，只有在需要开始一个新的段落时，才按<Enter>键，而且新段落的格式设置与前一段相同。文档中，段落是一个独立的格式编排单位，它具有自身的格式特征，如左右边界、对齐方式、间距和行距、分栏等，所以，可以对单独的段落做段落编排。

1. 段落的左右边界的设置

段落的左边界是指段落的左端与页面左边距之间的距离。同样，段落的右边界是指段落的右端与页面右边距之间的距离（以厘米或字符为单位）。Word 默认以页面左、右边距为段落的左、右边界，即页面左边距与段落左边界重合，页面右边距与段落右边界重合。

可以一次设置整个文档各个段落的左右边界，也可以单独设置一个或几个段落的左右边界。设置段落边界前应选定一个或多个要设置左右边界的段落。将插入点移到某段落的任意位置表示此段落被选定；用选定文本的方法可以灰底黑字地显示选定的多个或全部段落。

可以用【段落】工具栏或【段落】对话框设置段落的左右边界。

方法 1：用【段落】工具栏设置。

单击【段落】工具栏中的【减少缩进量】按钮 或【增加缩进量】按钮 可以调整边界。

每单击一次缩进按钮，所选文本的减少或增加的缩进量为一个汉字。

这种方法由于每次的缩进量是固定不变的，因此灵活性差。

方法2：使用【段落】对话框。

使用【段落】对话框可以更加精确地设置段落的缩进值，设置步骤如下。

① 选定拟设置左、右边界的段落。

② 选择功能区的【开始】选项卡，单击【段落】工具栏右下角的启动器按钮 ，打开【段落】对话框，选择【缩进和间距】选项卡，如图3-33所示。

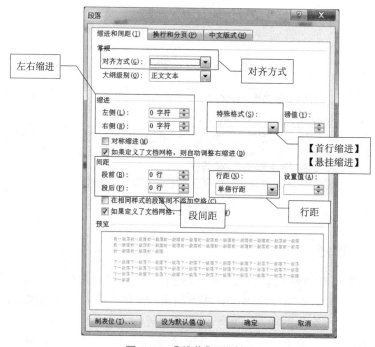

图3-33 【段落】对话框

③ 在【缩进和间距】选项卡中，单击【缩进】选项组下的【左侧】或【右侧】文本框的微调按钮 ，设定左右边界的字符数。

④ 在【特殊格式】下拉列表框中选择【首行缩进】、【悬挂缩进】或【无】选项确定段落首行的格式。

⑤ 在【预览】框中查看，对排版效果满意后，单击【确定】按钮。

方法3：标尺法。

在【草稿】、【Web版式视图】和【页面视图】下，Word窗口中可以显示水平标尺。水平标尺共有四个缩进标记，如图3-34所示，当鼠标指针指向其中某个标记时，会分别出现名称的提示。

图3-34 水平标尺

●【首行缩进】标记▽：仅控制第一行第一个字符的起始位置。拖动它可以设置首行缩进位置。

●【悬挂缩进】标记△：控制除段落第一行外的其余各行起始位置，且不影响第一行，拖动它可实现悬挂缩进。

●【左缩进】标记□：控制整个段落的左缩进位置。拖动它可以设置段落的左边界，拖动时首行缩进标记和悬挂缩进标记一起拖动。

●【右缩进】标记△：控制整个段落的右缩进位置。拖动它可以设置段落的右边界。

使用鼠标拖动这些标记可以为选定的段落设置左、右边界和首行缩进的格式。如果在拖动标记的同时按住<Alt>键，那么在标尺上会显示出具体缩进的数值，使用户一目了然。

用鼠标拖动水平标记上的缩进标记设置段落左右边界的步骤如下。

① 选定拟设置左、右边界的段落。

② 拖动【首行缩进】标记到所需的位置，设定首行缩进。

③ 拖动【左缩进】标记到所需的位置，设定左边界。

④ 拖动【右缩进】标记到所需的位置，设定右边界。

提示： 在拖动标记时，文档窗口中出现一条虚的竖线，它表示段落边界的位置。

左缩进、右缩进、首行缩进、悬挂缩进效果分别如图 3–35～图 3–38 所示。

> 段落的左边界是指段落的左端与页面左边距之间的距离。同样，段落的右边界是指段落的右端与页面右边距之间的距离（以厘米或字符为单位）。Word 默认以页面左、右边距为段落的左、右边界，即页面左边距与段落左边界重合，页面右边距与段落右边界重合。↵

图 3–35　左缩进

> 段落的左边界是指段落的左端与页面左边距之间的距离。同样，段落的右边界是指段落的右端与页面右边距之间的距离（以厘米或字符为单位）。Word 默认以页面左、右边距为段落的左、右边界，即页面左边距与段落左边界重合，页面右边距与段落右边界重合。↵

图 3–36　右缩进

> 　段落的左边界是指段落的左端与页面左边距之间的距离。同样，段落的右边界是指段落的右端与页面右边距之间的距离（以厘米或字符为单位）。Word 默认以页面左、右边距为段落的左、右边界，即页面左边距与段落左边界重合，页面右边距与段落右边界重合。↵

图 3–37　首行缩进

> 段落的左边界是指段落的左端与页面左边距之间的距离。同样，段落的右边界是指段落的右端与页面右边距之间的距离（以厘米或字符为单位）。Word 默认以页面左、右边距为段落的左、右边界，即页面左边距与段落左边界重合，页面右边距与段落右边界重合。↵

图 3–38　悬挂缩进

2. 设置段落对齐方式

段落对齐方式有【两端对齐】、【左对齐】、【右对齐】、【居中】和【分散对齐】五种。可以用【段落】工具栏或【段落】对话框来设置段落的对齐方式。设置对齐首先要选定文字区域，或将光标移到需要对齐的段落内。

方法 1：用【段落】工具栏设置对齐方式。

选择功能区的【开始】选项卡，在【段落】工具栏中，提供了【文本左对齐】▤、【居中】▤、【文本右对齐】▤、【两端对齐】▤ 和【分散对齐】▤ 五个对齐按钮，默认情况是【两端对齐】。

方法 2：用【段落】对话框来设置对齐方式。

① 单击【段落】工具栏右下角的启动器按钮▣，打开【段落】对话框，选择【缩进和间距】选项卡，如图 3–33 所示。

② 在【对齐方式】下拉列表框中选定相应的对齐方式。

③ 在【预览】框中查看，对排版效果满意后，单击【确定】按钮。

方法 3：用快捷键设置。

有一组快捷键可以对选定的段落实现对齐方式的快速设置，见表 3–7。

对齐效果如图 3–39 所示，单击相应的对齐按钮即可。

表 3–7　设置段落对齐的快捷键

快捷键	作　用
Ctrl+J	使所选定的段落两端对齐
Ctrl+L	使所选定的段落左对齐
Ctrl+R	使所选定的段落右对齐
Ctrl+E	使所选定的段落居中对齐
Ctrl+Shift+D	使所选定的段落分散对齐

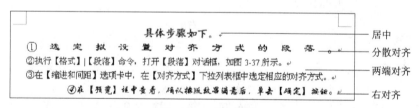

图 3–39　对齐效果

3. 行间距与段间距的设定

初学者常用按<Enter>键插入空行的方法来增加段间距或行距。显然，这是一种不得已的办法。实际上，可以使用【段落】对话框来精确设置段间距和行间距。

设置行距的操作步骤如下。

① 选定要设置行距的段落，或将光标移至该段内任意文字处。

② 选择功能区的【开始】选项卡，单击【段落】工具栏右下角的启动器按钮▣，打开【段落】对话框，选择【缩进和间距】选项卡，如图 3–33 所示。

③ 单击【行距】下拉列表框，选择所需的行距选项。

选项有：【单倍行距】、【1.5 倍行距】、【2 倍行距】、【最小值】、【固定值】、【多倍行距】等。其中【最小值】=两行文字之间的空白距离，【固定值】=文字高+两行文字之间的空白距离。默认为【单倍行距】。

④ 单击【间距】选项组的【段前】和【段后】文本框的增减按钮，设置段间距。【段前】表示所选的段落与上一段之间的距离，【段后】表示所选的段落与下一段之间的距离。

⑤ 在【预览】框中查看，对排版效果满意后，单击【确定】按钮。

注意：① 段落的左右边界、特殊格式、段间距和行距的单位可以设置为【字符】/【行】或【厘米】/【磅】。其设置方法是：执行【文件】|【选项】命令，打开【Word 选项】对话框。在【高级】选项卡的【显示】选项组中单击【度量单位】下拉列表框，选择【厘米】并单击【确定】按钮。如果没有选中【以字符宽度为度量单位】复选框，则【段落】对话框中就以"厘米/磅"为单位显示；如果选中【以字符宽度为度量单位】复选框，则【段落】对话框中就以"字符/行"为单位显示。

② 设置段落的左右边界、特殊格式、段间距和行距时，可以采用指定单位，如左右边界用"厘米"，首行缩进用"字符"，间距用"磅"等。只要在输入设置值的同时输入单位即可。

③ 采用"字符"单位设置首行缩进的优点是，无论字体大小如何变化，其缩进量始终保持 2 个字符数，格式总是一致的。

4. 给段落添加边框和底纹

有时，会给文章的某些重要段落或文字加上边框或底纹，使其更为突出和醒目。给段落添加边框和底纹的方法与给文本加边框和底纹的方法相同（参见 3.3.1 节），唯一需要注意的是：在【边框】或【底纹】选项卡的【应用于】下拉列表框中应选定【段落】选项。

利用【边框和底纹】对话框，还可以给整张页面加边框，只需要切换至【页面边框】选项卡进行相关的边框设置即可。

设置边框和底纹的效果如图 3-40 所示。

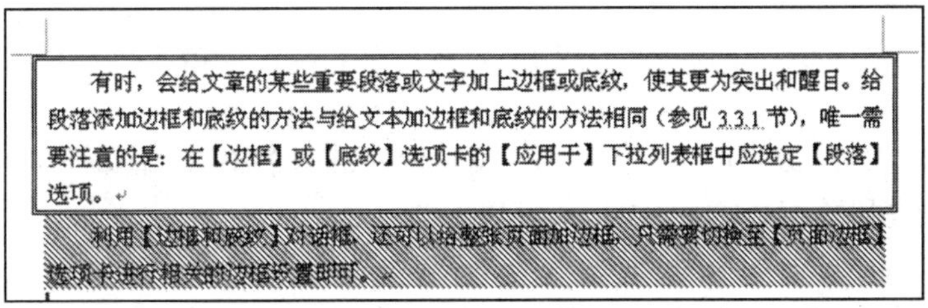

图 3-40　给段落添加边框和底纹的效果

3.3.3　格式的复制和清除

对一部分文字或段落设置的格式可以复制到其他文字上，使其具有同样的格式。如果对设置好的格式不满意，也可以清除它。使用【剪贴板】工具栏中的【格式刷】按钮 ✔格式刷 可以实现格式的复制操作。

1. 格式的复制

复制格式的具体步骤如下。

① 选定已设置格式的文本。

② 选择功能区的【开始】选项卡，单击【剪贴板】工具栏中的【格式刷】按钮 ，此时鼠标指针变为刷子形状。

③ 将鼠标指针移到要复制格式的文本开始处。

④ 拖动鼠标，选择要复制格式的文本，放开鼠标左键就可以完成格式的复制。

提示：单击【格式刷】按钮，只能使用一次格式刷。如果想多次使用，应双击【格式刷】按钮 ，此时格式刷就可使用多次。如要取消格式刷功能，只要再单击【格式刷】按钮一次或按<Esc>键即可。

2. 格式的清除

如果对所设置的格式不满意，可以清除所设置的格式，恢复到 Word 默认的格式。其方法如下。

方法 1：选中需要清除文本格式的文本块或段落，然后选择【开始】|【字体】工具栏中的【清除格式】按钮 即可。

方法 2：选中需要清除文本格式的文本块或段落，然后选择【开始】|【样式】工具栏右下角的启动器按钮 ，打开【样式】窗格。在样式列表中单击【全部清除】按钮即可清除所有样式和格式。

方法 3：选中需要清除文本格式的文本块或段落，然后选择【开始】|【样式】工具栏的【其他】按钮 ，并在打开的快速样式列表中选择【清除格式】命令。

3.3.4　项目符号和编号

编排文档时，为某些段落加上编号或某种特定的符号（称项目符号），可以提高文档的可读性。手工输入段落编号或项目符号不仅效率不高，而且在增、删段落时还需修改编号顺序，容易出错。在 Word 中，可以在输入时自动给段落创建编号或项目符号，也可以给已输入的各段文本添加编号或项目符号。

1. 在输入文本时，自动创建编号或项目符号

（1）自动创建项目符号

① 先输入一个星号*，后面跟一个空格，星号会自动改变成黑色圆点的项目符号，然后输入文本。

② 输完一段按<Enter>键后，在新的一段开始处自动添加同样的项目符号。

（2）自动创建段落编号

① 先输入如："1."、"（1）"、"一、"、"A." 等格式的起始编号，然后输入文本。

② 输完一段按 <Enter> 键，在新的一段开头就会根据上一段的编号格式自动创建编号。

重复上述步骤，可以对输入各段建立一系列连续的段落的项目符号或编号，如图 3–41 所示。如果要结束自动创建的项目符号或编号，那么可以按<BackSpace>键删除插入点前的编号，或再按一次<Enter>键。在这些建立了编号的段落中，删除或插入某一段落时，其余的段落编号会自动修改，不必人工干预。

如果并不希望连续编号，可以按下<Ctrl+Z>组合键，或者单击【自动更正选项】智能按钮 ，在打开的菜单中选择【撤销自动编号】命令，如图 3–42 所示。如果选择了【停止自动创建编号列表】命令，在以后的编辑过程中，将不会出现自动编号。

2. 对已输入的各段文本添加项目符号或编号

方法 1：使用工具栏快捷按钮。

具体操作步骤如下。

① 选定要添加项目符号或编号的各段落。

② 单击【开始】|【段落】工具栏中的【项目符号】按钮≣或【编号】按钮，系统默认使用最近使用过的项目符号或编号。

方法 2：使用【项目符号】下拉列表。

具体操作步骤如下。

① 选定要添加项目符号或编号的各段落。

② 单击【开始】|【段落】工具栏中的【项目符号】按钮≣或【编号】按钮右侧的下三角，打开下拉列表，如图 3–43 和图 3–44 所示。

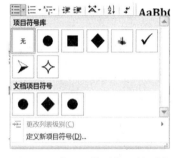

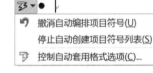

图 3–41　自动编号　　　图 3–42　【自动更正选项】智能按钮和菜单　　　图 3–43　【项目符号】下拉列表

③ 在下拉列表中单击选择相应的符号按钮或编号格式即可。

④ 在【编号】下拉列表中单击选择相应的序号按钮即可。

3. 自定义项目符号或新编号格式

如果需要对选中的项目符号或编号格式进行编辑，或者是添加新的项目符号，则在下拉列表中，单击【定义新项目符号】命令或【定义新编号格式】命令，在打开的对话框中进行设置后，单击【确定】即可。

4. 设置多级符号

文档中如果有多层次的段落，可以设置多级符号，步骤如下。

① 选择要设置项目符号和编号的段落。

② 单击【开始】|【段落】工具栏中的【多级列表】按钮▾，打开如图 3–45 所示的下拉菜单。

③ 单击【定义新的多级列表】命令，弹出【定义新多级列表】对话框（图 3–46），在里面可以设置编号格式、编号位置、文字位置等，并在预览框看到修改后的效果。

④ 如预览效果正确，单击【确定】按钮。

图 3–44　【编号】下拉列表

⑤ 这时所选段落只完成了一级编号，需要修改多级符号或编号级别：选定要修改的内容，单击【开始】|【段落】工具栏中的【减少缩进量】按钮▆或【增加缩进量】按钮▆。

图 3-45 【多级符号】选项卡

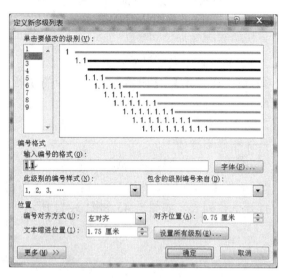

图 3-46 【定义新多级列表】对话框

3.3.5 分栏

"分栏"排版是报纸、杂志中常用的排版格式，分栏使得版面显得更为生动、活泼，增强了可读性。在 Word 中，用户可以使用【分栏】功能设置各种美观的分栏文档。

在【草稿】视图方式下，只能显示单栏文本，如果要查看多栏文本，必须切换到或【打印预览】方式下。具体操作步骤如下。

① 如果要对整个文档分栏，则将插入点移到文本的任意处；如要对部分段落分栏，则应先选定这些段落。

② 单击【页面布局】|【页面设置】工具栏中的【分栏】按钮，打开【分栏】下拉列表，在下拉列表中可以选择【一栏】、【两栏】、【三栏】、【偏左】或【偏右】，那么将会自动按选择的格式进行分栏。

③ 在【分栏】下拉列表中，如果选择【更多分栏】命令，将打开【分栏】对话框，如图 3-47 所示。

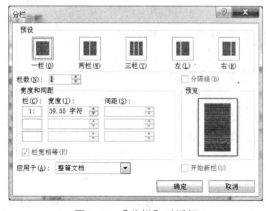

图 3-47 【分栏】对话框

④ 在【预设】选项组中，选择需要的分栏格式，也可以在【列数】微调框中选择或输入所需的栏数。

⑤ 如果选择【一栏】、【两栏】、【三栏】选项，所设置的栏都将具有同样的宽度。

如果要设置不等宽栏的宽度，取消选中【栏宽相等】复选框，然后在【宽度和间距】选项组中，设置每个栏的具体宽度值。

⑥ 如果要在栏与栏之间加上分隔线，选中【分隔线】复选框。在【应用于】下拉列表选择范围。如果选择了【插入点之后】选项，Word

会自动插入一个分隔线。

⑦ 单击【确定】按钮，Word 会按照用户自己的设置，编排新的版面。

如果进行打印预览，对显示的结果不满意，可以打开【分栏】对话框，重新设置分栏格式。例如改变栏的数目、调整栏的宽度等。如果想取消分栏排版格式，可以在【分栏】对话框中的【预设】选项组中选择【一栏】选项，然后单击【确定】按钮就可以了。分栏效果如图 3–48 所示。

> "分栏" 排版是报纸、杂志中常用的排版格式，分栏使得版面显得更为生动、活泼，↵
>
> 增强可读性。在 Word 中，用户可以使用【分栏】功能设置各种美观的分栏文档。

图 3–48　分两栏并添加分隔线的分栏效果

注意： 对最后一段进行分栏操作时，在选择段落时，不能选中文章末尾的回车符，否则会导致文字全部偏向左边一栏。

3.3.6　首字下沉

1. 设置首字下沉

有些文章用每段的首字下沉来替代每段的首行缩进，使内容更加醒目。具体操作如下。

① 选中首字（可选定包括首字在内的连续多个字符）或将光标插入要设置首字下沉的段落的任意位置。

② 在【插入】选项卡上的【文本】工具栏中，单击【首字下沉】按钮，在打开的下拉菜单中选择【下沉】或【悬挂】。如果需要详细设置，选择【首字下沉选项】命令，打开【首字下沉】对话框，如图 3–49 所示。

③ 在【位置】选项组中选择的【下沉】或【悬挂】。

④ 在【选项】选项组中选定首字的字体，并输入下沉行数和距后面正文的距离。

⑤ 单击【确定】按钮。

首字下沉效果如图 3–50 所示。

图 3–49　【首字下沉】对话框

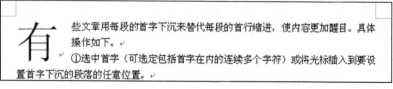

图 3–50　【首字下沉】效果

2. 取消设定的首字下沉格式

① 将光标插入要取消首字下沉的段落的任意位置。

② 在【插入】选项卡上的【文本】工具栏中，单击【首字下沉】按钮，在打开的下拉菜单中选择【无】。

3.3.7　页眉和页脚

页眉和页脚是在一页顶部和底部的注释性文字或图形。其中页眉在页面顶部的页边距中，页脚在页面底部的页边距中。它不是随文本输入的，而是通过命令设置的。页码是最简单的页眉或页脚。页眉和页脚也可以比较复杂，如一般的教材中，单页的页眉是章节标题和页码，双页的页眉是书名和页码，没有页脚。在页脚中，可以设置作者的姓名、日期等。页眉和页脚只能在【页面视图】和【打印预览】方式下看到。页眉和页脚的建立方法是一样的，都可以用【插入】|【页眉和页脚】工具栏实现。

1. 设置页眉和页脚

要创建页眉和页脚，只需在某一个页眉和页脚中输入要放置在页眉或页脚的内容即可，Word 会自动把它们放置在每一页上。

下面以设置页眉为例，说明在文档中插入页眉的具体步骤。

① 进入页眉编辑状态，同时，激活了【页眉和页脚工具】选项卡，如图 3–51 所示。此时，文档中的内容呈灰色显示。如果在【草稿】或【大纲视图】下执行此命令，那么 Word 会自动切换到页面视图。

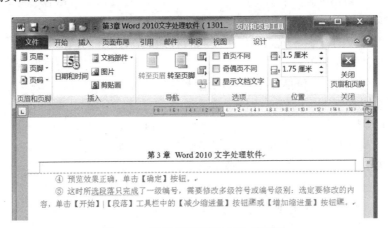

图 3–51　【页眉和页脚工具】选项卡

② 单击【导航】工具栏上的【转至页眉】或【转至页脚】按钮，可使插入点在页眉区和页脚区之间切换。

③ 在页眉区内输入文字或图形作为页眉的内容，如有必要，可以使用【开始】|【字体】工具栏上的按钮设置文本的格式。也可以通过【页眉和页脚工具】选项卡上各个工具栏中的按钮来添加内容，如【页码】按钮、【日期和时间】按钮等。

④ 双击页面中的正文区域（或单击【关闭】工具栏中的【关闭页眉和页脚】按钮），就可以退出页眉编辑状态，回到文档中。

页脚的设置方式类似，这里不再赘述。

2. 设置奇偶页不同的页眉和页脚

① 进入页眉编辑状态，同时，激活了【页眉和页脚工具】选项卡，如图 3–51 所示。

② 在【页眉和页脚工具】选项卡的【选项】工具栏中，选中【奇偶页不同】复选框（如果需要设置文档的第一页和其他页的页眉/页脚不同，可以选中【首页不同】复选框）。

③ 此时，页眉编辑区左上角出现【奇数页页眉】字样以提醒用户。在【奇数页页眉】编

辑区输入奇数页页眉内容。

④ 单击【导航】工具栏中的【上一节】按钮 📑上一节 或【下一节】按钮 📑下一节，切换到【偶数页页眉】编辑区，将插入点在奇数页和偶数页中切换，可以对应编辑奇数页或者偶数页的页眉的内容。

⑤ 双击页面中的正文区域（或者单击【关闭】工具栏中的【关闭页眉和页脚】按钮），设置完毕。

页脚的设置方式类似。

3. 页眉和页脚的重新设置（或删除）

如果需要重新设置（或删除）页眉（或页脚），先将视图切换到【页面视图】，然后双击页眉（或页脚）区域，进入页眉（或页脚）编辑状态，再进行重新设置（或删除）即可。

3.3.8　插入页码

插入页码的方法如下。

① 在【插入】|【页眉和页脚】工具栏中，单击【页码】按钮，打开【页码】命令的下拉菜单，如图 3–52 所示。

② 【页码】下拉菜单中有【页面顶端】、【页面底端】、【页边距】和【当前位置】4 种确定页码位置的选择方式，进一步打开这些菜单项中的子菜单（比如，【页面底端】菜单项的下级菜单，如图 3–53 所示），然后选择合适的格式即可（比如，图 3–53 中的【普通数字 1】类型）。

若要设定页码的起始页码，以及编号格式等，可在图 3–52 中选择【设置页码格式】命令，打开【页码格式】对话框，如图 3–54 所示。在【编号格式】下拉列表中选择页码采用的数字形式，【续前节】表示当前节的起始编号接续上节的最后页码，【起始页码】表示可以人为设定本节的起始页码（比如，设置起始页码为 10）。

图 3–52　【页码】下拉菜单

图 3–53　【页面底端】的子菜单

图 3–54　【页码格式】对话框

注意，页码只在【页面视图】方式下才显示。

如果删除页码，先双击页码，进入页眉/页脚显示区，然后选定页号，按下<Delete>键即可。

3.3.9　插入日期和时间

在 Word 文档中，可以直接键入日期和时间，也可以使用【插入】|【文本】工具栏中的

图 3-55　【日期和时间】对话框

【日期和时间】按钮来插入日期和时间。具体步骤如下。

① 把插入点移动到要插入日期和时间的位置。

② 在【插入】|【文本】工具栏中，单击【日期和时间】按钮，打开如图 3-55 所示的【日期和时间】对话框。

③ 在【语言】下拉列表中选定【中文（中国）】或【英文（美国）】，在【可用格式】列表框中选定所需的格式。如果选定【自动更新】复选框，则所插入的日期和时间会自动更新，否则保持原插入的值。

④ 单击【确定】按钮，即可在指定的插入点处插入当前的日期和时间。

3.3.10　脚注与尾注

编写文章时常常需要对一些从别人的文章中引用的内容、名词或事件加以注释，这称为脚注或尾注。Word 提供了插入脚注和尾注的功能，可以在指定的文字处插入注释。脚注和尾注都是注释，其唯一的区别在于：脚注放在每个页面的底部，而尾注放在文章的结尾。

插入脚注或尾注的操作步骤如下。

① 选中需要插入脚注和尾注的文字。

② 在【引用】|【脚注】工具栏中，单击右下角的启动器按钮，打开【脚注和尾注】对话框，如图 3-56 所示。

③ 在对话框中选中【脚注】或【尾注】单选按钮，设定注释的【编号格式】、【自定义标记】、【起始编号】和【编号】等。

图 3-56　【脚注和尾注】对话框

④ 单击【插入】按钮，插入点会自动进入页脚位置或文章的末尾处，输入注释的文字即可。

如果要删除脚注或尾注，则选定脚注或尾注号，按<Delete>键。

3.3.11　批注

批注指对文档进行注解，以便于提高阅读效率。

1. 插入批注

插入批注的步骤如下。

① 选择要进行批注的文字。

② 在【审阅】|【批注】工具栏中，单击【新建批注】命令，会在选定文字处出现批注框（图 3-57）。

图 3-57　批注框

③ 在批注框中输入批注内容，在批注框以外的地方单击，退出编辑批注。

2. 修改批注

修改批注的方法：在产生批注的文字上单击右键，在快捷菜单里选择【编辑批注】，或者单击批注框，将插入点置于批注框内，就可以进行修改。

3. 删除批注

删除批注的方法：在产生批注的文字上或者批注框上单击右键，在弹出的快捷菜单中选择【删除批注】。

3.3.12　插入分隔符

1. 插入分页符

Word 具有自动分页的功能。也就是说，当输入文本或插入的图形满一页时，Word 会自动分页。当编辑排版后，Word 会根据情况自动调整分页的位置。有时为了将文档的某一部分内容从新一页开始，例如，使章节标题总在新的一页开始，可强制插入分页符进行人工分页。插入分页符的步骤如下。

① 将插入点移到新的一页的开始位置。

② 按<Ctrl+Enter>快捷键；也可以在【页面布局】|【页面设置】工具栏中，单击【分隔符】按钮，打开【分隔符】下拉列表，如图 3-58 所示。

③ 在图 3-58 的【分页符】选区中选择【分页符】命令即可。

设置成功后，页面中会显示一个"━━━━━分页符━━━━━"标记。如果文档中没有显示分页符标记，选择【开始】|【段落】工具栏中的【显示/隐藏编辑标记】按钮即可显示。

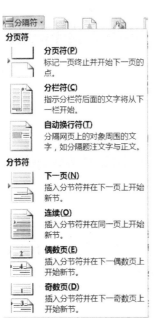

图 3-58　【分隔符】下拉列表

提示，在【草稿】下，人工分页符是一条水平虚线。

如果想删除分页符，只要将光标移到分页标记的后面，按<Backspace>键即可。

2. 插入分节符

如果文档不同的部分要求设置不同的页眉和页脚、分栏格式、页码编排、页边距、页面边框，等等，可将文档分成不同的部分进行编辑、排版，即分为不同的节。插入分节符的步骤如下。

① 将插入点移到新的一节的开始位置。

② 在【页面布局】|【页面设置】工具栏中，单击【分隔符】按钮，打开【分隔符】下拉列表，如图 3-58 所示。

③ 在图 3-58 的【分节符】选区中选择某种分节命令。每一节的开始与结束位置可自行决定，节的大小不限，可以是一个标题、一个段落或整个文档。通常在不同的章节排不同的页眉或不同的页码格式时才使用"分节"排版，排普通的版面不需要"分节"。

设置成功后，页面中会显示一个"————————————分节符(下一页)————————————"标记。如果文档中没有显示分节符标记，选择【开始】|【段落】工具栏中的【显示/隐藏编辑标记】按钮📝即可显示。

如果想删除分节符，只要将光标移到分节标记的后面，按<Backspace>键即可。

3.3.13　制表位的设定

在 Word 文档中，如果在不使用表格的情况下整齐地输入多行、多列文本时，可以使用制表位实现。按<Tab>键后，水平标尺上插入点移动到的位置叫制表位。按<Tab>键来移动插入点到下一制表位，很容易做到使各行文本的列对齐。在 Word 中，默认制表位是从标尺左端开始自动设置，各制表位之间的距离是 2.02 个字符。另外，提供了 5 种不同的制表位，可以根据需要选择并设置各制表位之间的距离。

1. 使用标尺设置制表位

在水平标尺左端有一制表位对齐方式按钮，不断单击它可以循环出现左对齐式制表符⌊、居中式制表符⊥、右对齐式制表符⌋、小数点对齐式制表符⊥和竖线对齐式制表符⏐，可以单击选定它。使用标尺设置制表位的步骤如下。

①　将插入点置于要设置制表位的段落；选定一种制表符。

②　单击水平标尺上要设置制表位的地方。此时在该位置上会出现选定的制表符图标。

③　重复①、②两步可以完成制表位设置工作。

④　可以拖动水平标尺上的制表符图标调整其位置，如果拖动的同时按住<Alt>键，则可以看到精确的位置数据。

设置好制表符位置后，当输入文本并按<Tab>键时，插入点将依次移到所设置的下一制表位上。如果想取消制表位的设置，那么只要往下拖动水平标尺上的制表符图标离开水平标尺即可。在设置有制表位的一行文本末尾按<Enter>键换行后，上一行的制表位在新的一行中继续保持。

2. 使用【制表位】对话框设置制表位

①　将插入点置于要设置制表位的段落。

②　在【开始】|【段落】工具栏中，单击右下角的启动器按钮▫，打开【段落】对话框，在对话框中单击【制表位】按钮，打开【制表位】对话框，如图 3-59 所示。

③　在【制表位位置】文本框中输入具体的位置值（以字符为单位）。

④　在【对齐方式】选项组中，选中某一种对齐方式单选按钮。

⑤　在【前导符】选项组中选中一种前导符。

⑥　单击【设置】按钮。

⑦　重复步骤③~⑥，可以设置多个制表位。

如果要删除某个制表位，可以在【制表位位置】文本框中选定要清除的制表位位置，并单击【清除】按钮即可。单击【全部清除】按钮可以一次清除所有设置的制表位。

图 3-59 【制表位】对话框

设置制表位时，还可以设置带前导符的制表位，这一功能对目录排版很有用。

3.3.14　查找和替换

使用 Word 的查找功能不仅可以查找文档中的某一指定的文本，还可以查找特殊符号（如段落标记、制表符等）。

1. 常规查找字符串

操作步骤如下。

① 在【开始】|【编辑】工具栏中，单击【查找】按钮 🔍查找·右边的下拉箭头，选择【高级查找】命令，打开【查找和替换】对话框，如图 3-60 所示。

图 3-60　【查找】选项卡和查找到"Word"一词后的效果

② 在【查找内容】下拉列表框中输入要查找的文本，如输入"word"一词。

③ 单击【查找下一处】按钮开始查找。当查找到"word"一词后，该文本被移入窗口工作区内，并灰底黑字显示所找到的文本，如图 3-60 所示。

④ 如果此时单击【取消】按钮，将关闭【查找和替换】对话框，插入点停留在当前查找到的文本处；如果还需继续查找，可以再单击【查找下一处】按钮，直到整个文档查找完毕为止。

提示：当关闭【查找和替换】对话框后，可以单击垂直滚动条下端的【前一次查找/定位】按钮 ▲ 或【下一次查找/定位】按钮 ▼，继续查找指定的文本。

2.【更多>>】查找

单击【查找和替换】对话框中的【更多>>】按钮可以打开一个能设置各种查找条件的详细对话框，设置好这些选项后，可以快速查找出符合条件的文本。单击【更多>>】按钮所打开的【查找和替换】对话框如图 3-61 所示。几个选项的功能如下。

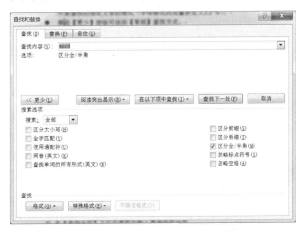

图 3-61　高级功能的【查找】选项卡

● 查找内容：在【查找内容】列表框中键入要查找的文本，或者单击列表框右端的按钮 ▼，列表中列出最近 4 次查找过的文本供选用。

●【搜索】范围：在【搜索】范围列表框中有【全部】、【向上】和【向下】三个选项。【全部】选项表示从插入点开始向文档末尾查找，然后再从文档开头查找到插入点处；【向下】选项表示从插入点查找到文档末尾；【向上】选项表示从插入点开始向文档开头处查找。

●【区分大小写】和【全字匹配】复选框主要用于高效查找英文单词。

● 使用通配符：选择此复选框可在要查找的文本中键入通配符实现模糊查找。例如：在查找内容中键入"计算？"，那么查找时可以找到"计算机"、"计算器"等。可以单击【特殊字符】按钮，查看可用的通配符及其含义。

● 区分全角和半角：选择此复选框，可区分全角或半角的英文字符和数字，否则不予区分。

● 如要找特殊字符，则可单击【特殊字符】按钮，打开【特殊字符】列表，从中选择所需的特殊字符。

● 单击【格式】按钮，选择【字体】项可打开【字体】对话框，使用该对话框可设置所要查找的指定文本的格式（字体格式的设置参见 3.3.1 节）。

● 单击【<<更少】按钮可返回【常规】查找方式。

3. 替换文本

【查找】除了是一种比【定位】更精确的定位方法外，它还和【替换】密切配合对文档中出现的错词/字进行更正。有时，需要将文档中多次出现的某些字/词替换为另一个字/词，例如将"计算机"替换成"微机"等。这时利用【替换】功能会收到很好的效果。【替换】的操作与【高级查找】操作类似，具体如下。

① 在【开始】|【编辑】工具栏中，单击【替换】按钮或按<Ctrl+H>快捷键，打开【查找和替换】对话框中的【替换】选项卡，如图 3–62 所示。在对话框中多了一个【替换为】列表框。

图 3–62 【替换】选项卡

② 在【查找内容】下拉列表框中输入要查找的内容。

③ 在【替换为】下拉列表框中输入要替换的内容。

④ 在输入要查找和需要替换的文本和格式后，根据情况单击下列按钮之一。

●【替换】按钮：替换找到的文本，继续查找下一处并定位。

●【全部替换】按钮：替换所有找到的文本，不需要任何对话。

●【查找下一处】按钮：不替换找到的文本，继续查找下一处并定位。

4. 高级替换

【替换】操作不但可以将查找到的内容替换为指定的内容，而且可以替换为指定的格式。例如，将正文中的"计算机"替换为隶书、三号、蓝色、粗体、加着重号的"计算机"。具体步骤如下。

① 将光标插入标题之后、正文之前。

② 在【开始】|【编辑】工具栏中，单击【替换】按钮或按<Ctrl+H>快捷键，打开【查找和替换】对话框，换到【替换】选项卡。

③ 在【查找内容】下拉列表框中输入"计算机"。

④ 在【替换为】下拉列表框中输入"计算机"。

⑤ 单击【更多>>】按钮，打开扩展选项，如图 3-63 所示。

⑥ 单击【搜索】下拉列表框，选择【向下】选项。

⑦ 将光标定位到【替换为】下拉列表框中（注意以下格式设置是针对替换后的内容的）。

⑧ 单击【格式】按钮，选择【字体】选项，打开【字体】对话框。

⑨ 在【字体】选项卡中设置字体为隶书、三号、粗体、蓝色并加着重号，单击【确定】按钮。设置后的效果如图 3-63 所示。

⑩ 返回【替换】选项卡，单击【全部替换】按钮。弹出消息对话框，询问"是否继续从开始处搜索"，单击【否】按钮。

图 3-63　高级功能的【替换】选项卡

3.3.15　水印和背景

1. 水印

给文档设置诸如"机密"、"严禁复制"或"紧急"等字样的"水印"可以提醒读者对文档的正确使用。设置"水印"的方法如下。

方法 1：使用水印库设置。

① 在【页面布局】|【页面背景】工具栏中，单击【水印】按钮，打开【水印】下拉菜单。

② 在【水印】下拉菜单中，单击水印库中一个预先设计好的水印，例如"机密"或"紧急"。

方法 2：自定义水印。

① 在【页面布局】|【页面背景】工具栏中，单击【水印】按钮，打开【水印】下拉菜单。

② 在【水印】下拉菜单中，选中【自定义水印】命令，打开【水印】对话框，在【文字】

图 3-64 【水印】对话框

列表框中输入或选定水印文本，再分别设置字体、字号、颜色和版式。如图 3-64 所示。

③ 单击【确定】按钮完成设置。

如要取消水印，则可单击【水印】下拉菜单，单击【删除水印】命令即可。

用户甚至还可将单位徽标或背景图片制作为水印。在【水印】对话框中，选中【图片水印】单选按钮，【选择图片】按钮被激活，单击【选择图片】按钮，找到图片所在位置，设置缩放和冲蚀效果，最后单击【确定】按钮。

2. 背景

在【页面视图】、【Web 版式视图】和【阅读版式视图】中可设置背景，它使视图更加丰富多彩，但背景不可打印。

在【页面布局】|【页面背景】工具栏中，单击【页面颜色】按钮，打开【页面颜色】下拉菜单，如图 3-65 所示，可选择所需的主题颜色，或选择【其他颜色】命令，在打开的【颜色】对话框中选择其他可供选择的颜色。选择【填充效果】命令，打开【填充效果】对话框，如图 3-66 所示。可选择一些特殊的效果，如渐变、纹理、图案、图片等。

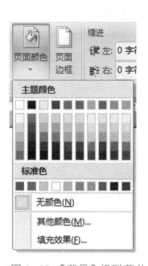

图 3-65 【背景】级联菜单

图 3-66 【填充效果】对话框

3.3.16 样式

样式是指用有意义的名称保存的字符格式和段落格式的集合，是多个排版命令的集合。编排重复格式时，先创建一个该格式的样式，然后在需要的地方套用这种样式，就无须一次次地对它们进行重复的格式化操作。

样式主要包括字符样式，如文本的字体、字号、字形、颜色等；段落样式，如段落的对齐方式、边框、缩进、行与段的间距等。使用样式可以方便快捷地给具有统一格式要求的文本排版，另外，只要修改了样式的格式，就可以使文档中使用相同样式的所有段落外观自动刷新成修改后新格式，无须手动修改。

关于样式主要有以下 4 种操作。

1. 查看段落的样式

查看段落的样式是指确认该段落使用了何种样式。常用的查看方法有两种：一是使用【样式】任务窗格；二是使用功能区中的【样式】选项组快捷按钮。

方法 1： 使用【样式】任务窗格查看样式的步骤如下。

① 在已经打开的文档中，单击【开始】|【样式】工具栏右下角的启动器按钮，打开如图 3-67 所示的【样式】任务窗格。

② 将插入点光标置于需要查看样式的段落内部，任务窗格中用方框标注出来的样式就是该段落的样式（比如，图 3-67 中用方框标注的【正文】样式）。

方法 2： 使用功能区中的【样式】选项组快捷按钮，显示文本样式的具体步骤如下。

① 在已经打开的文档中，先将光标移动到待查看段落内部，然后单击【开始】|【样式】工具栏中样式快捷按钮右侧的下三角按钮，打开样式选项列表，如图 3-68 所示。

图 3-67　【样式】任务窗格

图 3-68　【样式】选项列表

② 图 3-68 中用方框框定的样式，就是该段落的样式。

2. 应用样式

将段落设置为系统预先设置好的样式的操作步骤如下。

① 在已经打开的文档中，将光标移动到待设置样式的段落内部。

② 在样式栏，或【样式】任务窗格（图 3-67），或【样式】选项列表（图 3-68）中单击，选择需要的样式即可。

3. 创建新样式

如果 Word 为用户预定义的标准样式不能满足需要，可以创建新的样式。下面以创建一个新的段落样式为例，具体的操作步骤如下。

① 在已经打开的文档中，单击【开始】|【样式】工具栏中的启动器按钮，打开如

图 3-67 所示的【样式】任务窗格。

② 将光标移动到待设置新样式的段落内，在【样式】任务窗格中，单击【新建样式】按钮，打开【根据格式设置创建新样式】对话框，如图 3-69 所示。其中，【属性】区中各个选项的功能如下。

● 【名称】文本框：用于输入新定义的样式的名称。默认情况下，Word 2010 会以【样式 1】、【样式 2】等作为新建样式的样式名。

● 【样式类型】：在【样式类型】下拉列表框中有【段落】和【字符】等选项。【段落】选项表示新样式应用于段落，【字符】选项表示新样式应用于字符。

● 【样式基准】：【样式基准】下拉列表框能够以一种 Word 预定义的样式作为新建样式的基础。

● 【后续段落样式】：【后续段落样式】下拉列表框用于决定下一段落选取的样式，这一选项仅适用于段落样式。

③ 在【名称】文本框中，输入新建样式的名称；在【样式类型】下拉列表框中选择新建样式的类型。

④ 在【格式】区中利用快捷按钮，可以快速完成对字符或段落的简单设置。若需详细设置段落格式，单击【格式】按钮，利用快捷菜单中的命令进行设置，如图 3-70 所示。

图 3-69 【根据格式设置创建新样式】对话框

图 3-70 【格式】快捷菜单

图 3-71 信息提示框

⑤ 完成必要的设置后，单击图 3-70 中的【确定】按钮，新样式将被添加到【样式】任务窗格中，且应用于当前段落中。

需要注意的是，如果修改的样式名称在【样式】任务窗格中已经存在，那么单击【确定】按钮后就会弹出一个信息提示框，如图 3-71 所示。单击【确定】按钮，返回【根据格式设置创建新样式】对话框，可以对样式重新命名。

4. 修改样式

在 Word 中有多种修改样式的方法，可以将其他模板（或文档）中的全部样式或部分样式复制到当前文档或模板中，以修改当前文档或模板中的样式。也可以对当前文档或模板重新套用某个模板中的样式，完全更改这个文档或模板中的样式。此外，还可以直接修改已经存在的样式。

修改【样式】任务窗格中已经存在的样式的具体步骤如下。

① 打开【样式】任务窗格，将鼠标移动到待修改的样式名上，然后单击其右侧的下三角按钮，弹出一个下拉菜单，如图 3-72 所示。

② 在弹出的下拉菜单中选择【修改】命令打开【修改样式】对话框。

③ 进行必要的设置后，单击【确定】按钮即可。

5. 删除样式

可以从样式列表中删除自定义样式，而原文档中使用该样式的段落将被系统自动设定为【正文】样式。删除样式的具体步骤如下。

① 打开【样式】任务窗格，将鼠标移动到待删除的样式名上，然后单击其右侧的下三角按钮，弹出一个下拉菜单，如图 3-72 所示。

② 在弹出的下拉菜单中选择【删除】命令，弹出是否删除的信息的提示对话框，单击【是】按钮即可。

图 3-72　下拉菜单

3.4　Word 2010 表格的制作

在 Word 里，表格属于特殊的图形。表格可以直观地表达信息内容，它的使用非常广泛，在日常学习、工作中经常可见各种各样的表格。在中文文字处理中，常采用表格的形式将一些数据分门别类、有条有理、集中直观地表现出来。Word 提供了简单有效的制表功能。

一个表格通常是由若干个单元格组成的。一个单元格就是一个方框，它是表格的基本单位。处于同一水平位置的单元格构成了表格的一行，处于同一垂直位置的单元格构成了表格的一列。

3.4.1　表格的建立

1. 自动创建简单表格

所谓简单表格，是指由多行和多列构成的表格。即表格中只有横线和竖线，不出现斜线。Word 提供了两种创建简单表格的方法。

方法 1：用【表格网格】按钮圓创建表格。

操作步骤如下。

① 将插入点置于文档中要插入表格的位置。

② 在【插入】|【表格】工具栏中，单击【表格】按钮圓，出现如图 3-73 所示的表格模式。

③ 在表格网格中拖动鼠标，选定所需的行数和列数（如图中为 5×4），放开鼠标后即可在插入点处插入一张表格。

方法 2：用【插入表格】命令创建表格。

操作步骤如下。

① 将插入点置于要插入表格的位置。

② 在【插入】|【表格】工具栏中，单击【表格】按钮圓，出现如图 3-73 所示的表格模

式，选择【插入表格】命令，打开如图 3-74 所示的对话框。

图 3-73 【表格】界面

图 3-74 【插入表格】对话框

③ 在【行数】和【列数】框中分别键入所需的行、列数。【自动调整】操作中默认为单选项【固定列宽】。

④ 单击【确定】按钮，即可在插入点处插入一张表格。

2. 手工绘制复杂表格

有的表格除横、竖线外还包含了斜线，Word 提供了绘制这种不规则表格的功能。可以用【表格】下拉菜单中的【绘制表格】命令来绘制。其具体步骤如下。

① 将插入点置于文档中要绘制表格的位置。

② 在【插入】|【表格】工具栏中，单击【表格】按钮，出现如图 3-73 所示的表格模式，选择【绘制表格】命令，这时鼠标指针变成一支笔的形状，单击【设计】选项卡，如图 3-75 所示。

图 3-75 【表格工具】选项卡

③【绘图边框】工具栏上的【线型】　　　　　　　和【粗细】 0.5 磅　　　两个下拉列表框，可用来确定表格框边所用的线型和线条粗细。选择不同的线型和线条粗细，可以绘制不同风格的表格。

④ 如果没有选定【绘制表格】按钮，可以单击【绘图边框】工具栏上的【绘制表格】按钮，这时光标就变成了铅笔形状。

⑤ 将铅笔形状的鼠标指针移到要绘制表格的位置，按住鼠标左键拖动鼠标绘出表格的框线以及各行各列线，放开鼠标左键即可。

斜线的绘制方法与此相同。

⑥ 擦除框线。对于不必要的框线或画错的框线，单击【擦除】按钮，这时鼠标的形状变为橡皮擦。将其移动到要删除框线的一端时按下鼠标，然后拖动到框线的另一端松开鼠标，该框线就被删除。

⑦ 平均分布行列。表格中有许多行列需要平均分布，也就是行高或列宽相等。其操作方

法是：首先选定需要平均分布的多行或多列，然后在【布局】|【单元格大小】工具栏中，单击【分布行】按钮 田 和【分布列】按钮 田 。

在建立表格的实际操作中，可以先建立规则表格，然后用【绘图边框】工具栏中的【擦除】按钮，删除多余的表线，再用【绘制表格】按钮画斜线等。

3. 在表格中输入文本

建立空表格后，可以将插入点移到表格的单元格中输入文本。单元格是表格中最基本的编辑对象，当文本输入单元格的右边线时，单元格的高度会自动增大，输入的文本转到下一行。像编辑普通文本一样，如果要另起一段，则按<Enter>键。

表格单元格中的文本像文档中其他文本一样，可以使用 3.2.4 节中所述的选定、插入、删除、剪切和复制等基本编辑技术来编辑它们。

3.4.2　表格的编辑

表格创建后，通常要对它进行编辑与修饰。在表格操作过程中，表格的控制点和鼠标指针形状如图 3-76 所示。

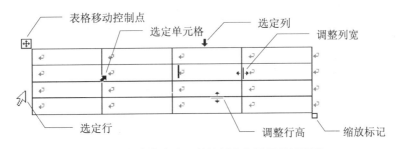

图 3-76　在表格中出现的控制点和鼠标指针形状

1. 表格的选定

在表格中选定文本有三种方法：用鼠标选定表格、用键盘选定表格和用【选择】下拉菜单选定表格。选定的对象均呈灰底黑字显示。

方法 1：用鼠标选定表格。

① 选定单元格：当鼠标指针放在某个单元格的最左边并变成指向右上方的黑箭头 时，单击鼠标，可以选中该单元格，向上、下、左、右拖动鼠标可选定多个单元格。（注意：单元格的选定与单元格内全部文字的选定的表现形式是不同的。）

② 选定行：将鼠标放在整个表格的最左边（文本的选定区），其指针会变成指向右上方的箭头 ，将鼠标指向要选定的行，按下鼠标左键并上下拖动，就可以选定表格的一行、多行乃至整个表格。

③ 选定列：当鼠标指针移到表格的上方时，指针就变成了向下的黑色箭头 ，这时，按下鼠标左键并左右拖动，就可以选定表格的一列、多列乃至整个表格。

④ 选定不连续的单元格：按住<Ctrl>键，可以一次选中多个不连续的区域。用相同的方法可以选择不连续的行或列。

⑤ 选定整个表格：当鼠标指针指向表格线的任意地方时，表的左上角会出现一个十字花的方框标记 ，用鼠标单击它，可以选定整个表格；同时，右下角出现小方框标记时，用鼠标单击它，沿着对角线方向，可以均匀缩小或扩大表格的行宽或列宽。如图 3-76 所示。

方法 2：用键盘选定表格。

与用键盘选定文本的方法类似，也可以用键盘来选定表格。其方法如下。

按<Shift+End>键可以选定插入点所在的单元格。

按<Shift+↑/↓/←/→>箭头键可以选定包括插入点所在的单元格在内的相邻的单元格。

按任意箭头键可以取消选定。

方法 3：用【选择】下拉菜单选定表格。

① 将插入点移到选定表格的位置上。

② 在【布局】|【表】工具栏中，单击【选择】按钮，出现【选择】下拉菜单（图 3-77）。根据需要进行选择。

图 3-77 【选择】子菜单

2. 表格中插入点的移动

创建表格后，在编辑过程中，插入点不断变化，改变插入点的方法如下。

方法 1：移动鼠标到所要操作的单元格中，单击鼠标。

方法 2：使用快捷键在单元格间移动，见表 3-8。

表 3-8　在表格中移动插入点的快捷键

快捷键	操作效果	快捷键	操作效果
Tab	移至右边的单元格中	Shift+Tab	移至左边的单元格中
Alt+Home	移至当前行的第一个单元格	Alt+End	移至当前行的最后一个单元格
Alt+PgUp	移至当前列的第一个单元格	Alt+PgDn	移至当前列的最后一个单元格

3. 调整表格的列宽

调整表格列宽有如下四种方法。

方法 1：通过鼠标调整。

具体操作步骤如下。

① 将鼠标"Ⅰ"形指针移到表格的列边界线上，当鼠标指针变成调整列宽指针┼┼时，按住鼠标左键，此时出现一条上下垂直的虚线。

② 拖动鼠标到所需的新位置，放开左键即可。如果想看到当前的列宽数据，只要在拖动鼠标时按住<Alt>键，水平标尺上就会显示列宽的数据。如图 3-78 所示。

方法 2：通过水平标尺调整。

① 将光标移到表格内，单击鼠标左键，水平标尺上显示出表格的列标记▓，如图 3-79 所示。

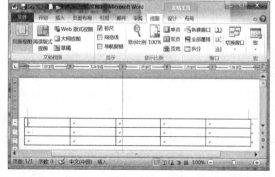

图 3-78　按住<Alt>键，拖动鼠标改变列宽的情况

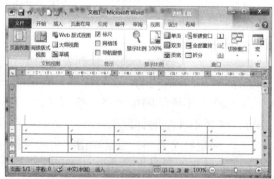

图 3-79　水平标尺上的表格列标记

② 将鼠标指针移到水平标尺上，向左或向右拖动列边框对应的列标记 ▥，调整到合适的宽度，放开鼠标左键即可。

提示：

1）拖动调整列宽指针时，整个表格大小不变，但表格线相邻的两列列宽度均改变。如果在拖动调整列宽指针的同时按住<Shift>键，则表格线左侧的列宽改变，其他各列的列宽不变，表格大小改变。

2）拖动表格大小控制点（参见图 3-76）可以改变表格大小。

方法 3： 通过【表格属性】对话框调整。

使用鼠标只能进行粗略的调整，要想精确调整，需使用【表格属性】对话框。

具体操作步骤如下。

① 选定要修改列宽的一列或数列。

② 在【布局】|【表】工具栏中，单击【属性】按钮，弹出【表格属性】对话框（图 3-80）。

③ 单击【列】选项卡，在【指定宽度】复选框中打对勾，在【度量单位】选择厘米（还有一个单位是百分比，是指本列占全表中的百分比，根据具体情况选用），在【指定宽度】文本框中用微调框设置或者输入宽度值（如 3.01 厘米），如图 3-81 所示。

图 3-80 【表格属性】对话框　　　　　　　　　　　图 3-81 【列】选项卡

④ 单击【前一列】或【后一列】按钮，重复步骤③可对其他列的列宽度进行设置。

⑤ 单击【确定】按钮，返回到【表格属性】对话框，单击【确定】按钮。

方法 4： 根据内容自动调整。

① 如果单元格内已输入内容，将鼠标"I"形指针移到表格的列边界线上，鼠标指针变成调整列宽指针 ↔。

② 双击鼠标，可以根据内容自动调整列宽。

4. 调整表格的行高

调整表格行高的方法同调整列宽的方法类似，不再赘述，这里只介绍通过【表格属性】对话框来调整的方法。

使用鼠标只能进行粗略的调整，要想精确调整，需使用【表格属性】对话框。

具体操作步骤如下。

① 选定要修改行高的一行或数行。

② 在【布局】|【表】工具栏中，单击【属性】按钮，弹出【表格属性】对话框（图 3-80）。

图 3-82 【行】选项卡

③ 单击【行】选项卡，在【指定高度】复选框中打对勾，在【行高值】选择固定值（还有一个值是最小值，根据具体情况选用），在【指定高度】文本框中用微调框设置或者输入高度值（如 1 厘米），如图 3-82 所示。

④ 单击【上一行】或【下一行】按钮，重复步骤③可对其他行的高度进行设置。

⑤ 单击【确定】按钮，返回到【表格属性】对话框，单击【确定】按钮。

● 允许跨页断行：复选框打对勾表示允许跨页断行，即表格在显示到下一页时，单元格的数据分成两部分，分别在两页显示；复选框未打对勾表示不允许跨页断行，即表格在显示到下一页时，单元格的数据如果在上一页不能完全显示，则将整个单元格的数据完整地显示在下一页。

● 在各页顶端以标题行形式重复出现：复选框打对勾表示允许各页顶端以标题形式重复出现；复选框未打对勾表示不允许各页顶端以标题形式重复出现，即只有一个表头。

5. 插入表格的行或列

方法 1：使用【行和列】菜单插入新行（列）。

① 将插入点移动到要插入新行（列）的位置。

② 在【布局】|【行和列】工具栏中，单击【在上方插入】、【在下方插入】、【在左侧插入】或【在右侧插入】按钮即可。

如果要插入多个空白行，则需要提前选定多行，再选择【在上方插入】或【在下方插入】按钮，这时提前选定几行就插入几个空白行。插入列的方法与行的相同。

方法 2：通过快捷菜单插入新行（列）。

① 根据需要选定一行或一列。

② 在选定行（列）上单击右键，弹出快捷菜单，如图 3-83 所示。在快捷菜单中指向【插入】，在弹出的级联菜单中选择【在左侧插入列】、【在右侧插入列】、【在上方插入行】或【在下方插入行】命令即可。

图 3-83 选定后右键快捷菜单

如果要同时插入多行（列），在步骤① 中选定连续的多行（列），后面的步骤相同。

方法 3：使用<Enter>键插入新行。

① 将光标移到表格中某一行最右侧表格外的回车符中。

② 按<Enter>键，即可在表格所在行的下方插入一新行。

提示：用这种方法一次只能插入一行。

6. 插入单元格

插入单元格有两种方法：一是通过快捷菜单，二是用【行和列】工具栏中的启动器按钮。

① 将插入点移动到要插入新单元格的位置。

② 单击【布局】|【行和列】工具栏右下角的启动器按钮，弹出如图 3-84 所示的【插

入单元格】对话框；或右击，弹出快捷菜单，如图 3–83 所示。在快捷菜单中指向【插入】，在弹出的级联菜单中选择【插入单元格】命令，也可打开如图 3–84 所示的【插入单元格】对话框。

③ 在图 3–84 所示的对话框的 4 个选项中选择一个，默认状态下选中【活动单元格下移】单选按钮。

●【活动单元格右移】：可在选定单元格的左边插入单元格，选定的单元格和其右侧的单元格向右移动相应的列数。

●【活动单元格下移】：可在选定单元格的上边插入单元格，选定的单元格和其下的单元格向下移动相应的行数。

●【整行插入】：可在选定单元格的上边插入空行。

●【整列插入】：可在选定单元格的左边插入空列。

④ 单击【确定】按钮，此时 Word 将在所选单元格的上方或左侧插入新的单元格。

7. 移动或复制表格中的内容

可以使用鼠标、命令或快捷键的方法，将单元格中的内容进行移动或复制，就像对待一般的文本一样（参见 3.2.4 节），此处不再赘述。

8. 删除表格、行、列和单元格

对于表格中的文本内容，删除它们的方法同删除一般文本的方法是一样的。当建立好一个表格后，如果对它不太满意，就可以将其中一部分单元格、行、列或整个表格删除，以实现对表格结构的调整，使它达到最佳的效果。

删除表格中各项内容的有两种方法。

方法 1：使用【删除】按钮删除。

① 选定要删除表格的选项：【表格】、【行】、【列】或【单元格】。

② 在【布局】|【行和列】工具栏中，单击【删除】按钮，打开【删除】下拉菜单，如图 3–85 所示。

图 3–84　【插入单元格】对话框　　　　图 3–85　【删除】下拉菜单

③ 在【删除】下拉菜单中有 4 个选项：【表格】、【行】、【列】和【单元格】，用户可以选择所需要的选项。

方法 2：使用<Backspace>键删除。

① 先选定要删除表格的选项：【表格】、【行】、【列】或【单元格】。

② 按<Backspace>键（注意：按<Delete>键是无法删除行或列的，<Delete>键只能用来删除表格中数据），即可删除选定行或列。

9. 合并单元格

Word 可以把表格的某一行或某一列中的若干个单元格合并成一个大的单元格。操作步骤如下。

① 选择所要合并的单元格，至少应有两个。

② 在【布局】|【合并】工具栏中，单击【合并单元格】按钮。也可以用右键快捷菜单中的【合并单元格】命令进行合并单元格操作，即可将选定的多个单元格合并成为一个单元格，结果如图 3-86 所示。

10. 拆分单元格

Word 也可以把某些单元格拆分为更多的单元格。操作步骤如下。

① 选择所要拆分的单元格。

② 在【布局】|【合并】工具栏中，单击【拆分单元格】按钮，弹出【拆分单元格】对话框，如图 3-87 所示。也可以用右键快捷菜单中的【拆分单元格】命令进行拆分单元格操作。

图 3-86 合并拆分单元格

图 3-87 【拆分单元格】对话框

③ 在对话框的【列数】微调框中，选择或直接输入拆分后的列数，默认为所选列数的 2 倍。在【行数】微调框中输入拆分后的行数，默认值与所选单元格的行数相等。

④ 单击【确定】按钮，关闭对话框。这时，就完成了拆分单元格的操作。如图 3-86 所示。

11. 表格的拆分和合并

（1）表格的拆分

① 将插入点置于拆分后成为新表格的第一行的任意单元格中。

② 在【布局】|【合并】工具栏中，单击【拆分表格】按钮，这样就在插入点所在行的上方插入一空白段，把表格拆分成两张表格。

（2）表格的合并

要合并两个表格，只要按<Delete>键删除两表格之间的换行符即可。

12. 表格的移动和缩放

通常通过缩放标记来调整表格的大小，步骤如下。

① 移动鼠标到表格内，表格右下角出现一个缩放标记口，如图 3-76 所示。

② 移动鼠标到"缩放"标记口上，此时鼠标指针变为向左倾斜的双向箭头。

③ 拖动鼠标即可成比例地放大或缩小整个表格。

13. 表格标题行的重复

当一张表格超过一页时，通常希望在第二页的续表中也包括表格的标题行。Word 提供了重复标题的功能，具体操作如下。

① 选定第一页表格中的一行或多行标题行。

② 在【布局】|【数据】工具栏中，单击【重复标题行】命令。

这样，Word 会在因分页而拆开的续表中重复表格的标题行，在【页面】视图方式下可以查看重复的标题。用这种方法重复的标题，修改时只要修改第一页表格的标题就可以了。

3.4.3　格式化表格

为了使表格美观、漂亮，需要对表格进行格式编辑。例如，对表格中的数据进行字体设置，如字体、字号、颜色等；数据在单元格内的对齐方式；表格在文档中的缩进和对齐方式；表格的美化等。

1. 表格中数据的格式化

表格中字符的格式化，与文档中其他字符的格式化方法相同（参见 3.3.1 节），此处不再赘述。

2. 表格中数据的对齐方式

（1）水平对齐

如果只设置表格中数据的水平对齐，可通过设置段落对齐的方法进行设置，参见 3.3.2 节第 2 大点。

（2）垂直对齐

表格中数据的垂直对齐方式有顶端对齐、居中和底端对齐三种。设置的方法如下。

① 选定要进行设置的单元格。

② 在【布局】|【表】工具栏中，单击【属性】按钮，打开【表格属性】对话框。

③ 在【表格属性】对话框中，单击【单元格】选项卡，如图 3–88 所示，在【垂直对齐方式】区中选择需要的对齐方式。

（3）对齐单元格内容

① 选定要进行设置的单元格。

② 在选定的单元格上单击右键，在弹出的快捷菜单中指向【单元格对齐方式】命令，如图 3–89 所示；或者在【布局】|【对齐方式】工具栏中，选择相应的对齐方式，如图 3–90 所示。

③ 弹出的列表框中共有 9 种对齐方式：靠上两端对齐、靠上居中对齐、靠上右对齐、中部两端对齐、水平居中、中部右对齐、靠下两端对齐、靠下居中对齐、靠下右对齐，单击需要的对齐方式（指针停在对齐方式上就有名称显示）。

图 3–88 【单元格】选项卡

图 3–89 【单元格对齐方式】子菜单

图 3–90 【对齐方式】工具栏

3. 表格的对齐方式

表格的对齐是指整个表格类似于图形一样在文档中的摆放位置、与文字之间的环绕方式。设置方法有两种。

方法 1：通过【表格属性】设置。

① 将光标插入表格中，在【布局】|【表】工具栏中，单击【属性】按钮，打开【表格属性】对话框，如图 3–80 所示，切换到【表格】选项卡。

② 在【尺寸】选项组中，选中【指定宽度】复选框，可以指定表格总的宽度。

③ 在【对齐方式】选项组中，可以设置表格居中、右对齐及左缩进的尺寸。在默认情况下，对齐方式是左对齐。

④ 在【文字环绕】选项组中，可以设置无环绕或环绕形式。

⑤ 设置完成后，单击【确定】按钮。

方法 2：通过【段落】工具栏设置。

操作步骤如下。

① 选定整个表格。

② 单击【开始】|【段落】工具栏中的【两端对齐】按钮，可以使整个表格两端对齐。

③ 单击【开始】|【段落】工具栏中的【居中】按钮，可以使整个表格居中。

④ 单击【开始】|【段落】工具栏中的【右对齐】按钮，可以使整个表格右对齐。

4. 表格的边框和底纹的设置

为了美化表格，可以对表格的边框线的线型、粗细和颜色、底纹颜色等进行个性化的设置，具体有两种方法。

方法 1：通过【边框和底纹】对话框设置。

给表格设置边框和底纹的方法与给文本加边框和底纹的方法基本相同（参见 3.3.1 节），唯一需要注意的是：在【边框】或【底纹】选项卡的【应用于】下拉列表框中应选定【表格】选项。

另外，将插入点放在单元格内，单击右键，在弹出的快捷菜单中，选择【边框和底纹】，也可以打开【边框和底纹】对话框。

方法 2：通过【设计】选项卡设置。

① 选定要设置边框（或底纹）的表格部分。

② 单击【设计】选项卡，如图 3–91 所示。

③ 在【笔样式】下拉列表框中选定样式，【笔画粗细】下拉列表框中指定粗细，【笔颜色】列表框中选定颜色。

图 3–91 【设计】选项卡

④ 单击【边框】右侧的下拉按钮，打开【边框】下拉列表，如图 3–92 所示，并单击相应的边框按钮设置所需的边框。

⑤ 单击【底纹】的下拉按钮打开底纹颜色列表，可选择所需的底纹颜色。

提示：利用【边框】按钮也可以设置单元格的斜线。

5. 表格样式

表格创建后，可以利用【表格工具/设计】选项中的【表格样式】工具栏对表格进行排版。其中预定义了许多表格的格式、字体、边框、底纹、颜色供选择，使表格的排版变得轻松、容易。

如果要清除表样式，单击样式选择框右侧的【其他】按钮，在弹出的下拉菜单中选择【清除】命令，即可清除表样式。

图 3-92 【边框】下拉列表

3.4.4　表格内数据的排序和计算

Word 还能对表格中的数据进行简单计算和排序。

1. 排序

下面以"学生成绩表"（表 3-9）为例介绍排序的具体方法。

表 3-9　学生成绩表

姓名	性别	数学	英语	计算机	平均分
高山	男	83	75	76	
金明	女	70	45	68	
江水	男	57	75	91	
白雪	女	90	87	90	

排序就是同时对一个或多个关键字进行排序。例如，如果要对"英语"成绩进行递减排序，当两个同学的"英语"成绩相同时，再按"数学"成绩递减排序，操作步骤如下。

① 将插入点移动到要排序的表格的任意一个单元格中。

② 在【开始】|【段落】工具栏中，单击【排序】按钮，打开【排序】对话框，如图 3-93 所示。

③ 在【列表】选项组中，选中【有标题行】单选按钮。

④ 在【主要关键字】下拉列表框中选择【英语】选项，在其右边的【类型】下拉列表框中选择【数字】选项，再选中【降序】单选按钮。

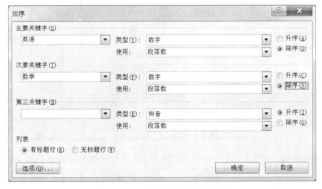

图 3-93 【排序】对话框

⑤ 在【次要关键字】下拉列表框中选择【数学】选项，在其右边的【类型】下拉列表框

中选择【数字】选项，再选中【降序】单选按钮。

⑥ 单击【确定】按钮完成排序。排序后的结果见表 3-10。

表 3-10　按"英语"成绩降序排序后再按"数学"成绩降序排序的学生成绩表

姓名	性别	数学	英语	计算机	平均分
白雪	女	90	87	90	
高山	男	83	75	76	
江水	男	57	75	91	
金明	女	70	45	68	

提示：使用【排序】对话框进行排序，最多可以对 3 个关键词进行排序。

2. 计算

表格中的列用字母 A，B，C，…来表示，行用数字 1，2，3，…表示，见表 3-11。

表 3-11　"学生成绩表"的单元格表示方法

	A	B	C	D	E	F
1	姓名	性别	数学	英语	计算机	平均分
2	高山	男	83	75	76	
3	金明	女	70	45	68	
4	江水	男	57	75	91	
5	白雪	女	90	87	90	

（1）单元格的表示

单元格表示方法：列号+行号，成为单元格地址，如："姓名"所在单元格地址为 A1，"57"所在单元格地址为 C4。

（2）区域的表示

区域由连续的单元格组成。

表示方法：

第一个单元格地址:最后一个单元格地址

如表 3-11 中第一列就是一个区域，表示为 A1:A5；从"性别"开始到"87"结束的区域表示为 B1:D5。

图 3-94　【公式】对话框

例如，已经建立好一个学生成绩表，见表 3-9，现要求计算出每位学生的平均分，具体操作步骤如下。

① 将插入光标移到要计算结果的单元格内。例如，将光标移到第 2 行第 6 列的单元格中。

② 在【布局】|【数据】工具栏中，单击【公式】按钮，打开【公式】对话框，如图 3-94 所示。

③ 在【公式】文本框中显示"=SUM（LEFT）"，

表明要计算所在单元格左边各列数据的总和，而例题要求计算平均值，所以可以采取以下方法之一。

方法 1：将其改为 "= SUM(LEFT)/3"。

方法 2：将 "SUM(LEFT)" 删除，在【粘贴函数】下拉列表框中选择 AVERAGR，将公式改为 "= AVERAGE(LEFT)"。

方法 3：将公式改为 "=(C2+D2+E2)/3"。

④ 在【编号格式】下拉列表框中选择 "0.00" 格式，表示保留到小数点后两位。

⑤ 单击【确定】按钮，得到计算结果。

以同样的操作可以得到各行的平均成绩。

Word 表格中只能进行一些简单的计算，而且用起来不方便，更多更复杂的数据处理要靠电子表格来实现。

3.4.5　表格和文本之间的转换

有时需要将按一定规律输入的文本转换为表格，也需要将表格转换为文本。

1. 将文本转换为表格

若要将如图 3-95 所示的文本转换为表格，具体操作步骤如下。

① 选中要转换为表格的文本。

② 在【插入】|【表格】工具栏中，单击【表格】按钮。在打开的下拉菜单中，选择【文本转换成表格】选项，打开如图 3-96 所示的对话框。

序号, 班别, 系部名称, 总人数

1, 05 会计, 管理系, 1500

2, 05 计算机应用, 计算机系, 1670

4, 05 营销, 管理系, 1345

5, 05 英语, 外语系, 789

6, 05 网络技术, 计算机系, 875

图 3-95　文本

图 3-96　【将文字转换成表格】对话框

③ 在对话框的【列数】微调框中输入列数。

④ 在【文字分隔位置】选项组中，选中【逗号】单选按钮。

⑤ 单击【确定】按钮，实现了文本到表格的转换。转换成的表格见表 3-12。

表 3-12　文本转换的表格

序号	班别	系部名称	总人数
1	05 会计	管理系	1500
2	05 计算机应用	计算机系	1670
4	05 营销	管理系	1345
5	05 英语	外语系	789
6	05 网络技术	计算机系	875

图 3-97 【表格转换成文本】对话框

2. 将表格转换成文字

文本能转换成表格，同样，表格也能转换为文字。具体操作方法如下。

① 将插入点定位到要转换的表格中或者选定整张表格。

② 在【布局】|【数据】工具栏中，单击【转换为文本】按钮，打开如图 3-97 所示的对话框。

③ 在对话框中指定文字分隔符。

④ 单击【确定】按钮。

3.5   Word 2010 的图文混排

Word 是一个图文混排的软件，在文档中插入图形，可以增加文档的可读性，使文档变得生动有趣。在 Word 中，可以使用两种基本类型的图形：图形对象和图片。图形对象包括自选图形、图表、曲线、线条和艺术字图形对象。这些对象都是 Word 文档的一部分。图片是由其他文件创建的图形，包括位图、扫描的图片、照片以及剪贴画。

3.5.1   插入图片和剪贴画

在 Word 中，向文档中插入图片的方法有两种：插入剪贴画和插入来自文件的图片。

1. 插入剪贴画

Word 在剪辑库中拥有一套自己的图片。剪辑库中有大量的剪贴画，这些剪贴画有从风景到地图，从建筑物到人物等各种各样的图形。

剪贴画是一种矢量图形。这种图形的特点是图形的比例大小发生改变时，图形的显示质量不会发生改变。插入剪贴画的具体操作步骤如下。

① 将插入点置于要插入剪贴画的位置。

② 在【插入】|【插图】选项卡中，单击【剪贴画】按钮，在窗口右侧打开【剪贴画】任务窗口，如图 3-98 所示。

③ 在【剪贴画】任务窗格的【搜索文字】文本框中，键入描述所需剪贴画的单词或词组，例如"植物"，或键入剪贴画的全部或部分文件名。可使用通配符代替一个或多个真实字符。使用星号（*）代替文件名中的零个或多个字符，使用问号（?）代替文件名中的单个字符。

④ 在【结果类型】下拉列表框中进行相应的选择。若要将搜索结果限制为特定类型的媒体文件，单击【结果类型】下拉列表框中的箭头，并选择要查找的剪辑类型旁边的复选框。

⑤ 单击【搜索】按钮，则列表框中显示出符合条件的图片，如图 3-98 所示。

⑥ 将鼠标置于剪贴画上，单击剪贴画；或单击向下的箭头，在弹出的下拉菜单中选择【插入】命令；或右击，在弹出的快捷菜单中选择【插入】命令，剪贴画就插入当前文档光标处。

图 3-98 【剪贴画】任务窗格

2. 插入图片

从文件插入图片的操作步骤如下。

① 单击要插入图片的位置。

② 在【插入】|【插图】选项卡中，单击【图片】按钮，打开【插入图片】对话框，如图 3-99 所示。

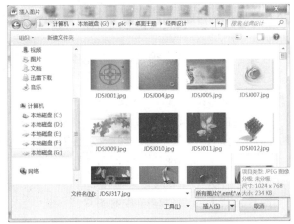

图 3-99　【插入图片】对话框

③ 选择要插入图片所在的文件夹，定位到要插入的图片。

④ 双击需要插入的图片即可将其插入指定位置。

3.5.2　图片格式设置

对图片设置格式的前提条件是，必须选定图片，也就是单击图片，使图片周围出现 8 个蓝色的小方块（即控制点，或简称为控点，在某些情况下，控点显示为 8 个小圆圈）。在选定图片的同时，系统还会自动将功能区切换到与图片格式有关的"图片工具"栏。

1. 改变图片大小

方法 1：使用鼠标更改图片大小。

将鼠标移至控制点处，当鼠标指针变为水平↔、垂直↕或斜对角↗的双向箭头时，按下鼠标左键拖动鼠标可以改变图片的水平、垂直或斜对角方向的大小尺寸。

如果希望保持图片的中心位置不变，在拖动的同时需按住<Ctrl>键；如果希望保持图片的长宽比例不变，则需拖动对角线上的尺寸控点；如果既希望保持图片的长宽比例不变，又希望保持图片的中心位置不变，则需按住<Ctrl>键并拖动对角线上的控制点。

方法 2：使用【设置图片格式】对话框更改图片大小。

具体步骤如下。

① 选定需要设置大小的图片。

② 单击【格式】|【大小】工具栏右下角的启动器按钮 ，打开【设置图片格式】对话框，切换至【大小】选项卡（图 3-100）。

③ 在对话框中输入数值，精确调整图片大小。选中【锁定纵横比】复选框，可以使图片的宽度和高度保持原始图片的比例；取消选中【锁定纵横比】复选框，可以分别设置图片的宽度和高度。一般都选中【相对原始图片大小】复选框。

④ 单击【确定】按钮，关闭【设置图片格式】对话框。

2. 裁剪图片

改变图片的大小并不改变图片的内容，仅仅是按比例放大或缩小。如果要裁剪图片中某一部分的内容，可以使用【图片工具】栏中的【裁剪】按钮或使用【设置图片格式】对话框精确裁剪图片。

方法 1：使用【图片工具】栏中的【裁剪】按钮裁剪图片。

具体步骤如下。

① 选取需要裁剪的图片。

② 在【格式】|【大小】工具栏中，单击【裁剪】按钮。鼠标变成 形状，表示裁剪工具已激活。

③ 将裁剪工具置于裁剪控点上，再执行下列操作之一。

- 若要裁剪一边，向内拖动该边上的中心控点。
- 若要同时相等地裁剪两边，在向内拖动任意一边上的控点的同时，按住<Ctrl>键。
- 若要同时相等地裁剪四边，在向内拖动角控点的同时，按住<Ctrl>键。

④ 单击【裁剪】图标按钮，以关闭【裁剪】命令。

方法 2：使用【设置图片格式】对话框精确裁剪图片。

具体步骤如下。

① 选取需要裁剪的图片。

② 单击【格式】|【大小】工具栏右下角的启动器按钮 ，打开【设置图片格式】对话框，切换至【图片】选项卡（图 3-101）。

③ 在【裁剪】选项的【左】、【右】、【上】、【下】中输入需要裁剪的值。

④ 单击【确定】按钮，关闭【设置图片格式】对话框。

提示：单击【快速访问工具栏】中的【撤销】按钮 可撤销所做的剪裁。

　　　图 3-100 【大小】选项卡　　　　　　　　　　图 3-101 【图片】选项卡

3. 文字的环绕

在 Word 2010 中插入或粘贴图片时，其默认的环绕方式为"嵌入型"，嵌入式图片周围的 8 个控制点为蓝色小方块。嵌入式插入的图片和图形对象，可与文本一起移动。【嵌入型】的环绕方式不支持旋转或拖动图片，而必须将其版式设置为【四周型】或【紧密型】等非嵌入式环绕方式（浮动方式）才能实现随意移动的目的。非嵌入式图片周围的 8 个控制点为空心小圆圈。如图 3-102 所示。

（a）　　　　　　　　　　　　　　　（b）

图 3-102　嵌入式图片（a）和浮动式图片（b）选中状态的区别

具体操作步骤如下。

① 单击要设置格式的图片。

② 单击【格式】|【大小】工具栏右下角的启动器按钮 ，打开【设置图片格式】对话框，切换至【版式】选项卡，如图 3-103 所示。

● 在【环绕方式】选项组中选择一个环绕方式，环绕方式将决定插入的图片如何被周围的文字环绕。

● 在【水平对齐方式】选项组中选择一个类似于段落对齐方式的选项。

③ 单击【确定】按钮关闭【设置图片格式】对话框。

注意：通过单击【图片工具/格式】|【排列】工具栏上的【自动换行】按钮，可以在打开的下拉菜单中快速设置图片的环绕方式。

4. 为图片添加边框

给图片添加边框的操作如下。

① 单击要设置格式的图片。

② 在【图片工具/格式】|【边框】工具栏中，单击【粗细】按钮 ，打开【粗细】列表，从中选择一种线型。

注意：用工具栏按钮只能给图片加黑色的框线。如果要给图片加其他颜色的框线，那么可单击下拉列表中的【其他线条】，打开【设置图片格式】对话框中的【颜色和线条】选项卡，如图 3-104 所示，在【线条】组中设置线型和粗细。

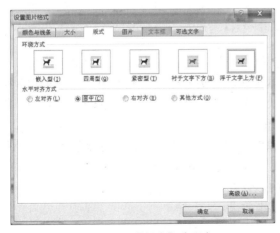

图 3-103　【版式】选项卡　　　　　　　　　图 3-104　【颜色与线条】选项卡

5. 重设图片

如果对图片的格式设置不满意，那么可以在选定图片后，在【图片工具/格式】|【调整】工具栏中，单击【重设图片】按钮，取消前面所做的设置，使图片恢复到插入时的状态。

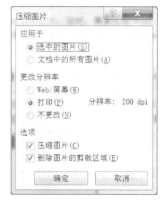

图 3-105 【压缩图片】对话框

6. 压缩图片

如果插入的图片分辨率过高，将使 Word 文件过大，这时，需要压缩 Word 文档中的图片。仅靠调整控制点只能压缩图片尺寸而不能改变文件大小。那么如何压缩 Word 文档中的图片呢？

压缩 Word 文档中的图片的方法是：

① 在选定图片后，在【图片工具/格式】|【调整】工具栏中，单击【压缩图片】按钮，打开【压缩图片】对话框，如图 3-105 所示。

② 选择【更改分辨率】为【打印】，选中【压缩图片】和【删除图片的剪裁区域】复选框。进行批量操作时，选中应用于【文档中的所有图片】即可。

3.5.3　绘制图形

Word 提供了一套绘制图形的工具，利用它可以创建各类矢量图形。只有在【页面视图】下才可以在 Word 文档中插入图形。

1.【绘图工具】栏

利用 Word 提供的【绘图工具】，用户可以绘制需要的图形。【绘图工具】的功能非常强大，不仅提供了常用的直线、箭头、文本框以及各种形状的自选图形、线条颜色、图形的填充色，还可以用阴影和三维效果装饰图形、设置对象的对齐方式，甚至还可以旋转、翻转图形，以及将几个图形对象组合在一起。

【绘图工具/格式】功能区如图 3-106 所示。

图 3-106 【绘图工具/格式】功能区

现将【绘图工具/格式】功能区上的各组工具栏，按照从左至右的次序简介如下。

● 【插入形状】工具栏：包括了线条、基本形状、箭头、标注、流程图、星与旗帜等各种形状（单击列表右侧的 ▼ 按钮，可以打开形状分类对话框）。这些形状都是以独立对象的形式存在，方便用户调整图形对象之间的位置关系。

● 【形状样式】工具栏：用于设置图形对象的外观（线条的线型、颜色和粗细，填充色等）。可以利用系统预设的样式，也可以人工设置需要的外观形式。

● 【阴影效果】工具栏：设置所选对象的阴影效果。

● 【三维效果】工具栏：设置所选对象的三维效果。

● 【排列】工具栏：设置所选对象的位置、层次、组合和对齐等效果。

● 【大小】工具栏：精确设置所选对象的长度和宽度。

2. 绘图画布

绘制图形时，Word 提供不使用画布（随文字移动）和使用画布两种作图模式。

不使用画布就是在需要的位置处直接画图，图案与所在行绑定在一起。

绘图画布的作用一是帮助用户在文档中安排图形的位置；二是将多个图形对象组合在一起形成一张整体图片。在【插入】|【插图】工具栏中，单击【形状】按钮，打开图 3–107 所示的形状分类下拉列表，在下拉列表中，选择【新建绘图画布】命令后，在文档的光标插入点指示的位置上，就会出现一个如图 3–108 所示的绘图画布区域（用虚框线表示的区域，四周的 8 个控点可以改变画布的大小），同时，功能区上的工具栏也会同步切换到图 3–106 所示的绘图工具。

这里主要介绍了如何利用画布绘制图形，不使用画布的操作方式与此类似。

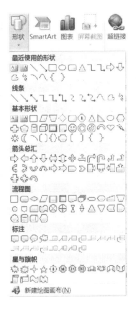

图 3–107　形状分类列表

图 3–108　绘图画布

3. 创建图形

利用绘图工具的【插入形状】栏中的工具按钮制作产生的图形是一个独立的操作实体，也称作对象。多个对象堆叠在一起构成需要的图案，用户可以根据需要创建、复制、移动和删除对象。

例如，要绘制一个矩形，操作方法如下。

① 在【页面视图】方式下，创建一个画布。

② 在【绘图工具/格式】|【插入形状】工具栏中，单击【矩形】按钮□，此时鼠标变成"＋"字形。

③ 移动鼠标指针到要绘制图形的位置。按下鼠标左键，拖动，拉出一个合适大小的矩形，松开鼠标即可。

④ 如果还需要在同一张画布上绘制其他图形，只要在【插入形状】工具栏中单击选中其他图形的按钮，重复执行上一步操作即可。

⑤ 如果在一张画布上制作了多个图形对象，制作完成后，可以鼠标右击绘图画布区域，

在弹出的快捷菜单上选择【调整】按钮，调整画布的大小，使之刚好能够放下图片中的所有内容（一张画布上的内容可以看作一个完整的图形）。

> **注意：**
> ① 如果要绘制出正方形或圆形，只需选择【矩形】按钮或者【椭圆】按钮，然后在按住<Shift>键的同时拖动鼠标即可。
> ② 画直线的同时按住<Shift>键，可以画出 15°、30°、45°、60°、75° 等具有特殊角度的直线。按住<Ctrl>键可以画出自中间向两侧延伸的直线，同时按住这两个键则可以画出自中间向两侧延伸的具有特殊角度的直线。
> ③ 在一般情况下，单击绘图工具只能使用一次该工具，如果想多次使用，需双击该绘图工具。不再需要此工具时，按<Esc>键或再次单击该按钮即可。

4. 移动图像的技巧

移动图像时，一般都会用鼠标去拖动被移动的对象，但如果结合键盘操作，将会收到许多意想不到的效果。

拖动的同时按住<Shift>键，则所选图形只能在水平或垂直方向上移动。如果按住<Alt>键，则可以在定位的时候更精确。另外，使用方向键（→、←、↑、↓）也可以移动图形，不过一次只能移动 10 个像素，所以只能实现粗调，而使用<Ctrl+方向键>则一次移动 1 个像素，可实现微调。

5. 图形中添加文字

Word 提供在绘制的图形中添加文字的功能，这对绘制示意图是非常有用的。其具体操作步骤如下。

① 将鼠标指针移到要添加文字的图形中。右击该图形，弹出快捷菜单。

② 选择快捷菜单中的【添加文字】命令。此时插入点移到图形内部。

③ 在插入点之后键入文字即可。

在图形中添加的文字将与图形一起移动。同样，可以用前面所述的方法对文字格式进行编辑和排版。要设置文字格式，可以选中文字，也可以选中文字所在的图形。

6. 选定对象

要对图形对象进行某种操作，必须先选择对象。鼠标单击图形对象，可以选择一个对象，被选中对象的四周会出现许多不同的控点，其中 8 个蓝色的控点用于控制对象的大小，绿色的小圆圈（也称旋转控点）用于控制对象的角度；此外，有些被选中的对象还会出现用于控制某些线条的角度和图形形状的黄色的小菱形控点，向上/下拖动该控点可以改变相应图形的角度和形状等。如果需要选择多个图形对象，可以在按住<Shift>键的同时，用鼠标分别单击各个对象。

另外，如果对象出现在尚未打开的画布上，第一次单击鼠标时打开画布，打开画布后，才能选择画布上的对象。

7. 设置对象的格式

默认情况下，图形对象外框的线条颜色为黑色，线型为单实线，对象内部填充的是白色。用户可以根据需要改变上述的默认设置。

1）改变线条颜色。选中图形对象后，单击【绘图工具/格式】|【形状样式】工具栏中【形状轮廓】按钮 📐形状轮廓 ⁻ 右边的黑三角，打开下拉菜单，单击选择一种颜色或图案即可。如果单击列表中的【无轮廓】，可以取消边框线条的颜色或图案，给人的视觉感受是

没有框线。

2）改变图形对象的线型和粗细。选中图形对象后，单击【绘图工具/格式】|【形状样式】工具栏中【形状轮廓】按钮 形状轮廓 右边的黑三角，打开下拉菜单，在【虚线】列表中选择一种线型（实线、虚线等）；在【粗细】列表中选择线条的粗细程度。

3）填充色。选中图形对象后，鼠标单击【绘图工具/格式】|【形状样式】工具栏中【形状填充】按钮 形状填充 右边的黑三角，打开颜色列表，从中选择一种填充色，或者填充纹理、图案等效果。

4）环绕方式。设置效果与设置图片的环绕格式类似。

8. 图形的叠放次序

对于绘制的自选图形或插入的其他图形对象，Word 将按绘制或插入的顺序将它们放于不同的对象层中。如果对象之间有重叠，则上层对象会遮盖下层对象。当需要显示下层对象时，可以通过调整它们的叠放次序来实现。步骤如下。

① 选中要改变叠放次序的图形，如果图形对象的版式为嵌入型，需要先将其改为其他的浮动型版式。

② 在图形上右击，显示快捷菜单，选择【叠放次序】命令。

③ 在出现的 6 种选项中选择一种。选择【置于顶层】命令，该对象将处于绘图层的最顶层。但如果对其他对象同样也执行了此命令，那么最后一个进行此操作的对象将处于最顶层。【置于底层】的用法与此相同。图 3–109 所示为两个图形叠放次序不同时的效果。

9. 图形的组合

在 Word 中绘制数理化图形、流程图或其他图形时，都是将数个简单的图形拼接成一个复杂的图形。排版时需要把这些简单的图形组合成一个对象整体操作。具体方法是：

按住<Shift>键的同时，用鼠标分别单击各个要组合的图形，右击选中的图形，在弹出的快捷菜单中选择【组合】|【组合】命令即可以实现图形的组合。

图 3–110 展示了组合举例。

组合后的所有图形成为一个整体的图形对象，它可以整体移动和旋转。要取消已经组合的图形，只需右击此图形，选择【组合】|【取消组合】命令。

图 3–109　改变图形叠放次序　　　　　　图 3–110　图形组合示例

3.5.4　使用文本框

Word 提供的文本框是在文档中建立一个图形区域，文本框内的文本可以像图形一样移动到文档中的任何位置。文本框是指一种可移动、可调大小的文字或图形容器。使用文本框，可以在一页上放置数个文字块，或使文字按与文档中其他文字不同的方向排列。实际上，可以把文本框看作一个特殊的图形对象。利用文本框可以把文档编排得更丰富多彩。

可以先输入文本，然后将该部分转换为文本框；也可以先建立空的文本框，然后在其内输入文本内容。

在对文本框进行编排时，应在【页面视图】显示模式下工作，才能看到效果。

1. 将已有文本转换为文本框

① 选中需要设置为文本框的内容。

② 在【插入】|【文本】工具栏中，单击【文本框】按钮，在弹出的下拉菜单中，选择【绘制文本框】命令。

2. 创建文本框

创建文本框和创建图形的方法基本一致，具体操作步骤如下。

① 在【插入】|【文本】工具栏中，单击【文本框】按钮，在弹出的下拉菜单中，选择【绘制文本框】（或【绘制竖排文本框】）命令，此时鼠标形状变为"+"字形。

② 移动鼠标指针到要创建文本框的位置，按住鼠标左键拖出文本框。

③ 在文本框中输入文字。

因为文本框实质上是特殊的图片，所以对选定的文本框格式的设置和设置图形的方法基本相同，在此不再赘述。

3. 选定文本框

选择文本框时，如果在文本框内部单击，并不是选择文本框，而是编辑文本框中的文字（既出现控点，也出现插入点）。将鼠标指针移动到文本框的外边框上，使鼠标指针变为双向的十字箭头后，单击鼠标才能够选定文本框（只出现控点，不出现插入点）。

4. 文本框文字方向的改变

如果需要将创建的横排文本框改变为竖排文本框，操作步骤如下。

① 选中需要设置的文本框。

② 在【文本框工具/格式】|【文本】工具栏中，单击【文字方向】按钮 ▤文字方向 。

3.5.5 插入艺术字

艺术字是经过专业的字体设计，是进行艺术加工的汉字变形字体，字体特点符合文字含义，具有美观有趣、易认易识、醒目张扬等特性，是一种有图案意味或装饰意味的字体变形。艺术字能从汉字的义、形和结构特征出发，对汉字的笔画和结构做合理的变形装饰，书写出美观形象的变体字。艺术字经过变体后，千姿百态，变化万千，是一种字体艺术的创新。

艺术字体是字体设计师将中国成千上万的汉字，通过独特统一的变形组合，形成有固定装饰效果的字体体系，并转换成 ttf 格式的字体文件，用于安装在电脑中使用。艺术字体是对传统字体的有效补充。

在 Word 中合理使用艺术字，可以使文档生动美观。

1. 插入艺术字

艺术字可以看作是具有图片特征的文字。实际上，也可以把艺术字看作一个特殊的图形对象。具体操作如下。

① 在【插入】|【文本】工具栏中，单击【艺术字】按钮，弹出【艺术字库】下拉列表，如图 3–111 所示。

② 单击选定一种艺术字样式后，打开艺术字编辑，如图 3–112 所示，直接输入艺术字文本即可。

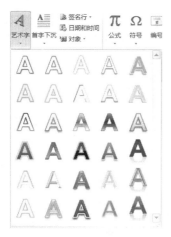

图 3-111　【艺术字】下拉列表　　　　　　　　图 3-112　【艺术字文字】编辑框

2. 编辑艺术字

插入的艺术字可以重新编辑，通过【绘图工具/格式】功能区进行。单击选定插入的艺术字后，将自动显示【绘图工具/格式】功能区，如图 3-113 所示。

图 3-113　【绘图工具/格式】功能区

因为艺术字具有图片和图形的很多属性，因此用户可以为艺术字进行与图片相似的设置，如旋转、文字环绕方式等。

3. 设置艺术字文字形状

Word 2010 提供的艺术字形状丰富多彩，包括弧形、图形、V 形、陀螺形等多种形状。通过设置艺术字形状，能够使文档更加美观。操作如下：

① 选中要设置形状的艺术字文字，单击【绘图工具/格式】|【艺术字样式】|【文本效果】按钮。

② 在打开的菜单中指向【转换】选项，在【转换】列表中列出了多种形状可供选择。

4. 设置艺术字文字三维旋转

通过为文档中的艺术字文字设置三维旋转，可以使艺术字呈现 3D 立体旋转效果，从而使插入艺术字的文档表现力更加丰富。操作如下：

① 选中要设置形状的艺术字文字，单击【绘图工具/格式】|【艺术字样式】|【文本效果】按钮。

② 在打开的菜单中指向【三维旋转】选项，在【三维旋转】列表中，可以选择【平行】、【透视】和【倾斜】三种旋转类型，每种旋转类型又有多种样式可供旋转。

3.5.6　插入数学公式效果

在某些情况下，特别是在编辑一些论文的时候，文档中可能需要插入一些数学公式，例如，根式公式或积分公式等。如果采用常规的编辑手段自己去组合公式，不仅需要进行大量

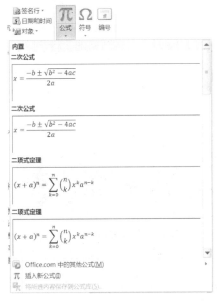

图 3-114 【插入公式】

的格式设置，还可能会影响版面的美观，因此，通常会利用 Word 中集成的公式编辑器来插入一个公式。具体操作步骤如下。

1. 插入内置公式

① 将鼠标定位在文档中要插入公式的位置。

② 在【插入】|【符号】工具栏中，单击【公式】按钮下拉三角按钮 ▾，在打开的【内置】公式列表中选择需要的公式（如【二次公式】）即可，如图 3-114 所示。

2. 创建数学公式

① 将鼠标定位在文档中要插入公式的位置。

② 在【插入】|【符号】工具栏中，单击【公式】按钮 π（非下拉三角按钮 ▾），在文档中将创建一个空白公式框架，通过键盘或【公式工具|设计】功能区的【符号】分组输入公式内容。

在【公式工具|设计】功能区的【符号】分组中，默认显示【基础数学】符号。除此之外，Word 2010 还提供了希腊字母、字母类符号、运算符、箭头、求反关系运算符、几何学等多种符号供用户使用。查找这些符号的方法是：在【公式工具】|【设计】功能区的【符号】分组中单击【其他】按钮，打开【符号】面板，单击顶部的下拉三角按钮，可以看到 Word 2010 提供的符号类别。选择需要的类别即可将其显示在【符号】面板中。

③ 公式建立完毕后，在公式编辑区外的任意位置单击即可退出公式编辑状态。

3. 将公式保存到公式库

用户在文档中创建了一条自定义公式后，如果该公式经常被使用，则可以将其保存在公式库中，操作如下。

① 单击需要保存到公式库中的公式，使其处于编辑或选中状态。

② 单击公式右边的【公式选项】按钮 ，并在打开的菜单中选择【另存为新公式】命令，打开【新建构建基块】对话框。

③ 在【名称】编辑框中输入公式名称，其他选项保持默认设置，并单击【确定】按钮。

提示：保存到公式库中的自定义公式将在【公式工具|设计】功能区【工具】分组中的【公式】列表中找到，同时，用户也可以在【公式】列表中选择【将所选内容保存到公式库】命令保存新公式。

3.6　Word 2010 文档的页面设置和打印

3.6.1　页面设置

页面设置主要包括设置纸张大小、页面方向、页边距、页码等内容。页边距是指页面上文本与纸张边缘的距离，它决定页面上整个正文区域的宽度和高度。对应页面的 4 条边共有 4 个页边距，分别是左页边距、右页边距、上页边距和下页边距，如图 3-115 所示。

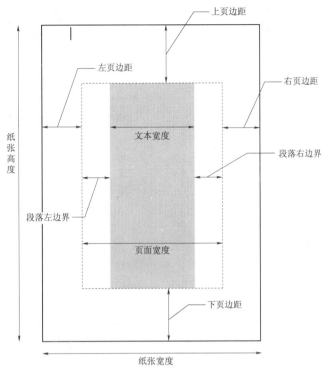

图 3-115　页面示意图

在打印文档之前，首先需要设置纸张大小、纸张使用的方向及纸张来源。经常使用的纸张大小有 A4、A3、B5、16 开等。纸张使用的方向是指纵向打印或横向打印，纵向指纸张的高度大于宽度，横向指高度小于宽度。纸张来源指打印所用的纸是由手动送纸、送纸盒送纸还是其他方式送纸。Word 默认的纸张大小是 A4，纸张使用的方向是纵向。纸张来源依据打印机的不同而有所不同。

通过【页面布局】|【页面设置】工具栏，可以设置页面的文字方向、页边距、纸张方向以及纸张的大小等。

也可以通过【页面设置】对话框，进行具体设置。具体操作如下。

① 单击【文件】|【打印】命令，在打开的对话框中，单击【页面设置】，打开【页面设置】对话框。其中包含【页边距】、【纸张】、【版式】和【文档网格】四个选项卡，如图 3-116 所示。

② 在【页边距】选项卡（图 3-116）中，可以设置上、下、左、右的页边距，也可设置纸张的方向。如果需要设置装订线，可以在【装订线】微调框中填入边距的数值，并选定【装订线位置】。在【方向】选项组中可以选择纸张的方向，通常为【纵向】。

③ 在【纸张】选项卡（图 3-117）中的【纸张大小】下拉列表框中选择 Word 提供的纸张大小。也可以自定义纸张大小，在【宽度】和【高度】微调框中分别填入具体的数值，即可自定义纸张的大小。

④ 在【版式】选项卡（图 3-118）中，可以设置页眉和页脚在文章中的编排方式。可以设置页眉和页脚【奇偶页不同】和【首页不同】，同时可以设置文本的垂直对齐方式。

⑤ 在【文档网格】选项卡（图 3-119）中，可以设置每页的行数和每行的字数，还可设置分栏数。选中【网格】中的【指定行和字符网格】单选按钮，即可设置每页的行数和每行的字数。

图 3–116 【页面设置】对话框

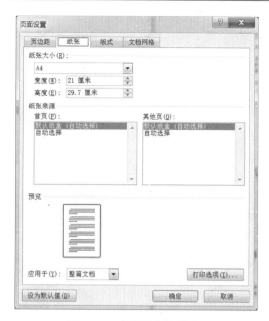

图 3–117 【纸张】选项卡

⑥ 设置完成后，可以查看预览框的效果。若满意，可以单击【确定】按钮，完成设置；否则，单击【取消】按钮，取消设置。

图 3–118 【版式】选项卡

图 3–119 【文档网格】选项卡

3.6.2　打印设置

当文档编辑、排版完成后，就可以打印输出了。打印前，可以利用【打印预览】功能先查看一下排版是否理想。如果满意，则打印，否则可以继续修改排版。

单击【文件】|【打印】命令，打开如图 3–120 所示的对话框，在打开的对话框右端，可

以看到文档的打印预览窗口。

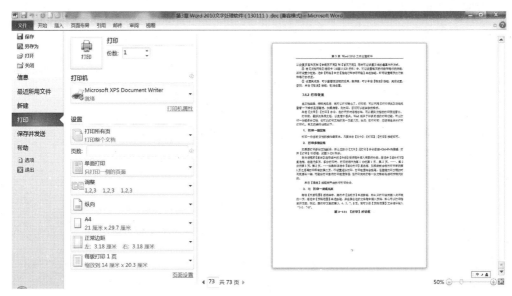

图 3-120 【打印】对话框

打印前，最好先保存文档，以免意外丢失。Word 提供了许多灵活的打印功能，可以打印一份或多份文档，也可以打印文档的某一页或几页。当然，在打印前，应该准备好并打开打印机。常见的操作说明如下。

1. 打印文档

① 执行【文件】|【打印】命令或按<Ctrl+P>快捷键，打开【打印】对话框，如图 3-120所示。

② 在对话框【份数】微调框中填入需要的份数。

③ 单击【打印】按钮就开始执行打印命令。

2. 打印一页或几页

在【设置】选项组中，默认是【打印所有页】，若选中【打印当前页】，那么只打印当前插入点所在的页；若选中【打印自定义范围】，并在【页数】的文本框中填入页码，那么可以打印指定的页面，例如，要打印文章的第 3，4，5，7，8 页，就可以在【页数】文本框中输入 "3-5,7-8"。

思考题

1. 如何用多种方法启动和退出 Word 2010？
2. Word 窗口主要由哪些元素组成？功能区包含哪些常用选项卡？
3. 在 Word 中有哪些视图方式？它们之间有什么区别？
4. 如何自定义快速访问工具栏？
5. 保存和另存为的区别是什么？
6. 如何选定一行、一段、一块矩形文字乃至整个文档？
7. Word 文档中的格式分为哪几类？"段落"的概念是什么？段落格式化主要包括哪些

内容?

8. 段落标记的作用是什么？如何显示或隐藏段落标记？

9. 页码和页眉、页脚是什么关系？如何设置？

10. 在 Word 中使用"样式"有什么作用？

11. 绘制表格的基本方法有哪些？

12. 怎样调整表格的行、列宽度？怎样在表格中增加、删除行、列？

13. 怎样在文本中插入图片？常用的图片格式有哪些？怎样设置图片格式？

14. 如何美化图形对象？Word 提供了几种图文混排形式？

15. 如何在 Word 2010 中创建公式？

16. 怎样进行打印设置？如何打印文档？

## 第 4 章

电子表格处理软件 Excel 2010

教学目标

◇ 了解 Excel 2010 的窗口界面
◇ 掌握 Excel 2010 的基本操作技巧
◇ 掌握公式与函数的使用
◇ 掌握排序、筛选、分类汇总等高级操作
◇ 掌握图表的使用

人们在日常生活、工作中会遇到各种各样的计算问题。例如，商业上要进行销售统计；会计人员要对工资、报表等进行统计分析；教师记录学生成绩；科研人员分析实验结果；家庭进行理财等。这些都可以通过电子表格软件来实现。电子表格软件是一种专门用于数据计算、统计分析和报表处理的软件，它不仅在功能上能够完成通常人工制表工作中所包括的工作，而且在表现形式上也充分考虑了人们手工制表的习惯，将表格形式直接显示在屏幕上，使用户操作起来就像在纸质表格上一样方便，从而使人们从乏味、繁琐的重复计算中解脱，专注于对计算结果的分析评价，提高了工作效率。同文字处理软件一样，电子表格软件是办公自动化系统中最常用的软件之一。

目前常用的电子表格处理软件有 Excel、金山 WPS Office 工作表等。

4.1　Excel 2010 概述

电子表格软件 Excel 2010 是 Office 2010 套装软件中的成员之一。Excel 2010 以直观的表格形式供用户编辑操作，具有"所见即所得"的特点，是一种数据处理系统和报表制作工具。只要将数据输入按规律排列的单元格内，便可利用多种公式或函数进行算术和逻辑运算，分析汇总各单元格中的数据信息，并且把相关数据用统计图表的形式表示出来。由于电子表格具有操作简单、函数类型丰富、数据更新及时等特点，在财务、统计、经济分析等领域都得到了广泛的应用。

4.1.1　Excel 2010 的启动和退出

1. 启动 Excel 2010

启动 Excel 2010 的常用方法有以下 4 种。

方法 1：通过"开始"菜单启动。

单击【开始】|【所有程序】|【Microsoft Office】|【Microsoft Office Excel 2010】菜单命令，就可以启动 Excel 2010，同时，计算机会自动建立一个新的文档。

方法 2：通过桌面快捷方式启动。

双击 Windows 桌面上的 Excel 快捷方式图标""，这是启动 Excel 的一种快捷方法。

方法 3：通过已有的 Excel 文档启动。

通过"计算机"或"Windows 资源管理器"等程序，找到要打开的 Excel 2010 文档，双击这个 Excel 文档的图标，即可启动 Excel 2010 并同时打开被双击的 Excel 文档。

方法 4：单击【开始】|【文档】菜单命令，可以启动最近使用过的 Excel 文档。

2. 退出 Excel 2010

常用的退出 Excel 2010 的方法有以下几种。

方法 1：单击【文件】|【退出】菜单命令，关闭所有的文件，并退出 Excel 2010。

方法 2：单击 Excel 2010 工作界面右上角的【关闭】按钮。

方法 3：双击 Excel 2010 窗口左上角的控制菜单图标""。

方法 4：直接按快捷键<Alt+F4>。

在退出时，如果工作表还未存盘，系统会弹出提示框，提示是否将编辑的工作簿文件存盘，如图 4–1 所示。如果需要保存，单击"保存"按钮，则弹出"另存为"对话框进行保存设置；否则，单击"不保存"按钮。

图 4–1　退出对话框

4.1.2　Excel 2010 的界面

和以前的版本相比，Excel 2010 的工作界面颜色更加柔和，更贴近于 Windows 7 操作系统，如图 4–2 所示。Excel 2010 的工作界面主要由快速访问工具栏、标题栏、功能区、工作表格区、滚动条和状态栏等元素组成。

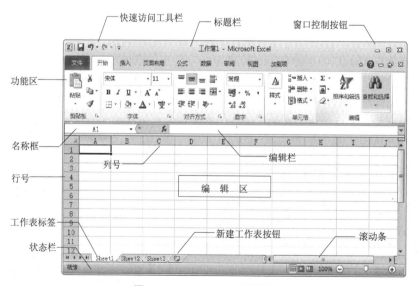

图 4–2　Excel 2010 工作界面

1. 标题栏

位于 Excel 2010 工作界面的最上方，用于显示当前正在编辑的电子表格和程序名称。拖动标题栏可以改变窗口的位置，用鼠标双击标题栏可最大化或还原窗口。在标题栏的右侧是【最小化】按钮、【最大化】按钮/【还原】按钮和【关闭】按钮，用于执行窗口的最小化、最大化/还原和关闭操作。

2. 快速访问工具栏

位于 Excel 2010 工作界面的左上方，用于快速执行一些操作。默认情况下，快速访问工具栏包括 3 个按钮，分别是【保存】、【撤销键入】、【重复键入】按钮。在使用 Excel 2010 的过程中，可以根据实际工作需要，添加或删除快速访问工具栏中的命令选项。

3. 功能区

位于标题栏的下方。功能区由功能选项卡和包含在选项卡中的各种命令按钮组成。使用它可以轻松地查找以前版本中隐藏在复杂菜单和工具栏中的命令和功能。默认情况下由【文件】、【开始】、【插入】、【页面布局】、【公式】、【数据】、【审阅】、【视图】和【加载项】选项卡组成。不同的选项卡对应不同的功能区。每个选项卡由若干组组成，每个组中由若干功能相似的按钮和下拉列表组成。

提示：某些选项卡只有在需要使用时才显示，例如，选中图表时，将显示【图表工具】的【设计】、【布局】和【格式】选项卡。这些选项卡为操作图表提供了更多适合的命令。当没有选定对象时，与之相关的选项卡也被隐藏。

4. Backstage 视图

为方便用户使用，Excel 2010 设计了 Backstage 视图。其在功能区切换到【文件】选项卡即可打开，在该视图中，可以对演示文稿中的相关数据进行方便有效的管理。Backstage 视图取代了早期版本中的 Office 按钮和文件菜单，使用起来更加方便。如图 4-3 所示。

图 4-3　Backstage 视图

5. 编辑区

编辑区位于 Excel 2010 程序窗口的中间，是 Excel 2010 对数据进行分析对比的主要工作区域。

编辑栏：位于功能区下侧，主要用于显示与编辑当前单元格中的数据或公式，由名称框、工具按钮和编辑框三部分组成。

6. 状态栏

状态栏位于 Excel 2010 程序窗口的最下方，状态栏中可以显示工作表中的单元格状态，还可以通过单击视图切换按钮选择工作表的视图模式。在状态栏的最右侧，还可以通过拖动显示比例滑块或单击【放大】按钮或【缩小】按钮来调整工作表的显示比例。

7. 其他组件

Excel 2010 工作界面中，除了包含与其他 Office 软件相同的界面元素外，还有许多其他特有的组件，如编辑栏、工作表编辑区、工作表标签、行号与列标等。

工作表标签：用于显示工作表的名称，单击工作表标签将激活工作表。

行号与列标：用来标明数据所在的行与列，也是用来选择行与列的工具。

4.1.3 工作簿与工作表、单元格

1. 工作簿

工作簿是 Excel 用来处理工作数据和存储数据的文件，其扩展名为 .xlsx。工作簿的每一个表格称为工作表，数据和图表都是以工作表的形式存储在工作簿中的。工作簿如同活页夹，工作表如同其中的一张张活页纸，工作簿与工作表是包含与被包含的关系。

在工作簿窗口中可打开工作簿文档，每个工作簿能包含若干张工作表。默认情况下，启动 Excel 时，打开一个名为"工作簿 1"的工作簿，且每一个工作簿会打开 3 个工作表，分别以 Sheet1、Sheet2、Sheet3 命名。用户可以根据需要添加或删除工作表，也可在标签页上单击工作表名字实现在同一工作簿中切换到不同的工作表中。

2. 工作表

工作表也称电子表格，是 Excel 用来存储和处理数据的 1 个二维电子表格。每一个工作表由 1 048 576 个行和 16 348 个列组成。工作表的行用数字编号，范围为 1～1 048 576；工作表的列用字母编号，范围为 A～XFD，其排列顺序为逢 z 进位，即 A～Z、AA～AZ、BA～BZ、…直到 XFD，共 16 348 列。

工作表通过工作表标签来标识，如初始化时的 Sheet1、Sheet2、Sheet3。很多有关工作表的操作可在工作表标签上进行。比如，改变活动工作表以及工作表的重命名、添加、删除、移动或复制等。

3. 单元格

单元格是组成工作表的最小单位，是工作表的基本元素。每个单元格都是工作表区域内行与列的交点。工作表中的行号用数字来表示，即 1，2，3，…，1 048 576；列号用 26 个英文字母及其组合来表示 A，B，…，Z，AA，AB，AC，…，XFD。

Excel 中，单元格是通过位置来标识的，即由该单元格所在的列号和行号组成，称作单元格名，这也就是它的"引用地址"。需要注意的是，单元格名列号在前，行号在后。如单元格 B3 表示 B 列第 3 行单元格。一个单元格名唯一确定一个单元格。

引用单元格时（如公式中），必须使用单元格的引用地址。如果引用不同工作表单元格，

为了加以区分，通常在单元格地址前加工作表名称，例如 Sheet2!D3 表示工作表 Sheet2 的单元格 D3。如果在不同的工作簿之间引用单元格，则在单元格地址前加相应的工作簿和工作表名称，例如[Book2]Sheet1!B1 表示 Book2 工作簿 Sheet1 工作表中的单元格 B1。

在图 4-4 中，用粗黑方框标识的单元格称为活动单元格。刚进入 Excel 时，活动单元格定位于 A1 位置，将光标移动到某个单元格并单击时，该单元格成为活动单元格。向工作表中输入数据时，需先把需要输入数据的单元格指定为活动单元格，输入的数据将出现在活动单元格中。

4. 单元格区域

单元格区域是一组被选中的、高亮度显示的相邻或分离的单元格。对一个单元格区域的操作是对该区域中的所有单元格执行相同的操作。单元格区域地址为左上角单元格地址和右下角单元格地址，中间用"："隔开，如图 4-5 所示。

图 4-4　活动单元格

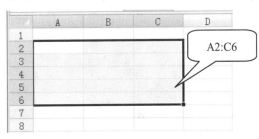

图 4-5　单元格区域

与单元格一样，单元格区域也可以进行文字性命名，从而使单元格区域名易记易懂。如图 4-6 所示，可以将 A2：C6 这个单元格区域命名为 ABC。具体操作方法：选定 A2：C6 单元格区域→单击"名称框"→输入"ABC"→按 Enter 键。当再次选定 A2：C6 单元格区域时，名称框中将显示"ABC"字样。在名称框中输入"ABC"后按 Enter 键，也会自动选定 A2：C6 单元格区域。取消单元格区域时，只需要在所选区域外单击即可。

图 4-6　命名单元格区域

4.2　工作簿和工作表的基本操作

4.2.1　工作簿的基本操作

工作簿是保存 Excel 文件的基本单位。在 Excel 2010 中，用户的所有操作都是在工作簿中进行的，因此用户必须熟练掌握工作簿的基本操作方法。

1. 新建工作簿

启动 Excel 时，可以自动创建一个空白工作簿。启动 Excel 后，新建工作簿还有如下方法。

方法 1：新建空白工作簿。

单击【文件】按钮，在弹出的【文件】菜单中选择【新建】命令，如图 4-7 所示。在【可用模板】列表框中选择【空白工作簿】选项，单击【创建】按钮，即可新建一个空白工作簿。

图 4-7 【可用模板】列表框

方法 2：通过模板新建工作簿。

单击【文件】按钮，在打开的【文件】菜单中选择【新建】命令。在中间【可用模板】列表框中选择【样本模板】选项，然后在该模板列表框中选一个 Excel 模板，如图 4-8 所示。在右侧会显示该模板的预览效果，单击【创建】按钮，即可根据所选的模板新建一个工作簿。

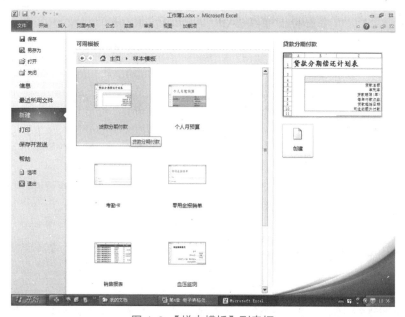

图 4-8 【样本模板】列表框

方法 3：在快速访问工具栏右侧单击【自定义快速访问工具栏】按钮 ，从弹出的下拉菜单中选择【新建】命令，将【新建】按钮 添加到快速访问工具栏中，单击该按钮，即可快速新建一个空白工作簿。

方法 4：按<Ctrl+N>组合键，同样可以新建一个空白工作簿。

2. 打开工作簿

要对已经保存的工作簿进行浏览或编辑操作，则首先要在 Excel 2010 中打开该工作簿。单击【文件】按钮，从弹出的菜单中选择【打开】命令，或者按<Ctrl+O>快捷键，打开【打开】对话框。选择要打开的工作簿文件，单击【打开】按钮即可。还可在【计算机】中，直接双击创建的 Excel 文件图标，也可以快速启动 Excel 2010 并打开该工作簿。

3. 保存工作簿

在 Excel 2010 中编辑完工作簿之后，可以将工作簿保存到电脑中。保存工作簿的操作方法如下。

方法 1：启动 Excel 2010，切换到【文件】选项卡。在 Backstage 视图中选择【保存】命令，如图 4-9 所示。弹出【另存为】对话框，选择工作簿保存的位置。在【文件名】下拉列表中输工作簿的名称。单击【保存】按钮。

图 4-9　【另存为】对话框

方法 2：在快速访问工具栏中单击【保存】按钮 。

方法 3：按<Ctrl+S>组合键，保存工作簿。

4. 关闭工作簿

完成工作簿的工作表编辑以后，可以关闭工作簿。如果工作簿经过了修改还没保存，那么 Excel 在关闭工作簿之前会提示是否保存现有的修改，如图 4-10 所示。

图 4-10　关闭工作簿提示对话框

关闭工作簿主要有以下几种方法。

方法 1：选择【文件】|【关闭】命令。

方法 2：单击工作簿右上角的【关闭】按钮 ✖ 。

方法 3：按<Ctrl+W>组合键。

方法 4：按<Ctrl+F4>组合键。

4.2.2　工作表的编辑

工作簿创建以后，默认情况下有 3 个工作表。根据用户的需要可对工作表进行选定、删除、插入和重命名操作。

1. 选定工作表

对单个或多个工作表操作必须先选定工作表。工作表的选定通过鼠标单击工作表标签栏进行。

● 选定单个工作表。鼠标单击要操作的工作表标签，该工作表内容出现在工作簿窗口，标签栏中相应标签变为白色。当工作表标签过多而在标签栏显示不下时，可通过标签栏滚动按钮前后翻阅标签名。

● 要选定多个连续工作表，可先单击第一个工作表，然后按<Shift>键单击最后一个工作表。

● 要选定多个非连续工作表，通过按<Ctrl>键单击选定。

● 选定工作簿中所有的工作表，在任意工作表标签上单击鼠标右键，选择【选定全部工作表】命令即可。

提示：多个选中的工作表组成一个工作表组，在标题栏中出现 "[工作组]" 字样。选定工作组的好处是：在其中一个工作表的任意单元格中输入数据或设置格式，在工作组其他工作表的相同单元格中将出现相同数据或相同格式。

工作组的取消可通过用鼠标单击工作组外任意一个工作表标签来进行。

2. 切换工作表

如果用户经常编辑几个工作表，就需要在不同的工作表之间进行切换，以便完成各个工作表中数据的编辑与处理工作。切换工作表有如下几种方法。

方法 1：单击鼠标，直接单击需要编辑的工作表标签。

方法 2：利用工作表【标签】按钮，可以到达当前工作表的前一张、后一张、第一张和最后一张工作表。

方法 3：利用组合键<Ctrl+Page Up>可切换到前一张工作表，按<Ctrl+Page Down>可切换到后一张工作表。

3. 插入和删除工作表

如果想在某工作表前插入一张空白工作表，有两种方法。

方法 1：单击该工作表，如 Sheet1，然后执行【开始】|【单元格】功能组中的【插入】|【插入工作表】命令，可在 Sheet1 前插入一张空白的新工作表，且新工作表成为活动工作表。

方法 2：单击该工作表，如 Sheet1，然后单击鼠标右键，在弹出的快捷菜单中选择【插入】命令，就可在 Sheet1 之前插入一张空白的新工作表，且新工作表成为活动工作表。

如果想删除整个工作表，只要选中要删除工作表的标签，在【开始】|【单元格】功能组中单击【删除】按钮，在弹出的下拉菜单中选择【删除工作表】命令即可。删除工作组的操作与之类似。

提示：工作表被删除后不可用【撤销】按钮恢复，所以删除时要慎重。

4. 移动或复制工作表

如果要复制某个工作表，具体操作步骤如下：

方法 1：

① 单击该工作表，如 Sheet1，然后打开【开始】|【单元格】功能组，单击【格式】按钮，从弹出的快捷菜单中选择【移动或复制工作表】命令，如图 4-11 所示，打开【移动或复制工作表】对话框，如图 4-12 所示。

图 4-11　【移动或复制工作表】命令　　　　图 4-12　【移动或复制工作表】对话框

② 在【工作簿】列表中选择复制的目标工作簿，如工作簿 1，在【下列选定工作表之前】列表框中选择复制的目标位置，如 Sheet1。并选中【建立副本】复选框，如图 4-12 所示。

③ 单击【确定】按钮，复制 Sheet1 到"工作簿 1"中，默认名字为"Sheet1（2）"。

方法 2：右击该工作表标签，在弹出的右键快捷菜单中选择【移动或复制(M)...】命令，打开【移动或复制工作表】对话框。操作同方法 1 的②③。

方法 3：单击该工作表标签，如 Sheet1，然后按住<Ctrl>键拖动鼠标至目标位置，释放鼠标即可复制该工作表。

在上述操作中，在【移动或复制工作表】对话框中取消选中【建立副本】复选框，则执行移动工作表操作。另外，在同一个工作簿中移动工作表，直接拖动该工作表标签即可。

5. 重命名工作表

工作表的默认名称为 Sheet1，Sheet2，…。为了便于记忆与使用工作表，可以重新命名工作表，具体操作步骤如下：

方法 1：单击要重命名的工作表，然后打开【开始】|【单元格】功能组，单击【格式】按钮，从弹出的快捷菜单中选择【重命名工作表】命令，如图 4-11 所示，则该工作表标签处于可编辑的状态，此时输入新的工作表名称，再按<Enter>键即可。

方法 2：右击工作表标签，在弹出的右键快捷菜单中选择【重命名(R)】命令，则该工作表标签处于可编辑的状态，此时输入新的工作表名称，再按<Enter>键即可。

方法 3：双击要重命名的工作表标签，使工作表标签处于可编辑状态，输入和确认新名称即可。

6. 隐藏和显示工作表

如果想隐藏工作表，有以下两种方法。

方法 1：单击该工作表，如 Sheet1，然后执行【开始】|【单元格】功能组中的【格式】|【隐藏和取消隐藏】|【隐藏工作表】命令，如图 4-13 所示，可隐藏当前工作表。

方法 2：单击该工作表，如 Sheet1，然后单击鼠标右键，在弹出的快捷菜单中选择【隐藏】命令，可隐藏当前工作表。

如果想显示已经隐藏的工作表，在方法 1 中将【隐藏工作表】命令换成【取消隐藏工作表】命令即可；在方法 2 中将【隐藏】命令换成【取消隐藏】命令即可。

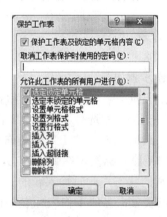

图 4-13 【隐藏和取消隐藏】命令菜单

4.2.3 工作表的保护和共享

与其他用户共享工作簿时，可能需要保护工作簿或特定工作表或工作表中的特定单元格数据或工作表的结构，以防用户对其进行更改。还可以指定一个密码，用户必须输入该密码才能修改受保护的特定工作表和工作簿元素。操作方法为单击【审阅】选项卡|【更改】组，通过各种按钮进行相关操作，如图 4-14 所示。

图 4-14 保护工作表按钮

1. 保护工作簿的结构和窗口

单击图 4-14 中的【保护工作簿】按钮，弹出如图 4-15 所示的对话框，用户可以锁定工作簿的结构，以禁止用户添加或删除工作表，或显示隐藏的工作表。同时，还可禁止用户更改工作表窗口的大小或位置。工作簿结构和窗口的保护可应用于整个工作簿中的所有工作表。

2. 保护工作表

单击图 4-14 中的【保护工作表】按钮，弹出如图 4-16 所示的对话框，在该对话框中的【允许此工作表的所有用户进行】列表中，可以设置允许用户进行的操作。

图 4-15 保护工作簿   图 4-16 【保护工作表】

3. 保护单元格或单元格区域

默认情况下，保护工作表时，该工作表中的所有单元格都会被锁定和隐藏，用户不能对锁定的单元格进行任何更改。例如，用户不能在锁定的单元格中插入、修改、删除数据或者设置数据格式。但是，在很多情况下用户并不希望保护所有的区域。

（1）设置不受保护的区域（即用户可以更改的区域）

操作步骤如下。

① 选中要解除锁定（或隐藏）的单元格或单元格区域。

② 在【开始】选项卡|【单元格】组中，单击【格式】按钮，然后在弹出的菜单最下端选择【设置单元格格式】命令。

③ 在【保护】选项卡上，根据需要选择清除【锁定】复选框或【隐藏】复选框，然后单击【确定】按钮。

④ 在【审阅】选项卡|【更改】组中单击【保护工作表】按钮。

⑤ 设置不受保护区域也可以通过单击【允许用户编辑区域】按钮来选择允许用户更改的元素。

（2）设置受保护的区域（即用户不可以更改的区域）

操作步骤如下。

① 选中整张工作表中的所有单元格。

② 在【开始】选项卡|【单元格】组中，单击【格式】，然后选择【设置单元格格式】命令。

③ 单击【保护】选项卡，根据需要选择清除【锁定】复选框或【隐藏】复选框，然后单击【确定】按钮，则此状态下该工作表中所有的单元格都处于未被保护的状态。

④ 选中需要保护的单元格区域，例如 A3：D5。

⑤ 再次单击【保护】选项卡，根据需要选中【锁定】复选框或【隐藏】复选框，然后单击【确定】按钮，则该工作表中仅 A3：D5 单元格区域处于被保护的状态。

⑥ 在【审阅】选项卡|【更改】组中选择【保护工作表】命令。

以上无论是对工作簿、工作表，还是对单元格区域的操作，均可以添加密码，使用该密码可以编辑解除锁定的元素。在这种情况下，此密码仅用于允许特定用户进行访问，禁止其他用户进行更改。

4.3 Excel 基本操作

工作表是 Excel 处理数据的平台。要用 Excel 处理数据，首先必须将数据输入工作表中，再根据需要进行相关的处理。本节主要对数据的输入进行相关的介绍。

4.3.1 数据类型

在 Excel 2010 工作表中，每个单元格可以保存 3 种基本类型的数据：数值、文本和公式，用户可以根据具体需要向工作表中输入各种专业数据。本节将介绍有关数据类型的知识。

1. 数值

数值由 0、1、2、3、4、5、6、7、8、9、+、−、(、)、!、,、%、$、E、e 等字符组成，其中","为千分位，E 或 e 为科学计数法。数值可以直接在单元格中输入并具有可计算的特性。Excel 将忽略在数值前输入的正号(+)。E 或 e 为科学计数法的标记，表示以 10 为幂次的数。输入至单元格的内容如果被识别为数值，则程序默认采用右对齐方式。

2. 文本

文本通常包括汉字、英文字母、数字、空格及其他键盘能输入的符号等，文本可以是数字、字符或数字与字符的组合，一个单元格最多可以输入 32 767 个字符。在 Excel 2010 工作簿中，只要不是与数值、日期、时间、公式相关的内容，就会被程序默认为文本。文本也可以在单元格中直接输入。

例如，在单元格中输入"12 组"，Excel 2010 工作簿会认为输入的是文本而不是数值。在单元格中所有的文本均为左对齐。

3. 日期和时间

Excel 内置一些日期和时间格式，日期和时间以数字储存，如"1900 年 1 月 1 日"以数字"1"存储。当在单元格中输入数据与这些格式相匹配时，Excel 可直接识别，并将其自动转换为"日期"和"时间"格式，日期和时间是一种特殊的数据类型。日期的显示方式由单元格格式决定。在单元格中默认为右对齐。

4.3.2 输入数据

1. 输入数值型数据

数据的输入，可以通过键盘输入。要设置小数位数、使用千位分隔符和选择负数格式，可以单击【开始】选项卡|【数字】组|【设置单元格格式：数字】对话框启动器 🔲，打开【设置单元格格式】对话框中【数字】选项卡下的"数值"，如图 4-17 所示。

图 4-17 【设置单元格格式】对话框

在输入过程中，有以下两种比较特殊的情况要注意。

● 负数：在数值前加一个"–"号或把数值放在括号里，都可以输入负数。如–90，（90）。

● 分数：要在单元格中输入分数形式的数据，应先在编辑框中输入"0"和一个空格，然后再输入分数，否则 Excel 会把分数当做日期来处理。

例如输入"2/5"，如果直接输入"2/5"，将显示为"2 月 5 日"；先输入 0 和一个空格，再输入"2/5"，才能真的显示为"2/5"；输入带整数部分的分数"1 又 2/5"，要先输入 1 和一个空格，再输入"2/5"。如图 4-18 所示，单击【分类】列表框中的【分数】，可以把选定的小数转换成指定分母的分数。

	A	B
1	2月5日	
2	2/5	
3	1 2/5	

图 4-18 分数的输入

● 科学记数法。若在单元格中输入的数据长度超过 11 位,系统将自动转换为科学记数法,例如在单元格中输入 123456789000,则显示为 "1.23457E+11",其中 E 代表科学记数法,其前面为基数,后面为 10 的幂数。

具体科学记数法会保留几位小数,可以自行设置。单击【开始】选项卡|【数字】组|【设置单元格格式】对话框启动器 ,打开【设置单元格格式】对话框中【数字】选项卡下的【科学记数】,如图 4-19 所示,在【小数位数】文本框中设置要保留的小数位数。

● 货币数据。字符 "￥" 和 "$" 放在数字前会被解释为货币单位,如 "￥2",将为数值型数据,单元格中默认值为右对齐。如图 4-20 所示,在【分类】列表框中单击【货币】,则可以给数值数添加货币符号、保留小数位数和选择负数格式。

图 4-19　【数字】选项卡的【科学记数】　　　　图 4-20　【数字】选项卡的【货币】

2. 输入文本型数据

在 Excel 中,有些数字如电话号码、邮政编码常常被当作文本处理,此时需要在输入数字前,加上一个单引号 "'" 来确定它是 "数字字符串",而不是 "数值型数据",此时,在单元格右上角出现一个三角标记,说明该单元格中的数据为文本。如图 4-21 所示。

此外,同样可以通过单击【开始】选项卡|【数字】组|【设置单元格格式:数字】对话框启动器 ,打开【设置单元格格式】对话框中【数字】选项卡下的【文本】,然后单击【确定】,将数值型数据直接转换成文本型数据。

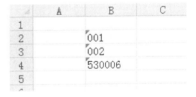

图 4-21　数字字符串

当输入的文字长度超出单元格宽度时,如右边单元格无内容,则覆盖到右边的单元格,但是其依然存储在原单元格中。如右边单元格有内容,过长的文本将截断显示,只有选定该单元格,才能在编辑栏中看到全部的文本内容。

3. 输入日期和时间型数据

输入日期时应按日期的正确形式输入,常用 "/" 或 "–" 分隔日期的年、月、日。例如,可以在单元格中输入格式为 "2012-12-9"、"2012/3/14" 或 "二〇一二年十二月九日" 的日期和时间,如图 4-22 所示。

图 4-22　输入日期和时间

输入时间时，时、分、秒之间用冒号隔开，上午时间末尾加"AM"，下午时间末尾加"PM"，如"10:37:20AM"或"1:26:19PM"，如图4-22所示。

小知识： 以"*"开头的日期和时间响应操作系统特定的区域时间和日期设置的更改，不带"*"号的日期和时间不受操作系统设置的影响。

在上面的内容中已经介绍了一些数据格式的设置，主要有【设置单元格格式】对话框中【数字】选项卡列表框的【数值】、【货币】、【日期】、【时间】、【分数】、【科学记数】和【文本】，还有【常规】、【会计专用】、【百分比】、【特殊】和【自定义】，简单介绍如下。

【常规】：显示常规单元格下不包含任何特定的数字格式。

【会计专用】：可设置小数位数和货币符号。

【百分比】：将数值设置百分比格式，并设置小数位数。

【特殊】：可以设置邮政编码、中文小写数字和中文大写数字等特殊格式。

【自定义】：可以根据需要选择数据的显示格式（"#"只显示有意义的数字而不显示无意义的零；"0"显示数字，如果数字位数少于格式中零的个数，则显示无意义的零；"？"为无意义的零，在小数点两边添加空格，以便使小数点对齐；","为千位分隔符或者将数字以千倍显示）。

4.3.3　自动填充

如果要输入有规律的数据，可以考虑使用 Excel 的数据自动输入功能，它可以方便快捷地输入等差、等比甚至预定义的数据填充序列。

1. 填充柄

"自动填充"功能是通过"填充柄"来实现的。所谓填充柄，是指位于当前单元格区域右下角的一个黑色小方块，如图4-23所示。将鼠标指针移到填充柄时，指针的形状就变为黑色的实心"+"形，此时按住左键进行拖曳，就可以将选定单元格区域的内容自动填充到所拖放的单元格中。

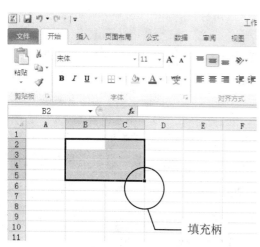

图4-23　单元格区域的填充柄

2. 自动填充

利用"填充柄"的功能，可以进行多种自动填充的操作。

（1）填充相同数据

初始值所在的单元格内容为纯字符、纯数字或是公式，填充相当于数据复制。操作步骤如下。

① 选定包含需要复制数据的单元格；

② 用鼠标拖动填充柄，经过需要填充数据的单元格；

③ 释放鼠标按键。

如果初始值所在的单元格内容为文字数字混合体，则填充时文字部分不变，最右边的数字递增。如：初始值为"A1"时，填充为"A2，A3，…"，如图4-24所示。

（2）填充有规律的序列

在填充的时候不是要复制自身，而是要按照某种规律进行递增或递减的序列填充。

方法1： 通过【序列】对话框实现自动填充。

通过【序列】对话框可输入序列数据，操作步骤如下。

① 选定需要输入序列的第一个单元格并输入序列数据的第一个数据。

② 单击【开始】选项卡中【编辑】组的【填充】按钮，执行【系列】命令，打开【序列】对话框，如图 4-25 所示。

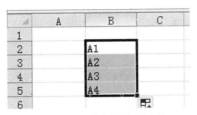

图 4-24　填充数字混合体

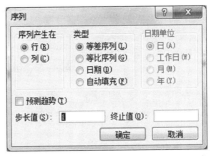

图 4-25　【序列】对话框

③ 根据序列数据输入的需要，在【序列产生在】组中选定【行】或【列】单选按钮。

④ 在【类型】组中根据需要选【等差序列】、【等比序列】、【日期】或【自动填充】单选按钮。

⑤ 根据输入数据的类型设置相应的其他选项。

设置完毕，单击【确定】按钮即可。

方法 2：鼠标拖动填充。

● 选定待填充数据区的起始单元格，输入序列的初始数据，按住<Ctrl>键，同时拖动填充柄，可以实现加 1 递增。

● 如果要让序列按给定的步长增长，首先在第一个单元格中输入第一个数值，选定起始单元格的下一单元格，在其中输入序列的第二个数值，头两个单元格中数值的差额将决定该序列的增长步长；选定包含初始值的多个单元格，用鼠标拖动填充柄经过待填充区域。

比如：在 A3 单元格内输入"1"，在 A4 单元格内输入"2"，然后选定 A3 和 A4 两个单元格，按住鼠标左键拖动填充柄，将按等差为 1 的序列填充；如果在 A4 单元格内输入"3"，则可按等差为 2 的序列填充。

如果需指定序列类型，输入初始值后，按住鼠标右键拖动填充柄到填充区域的最后一个单元格释放，在弹出的快捷菜单中选择相应命令即可，如图 4-26 所示。如果序列的初始值为 1 月 2 日，单击【以月填充】，可生成序列 2 月 2 日、3 月 2 日等；单击"以天数填充"将生成序列 1 月 3 日、1 月 4 日等。

（3）填充预设的文本序列

要填充有规律的文本序列，如"一月，二月，三月……"或"星期一，星期二，星期三……"以及天干、地支和季度等，此时可以使用 Excel 预设的自动填充序列进行快速填充。在单元格输入序列中的任一项，拖动填充柄即可实现填充。如图 4-27 所示。

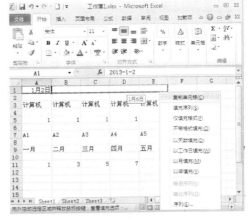

图 4-26　自动填充

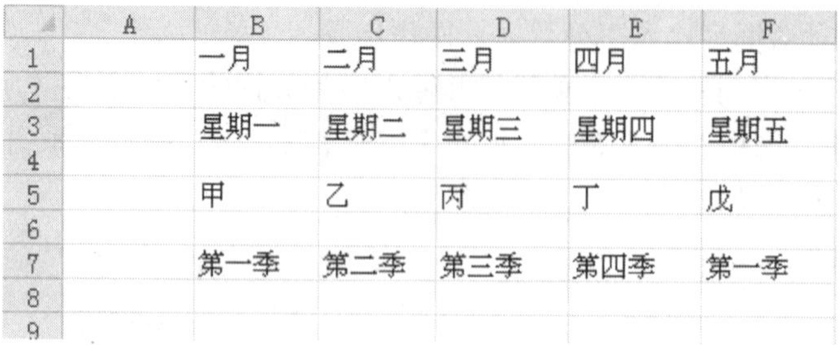

▲	A	B	C	D	E	F
1		一月	二月	三月	四月	五月
2						
3		星期一	星期二	星期三	星期四	星期五
4						
5		甲	乙	丙	丁	戊
6						
7		第一季	第二季	第三季	第四季	第一季
8						
9						

图 4-27　填充有规律的文本序列

（4）填充自定义文本序列

如果 Excel 预设的自动填充序列无法满足用户的需要，可以自定义文本序列填充。操作步骤如下。

① 执行【文件】|【选项】|【高级】|【编辑自定义列表】命令，如图 4-28 所示。

图 4-28　【Excel 选项】对话框

② 在弹出的【自定义序列】对话框的【自定义序列】列表框中选择【新序列】，在右面的【输入序列】列表框中可以自定义需要的序列，定义好后，单击【添加】按钮，【确定】即可。如图 4-29 所示。

图 4-29　【自定义序列】对话框

提示：添加序列时，新序列中各项之间用<Enter>键加以分隔。

4.3.4 导入外部数据

如果用户需要引用本地计算机或网络上的外部数据,可以通过使用 Excel"导入外部数据"的功能来达到目的。Excel 连接到外部数据的好处是不用重复复制数据,复制数据不仅耗时,而且容易出错。连接到外部数据以后,还可以自动更新来自原始数据源的 Excel 工作簿。

外部数据文件可以是文本文件、Microsoft Access 数据库文件、Microsoft SQL Server 数据库文件等。

导入外部数据的操作方法如下:

单击工作表,然后打开【数据】|【获取外部数据】功能组,如图 4-30 所示,可以通过如下途径导入外部数据:"自 Access"、"自网站"、"自文本"、"自其他来源"。

图 4-30 【获取外部数据】组

导入 Access 数据的操作步骤如下:

① 单击【数据】|【获取外部数据】功能组|【自 Access】按钮,在弹出的【选择数据源】对话框中,在存放文件的路径中选择要导入的 Access 文件,如图 4-31 所示。

图 4-31 导入外部数据选择数据源

② 打击【打开】按钮,如图 4-32 所示,选择导入数据的放置位置。

③ 在【导入数据】对话框中单击【属性】按钮,出现【连接属性】对话框,在"使用状况"标签中选中【打开文件时刷新数据】复选框,如图 4-33 所示,这样,用户只要一打开这个导入外部数据的工作簿,就会启用自动刷新,再自动更新外部数据。

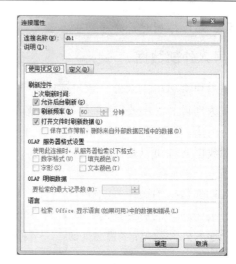

图 4-32　选择导入数据的放置位置　　　　图 4-33　设置【连接属性】对话框

④ 单击【确定】按钮，返回【导入数据】对话框，再单击【确定】，完成设置。稍候几秒钟后会出现导入的外部数据，如图 4-34 所示。

	A	B	C	D	E
1	品名	序号	规格	数量	单价
2	CPU	1	K6-2-450 MMX 3D NOW	3	660
3	内存条	2	SD-RAM 64MB C-100	3	190
4	硬盘	3	技嘉GA-6BXC 440BX	3	540
5	U盘	4	L8203 2GB	3	85
6					
7					

图 4-34　导入的外部数据

导入文本文件等的方法类同导入 Access 数据的方法，按照弹出的对话框提示逐步完成设置即可，在此不再赘述。

4.3.5　编辑单元格数据

1. 选定单元格

往单元格输入数据后，要对单元格进行编辑，而编辑的第一步是要选定单元格，即所谓先选定后操作。选定单元格分为选定一个单元格、多个单元格，一行、一列、多行、多列、全选等。

● 选定一个单元格的方法是：单击要选的单元格，单元格变为用粗线框起来的活动单元格，同时在【名称框】中显示出当前所应用的单元格地址。

● 单击鼠标左键，拖动鼠标可选定一个连续的单元格区域。

● 按住<Ctrl>键的同时单击所需的单元格，可选定不连续的单元格或单元格区域。

2. 选定行和列

（1）选定一行或一列

单击所需的行标号或列标号，然后单击鼠标左键，选定后的行或列底纹反显蓝色。

（2）选定多行或多列

● 选定相邻的多行或多列。将鼠标指针移到行号或列号处，按住鼠标左键不放，向右（列）或向下（行）拖动，如图 4-35 和图 4-36 所示。

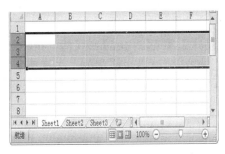

图4-35 选定多行

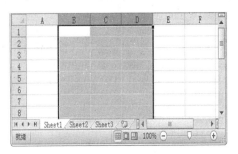

图4-36 选定多列

● 选定不相邻的多行或多列。先选定一行或列，按住<Ctrl>键，再选定其他行或列。

3. 选定单元格区域

（1）选定一个单元格区域

例如，选定 A3：D6 区域，有以下三种方法。

方法1：先选定 A3 单元格，然后按住鼠标左键向右下拖动，当鼠标指针到 D6 单元格时，松开鼠标左键，A3：D6 区域被选定。

方法2：先选定 A3 单元格，然后按一下<F8>键，再单击 D6 单元格，A3：D6 区域被选定。

> **提示：按 F8 键，是打开扩展模式，再次按 F8 键，则关闭扩展模式。**

方法3：先选定 A3 单元格，然后按住<Shift>键，再单击 D6 单元格，A3：D6 区域被选定。

（2）选定不相邻的多个单元格区域

选定不相邻的多个单元格区域有下列两种方法。

方法 1：先选定一个单元格区域，然后按住<Ctrl>键不放，再选定其他单元格区域，如图 4-37 所示。

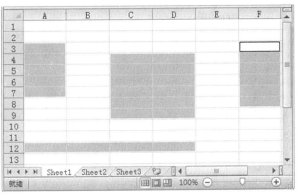

图4-37 选中多个单元格区域

方法2：先选定一个单元格区域，然后按住<Shift+F8>键，再选定其他单元格区域。再次按住<Shift+F8>键，可以取消这种添加状态。

4. 清除单元格

清除单元格与删除单元格完全不同，清除单元格是指清除单元格中的数据，并不删除单元格本身。在工作表中清除单元格的操作步骤如下。

① 选定需要清除的单元格或单元格区域。

② 单击【开始】选项卡中【编辑】组的【清除】按钮，打开下拉列表框，如图 4-38

所示。

③ 根据清除的需要，单击【全部清除】、【清除格式】、【清除内容】或【清除批注】命令。

另外，鼠标指针移到需要清除的单元格区域中，右击，弹出快捷菜单，选择其中的【清除内容】选项也可清除单元格中的内容，如图 4-39 所示。

图 4-38　【清除】下拉列表　　　　　　　　图 4-39　右键快捷菜单

5. 修改单元格数据

修改单元格数据有两种情况，一是全部修改，二是部分修改。修改数据的单元格或单元格区域，使之成为活动单元格。

无论哪种，首先要选定需修改的单元格或单元格区域。

● 如果要对单元格中数据作全部修改，只需在编辑栏中重新输入新数据即可。

● 如果只对单元格中的部分数据做改动，可将鼠标指针指向编辑栏进行修改，或双击单元格直接在单元格中进行修改。

6. 插入单元格、行、列

编辑表格时，总要进行添加数据或删除数据等操作。下面介绍如何插入一个空单元格、空行、空列或空工作表。

在 Excel 中插入单元格、行、列或工作表，有以下两种方法。

（1）插入单元格

方法 1：使用【插入】快捷菜单。操作步骤如下。

① 用鼠标选定要插入单元格的位置，使之成为活动单元格。

② 鼠标指针指向要插入单元格的位置，右击，在显示的快捷菜单中，单击【插入】命令，打开【插入】对话框，如图 4-40 所示，根据需要选择活动单元格右移或下移。

③ 单击【确定】按钮，活动单元格右移或下移，原来的位置成为空白单元格被插入。

方法 2：使用【插入】按钮。当选定插入对象后，在功能区【开始】选项卡的【单元格】组中，找到【插入】按钮，单击右侧向下箭头，打开下拉式菜单，如图 4-41 所示，根据需要选择其中的选项即可。

图 4-40　【插入】对话框　　　　　　　图 4-41　【插入】按钮

（2）插入行

例如，要在 2 行和 3 行中间插入一个空行，操作步骤如下。

① 将鼠标指针移至行号为 3 的按钮位置上，右击。

② 在弹出的快捷菜单中，选择【插入】命令，这时在 2 行和 3 行之间插入一个空行，原来的第 3 行及后面行中的内容均依次下移一行。

（3）插入列

与插入行类似。例如，要在 C 列和 D 列中间插入一个空列，操作步骤如下：右击列号为 D 的按钮，在显示的快捷菜单中，单击【插入】命令，这时在 C 列和 D 列之间插入一个空列，原来的 D 列及后面列中的内容均依次右移一列。

7. 删除行、列或单元格

当工作表中的某些行、列或单元格不再需要时，可以将其删除。在 Excel 2010 中删除行、列或单元格，也有两种方法：使用快捷菜单【删除】命令和使用【删除】按钮。

（1）删除行、列

使用【删除】按钮删除行、列的操作步骤如下。

① 选定要删除的行或列。

② 单击【开始】选项卡中【单元格】组的【删除】按钮，打开下拉列表框，如图 4-42 所示。

③ 单击【删除工作表行】或【删除工作表列】选项，选定的行或列及其内容就被删除了。

（2）删除单元格

删除单元格是指删除单元格和它的全部内容。使用【删除】按钮删除单元格的操作步骤如下。

① 选定要删除的单元格或单元格区域。

② 单击【开始】选项卡中【单元格】组的【删除】按钮，打开下拉列表框，单击【删除单元格】选项，弹出【删除】对话框，如图 4-43 所示。

图 4-42　"删除"按钮　　　　　　图 4-43　"删除"对话框

③ 根据需要选择对话框中的选项，各选项作用如下。

【右侧单元格左移】：在删除选定的单元格后，其右侧的所有单元格依次左移。

【下方单元格上移】：在删除选定的单元格后，其下方的所有单元格依次上移。

【整行】：删除选定单元格所在的整行。

【整列】：删除选定单元格所在的整列。

④ 按下【确定】按钮，所选定的单元格或单元格区域就被删除了。

8. 移动或复制行、列和单元格

当移动或复制行和列时，Excel 会移动或复制其中包含的所有数据，包括公式及其结果值、批注、单元格格式和隐藏的单元格。

移动或复制可以使用两种方法：使用菜单命令或使用鼠标移动。这里介绍菜单命令。

使用菜单命令移动或复制行和列的操作步骤如下。

① 选定要移动或复制的行或列。

② 执行下列操作之一：

● 要移动行或列，在【开始】选项卡的【剪贴板】组中，单击【剪切】按钮 ✄，或按 <Ctrl+ X>键。

● 要复制行或列，在【开始】选项卡的【剪贴板】组中，单击【复制】按钮 📋，或按<Ctrl+C>键。

③ 右击目标位置下方或右侧的行或列，然后执行下列操作之一：

● 当移动行或列时，单击快捷菜单上的【插入剪切单元格】命令。

● 当复制行或列时，单击快捷菜单上的【插入复制单元格】命令。

注意：如果不是单击快捷菜单上的命令，而是单击【开始】选项卡中【剪贴板】组的【粘贴】按钮或按<Ctrl+V>键，那么移动或复制后，目标单元格中的内容将全部被代替。

移动或复制单元格区域的操作与移动或复制单元格的操作类似，在此不再赘述。

值得一提的是，如果要将选定区域移动或复制到不同的工作表或工作簿，需单击另一个工作表标签或切换到另一个工作簿，然后选定粘贴区域左上角的单元格。

知识点：选择性粘贴

一个单元格含有多种特性，如内容、格式、批注等。另外，它还可能是一个公式，含有有效规则等，数据复制时往往只需复制它的部分特性。此外，复制数据的同时还可以进行算术运算、行列转置等。这些都可以通过选择性粘贴来实现。

操作方法是先将数据复制到剪贴板，再选择待粘贴目标区域中的第一个单元格，单击鼠标右键，选择【选择性粘贴】命令（图 4-44），弹出如图 4-45 所示的【选择性粘贴】对话框，在该对话框中，选择相应选项后，单击【确定】按钮完成选择性粘贴。

选择性粘贴的用途非常广泛，实际运用中只粘贴公式、格式或有效数据的例子非常多，不再举例说明。

图 4-44　右键快捷菜单

图 4-45　【选择性粘贴】对话框

9. 查找和替换

单击【开始】选项卡|【编辑】组的【查找和选择】按钮，可对工作表进行查找、替换、定位等操作，操作方法与 Word 的类似，在此不再赘述。

10. 合并单元格

在制作表格时，通常会将几个单元格合并为一个单元格，可以使表格更加美观。合并单元格的操作步骤如下。

① 选定准备合并的单元格区域。

② 切换到【开始】选项卡。

③ 在【对齐方式】组中，单击【合并后居中】下拉按钮，在弹出的下拉列表框中，选择【合并后居中】命令，如图 4-46 所示，则单元格被合并。

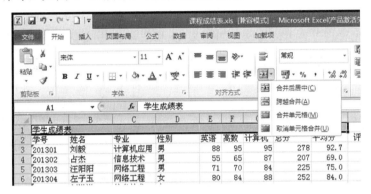

图 4-46　【合并后居中】

通过以上步骤即可完成合并单元格的操作，如图 4-47 所示。

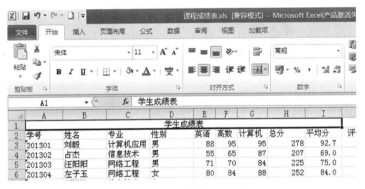

图 4-47　合并后居中效果

11. 拆分单元格

在 Excel 2010 工作簿中，把单元格区域合并后，如果准备将其还原为原有单元格的数量，那么可以通过拆分单元格的操作完成。拆分单元格的操作步骤如下。

① 选择准备拆分的单元格。

② 切换到【开始】选项卡。

③ 在【对齐方式】组中，单击【合并后居中】下拉按钮。

④ 在弹出的下拉菜单中选择【取消单元格合并】命令，如图 4-48 所示。

图 4-48　取消单元格合并框

通过以上步骤即可完成拆分单元格的操作。

12. 设置单元格的行高和列宽

在向单元格输入文字或数据时，常常会出现这样的现象：有的单元格中的文字只显示了一半，有的单元格中显示的是一串"#"号，而在编辑栏中却能看见对应单元格中的完整数据。其原因在于单元格的宽度或高度不够，不能将这些字符正确显示。因此，需要对工作表中的单元格高度和宽度进行适当的调整。

设置行高和列宽的具体操作如下。

方法 1：

① 打开要设定行高的工作表，并选定要设置的一行或多行。

② 单击【开始】选项卡|【单元格】组中的【格式】按钮，从弹出的菜单中选择【行高】或【列宽】命令，打开【行高】或【列宽】对话框，在【行高】文本框中输入行高或列宽的数值（如 20），此时缺省的单位为磅。如图 4–49 和图 4–50 所示。

图 4–49 【行高】对话框   图 4–50 【列宽】对话框

③ 单击【确定】按钮，即可将所选定行的高度或列的宽度设置为 20。

方法 2： 使用鼠标拖动。

将鼠标光标移动至行标或列标的间隔处，当光标形状变为左右双向箭头的十字形时，按住左键不松动，拖动鼠标，即可调整行高或列宽至合适大小。

方法 3： 自动调整行高或列宽。

单击【开始】选项卡|【单元格】组中的【格式】按钮，从弹出的菜单中选择【自动调整行高】或【自动调整列宽】命令，Excel 会自动根据单元格中的内容自动调整行高或列宽至合适的大小。

4.3.6 拆分和冻结工作表

在 Excel 2010 工作簿中，有些工作表的内容很多，为了方便查阅工作表中的数据。下面详细介绍拆分和冻结工作表的操作方法。

1. 拆分工作表

拆分工作表是指把一个工作表分成若干个区域且每个区域中的内容一致。拆分工作表的操作方法如下。

① 切换到【视图】选项卡。

② 在【窗口】组中，单击【拆分】按钮，如图 4–51 所示。

通过鼠标拖动窗口拆分分隔条即可调整窗口拆分窗格的大小。如图 4–52 所示。

再次单击【拆分】按钮即可关闭工作表拆分状态。

2. 冻结工作表

冻结工作表是指工作表中的首行或首列单元格不随滚动条的变化而变化。冻结工作表的操作方法如下。

图 4-52　工作表拆分框

图 4-51　【拆分】按钮

① 切换到【视图】选项卡。

② 在【窗口】组中，单击【冻结窗格】下拉
按钮。

③ 选择【冻结首行】命令，即可完成冻结工
作表的操作，如图 4-53 所示。

4.3.7　设置数据有效性

数据有效性是允许在单元格中输入有效数据
或值的一种 Excel 功能，用户可以设置数据有效性

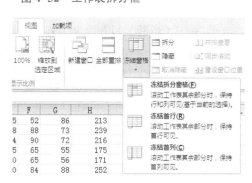

图 4-53　【冻结窗格】下拉列表

以防其他用户输入无效数据，当其他用户尝试在单元格中输入无效数据时，系统会发出警告。
此外，用户也可以在警告对话框中输入一些信息。

数据有效性的操作如下：

① 在工作表中选定要设置数据有效性的单元格或单元格区域，如图 4-54 所示，单击【数
据】选项卡|【数据工具】组中的【数据有效性】按钮。

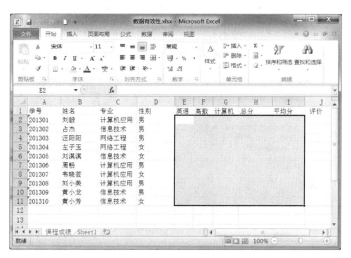

图 4-54　选择区域

②弹出【数据有效性】对话框，在【有效性条件】选项组中，单击【允许】选项，在弹出的下拉列表项中，选择准备允许用户输入的值，如"整数"，如图4-55所示。

图4-55 【数据有效性】对话框

③显示【整数】设置参数，在【数据】下拉列表框中，选择【介于】选项，在【最小值】文本框中，输入允许用户输入的最小值，如"0"，在【最大值】文本框中，输入允许用户输入的最大值，如"100"，如图4-56所示。

图4-56 输入数据

④设置下一项目，切换到【输入信息】选项卡，在【选定单元格时显示下列输入信息】选项组中，单击【标题】文本框，输入标题，如"允许的数值"，在【输入信息】文本框中，输入信息，如"0~100"，如图4-57所示。

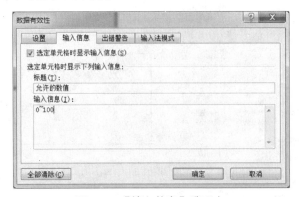

图4-57 【输入信息】选项卡

⑤ 切换到【出错警告】选项卡，单击【样式】下拉列表框，选择【警告】选项，在【标题】文本框中，输入标题，如"信息不符"，在【错误信息】文本框中，输入提示信息："对不起，您输入的信息不符合要求！"，如图 4-58 所示，单击【确定】按钮。

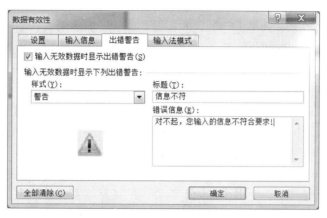

图 4-58　【出错警告】

⑥ 在工作表中，单击任意已设置数据有效性的单元格，会显示刚才设置输入信息的提示信息，如图 4-59 所示。

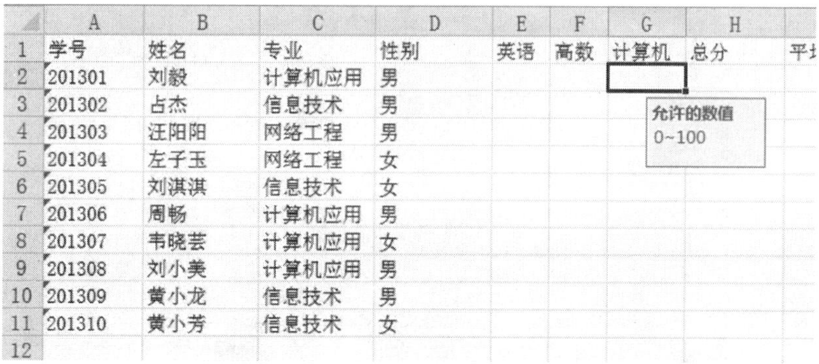

图 4-59　提示信息

⑦ 如果在已设置数据有效性的单元格中输入无效数据，如输入 200，则 Excel 会自动弹出警告提示信息。如图 4-60 所示。

图 4-60　警告提示信息

4.3.8　格式化工作表

工作表建立和编辑后，就可对工作表中各单元格的数据格式化，使工作表的外观更漂亮，排列更整齐，重点更突出。

单元格数据格式主要有六个方面的内容：数字格式、对齐格式、字体、边框、图案和列宽行高的设置等。数据的格式化一般通过用户自定义格式化来实现，也可通过 Excel 提供的自动套用格式功能实现。

1. 设置单元格格式

自定义格式化工作可以通过三种方法实现：一是使用【开始】选项卡的【字体】功能组美化，如图 4–61 所示的【字体】工具栏，各按钮的作用一目了然；二是使用【字体】选项卡来美化，单击【开始】选项卡的【字体】功能组中右下角的箭头按钮，弹出如图 4–62 所示【设置单元格格式】对话框；三是使用【开始】选项卡的【样式】功能组中【单元格样式】进行样式选择，如图 4–63 所示。相比之下，第二种方法格式化功能更完善，但第一种方法和第三种方法使用起来更快捷、方便。

图 4–61　【字体】工具栏

图 4–62　【设置单元格格式】对话框

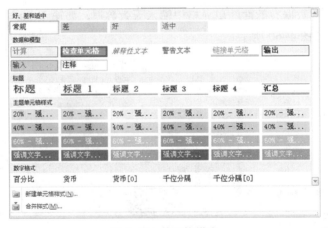

图 4–63　单元格样式

在数据的格式化过程中，首先要选定要格式化的区域，然后再使用格式化命令。格式化单元格并不改变其中的数据和公式，只是改变它们的显示形式。

（1）设置数字格式

单击【开始】选项卡的【数字】组中的命令按钮，可以快速设置数值格式为货币模式、百分比模式以及千位分隔模式等，如图 4-64 所示。单击【数字】组中右下角的箭头按钮，弹出的【设置单元格格式】对话框中的【数字】选项卡也可用于对单元格中的数字格式化，如图 4-65 所示。对话框左边的【分类】列表框分类列出了数字格式的类型，右边显示该类型的格式，可以直接选择系统已定义好的格式，也可以修改格式，如小数位数等。

图 4-64 【数字】组

其中，【自定义】格式类型如图 4-66 所示，为用户提供了自己设置所需格式的便利，实际上，它直接以格式符形式提供给用户使用和编辑。在默认情况下，Excel 使用的是"G/通用格式"，即数据向右对齐、文字向左对齐、公式以值方式显示，当数据长度超出单元格长度时，用科学记数法显示。数值格式包括用整数、定点小数和逗号等显示格式。"0"表示以整数方式显示；"0.00"表示以两位小数方式显示；"#，##0.00"表示小数部分保留两位，整数部分每千位用逗号隔开；"[红色]"表示当数据值为负时，用红色显示。

图 4-65 【数字】选项卡

图 4-66 设置数字的自定义格式

（2）设置对齐格式

默认情况下，Excel 根据输入的数据自动调节数据的对齐格式，如文字内容左对齐、数值内容右对齐等。通过如图 4-67 所示的【设置单元格格式】对话框的【对齐】选项卡，可以设置单元格的【水平对齐】格式和【垂直对齐】格式。

图 4-67 【对齐】选项卡

● 自动换行：对输入的文本根据单元格列宽自动换行。

● 缩小字体填充：减小单元格中的字符大小，使数据的宽度与列宽相同。

● 合并单元格：将多个单元格合并为一个单元格，和【水平对齐】列表框的【居中】相结合，一般用于标题的对齐显示。【对齐方式】功能组的"合并后居中"按钮也可提供该功能。

图 4-68 【边框】下拉列表

● 方向：用来改变单元格中文本旋转的角度，角度范围为-90°～90°。

（3）设置字体

在 Excel 的字体设置中，字体类型、字体形状、字体尺寸是最主要的三个方面。可通过【单元格格式】对话框的【字体】选项卡进行设置，其各项意义与 Word【字体】对话框相似，此处不再赘述。

（4）设置边框

默认情况下，Excel 的表格线都是一样的淡虚线，这样的边线不适合于突出重点数据，可以给它加上其他类型的边框线。

方法 1：单击【开始】选项卡|【字体】组的【边框】选项按钮 ，在弹出的下拉列表中选择一种内置边框样式，如图 4-68 所示，即可快速为选择的单元格区域添加边框。

方法 2：在图 4-69 所示的【设置单元格格式】对话框的【边框】选项卡中，可完成边框的设置。

边框线可以放置在所选区域各单元格的上、下、左、右、外框（即四周）、斜线；在【样式】框中可选择边框线的样式，如点虚线、实线、粗实线、双线等；在【颜色】列表框中可以选择边框线的颜色。

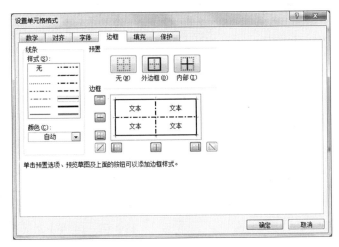

图 4-69　【边框】选项卡

（5）填充

填充就是指对选定区域的颜色和阴影进行设置。设置合适的图案可以使工作表显得更为生动活泼、错落有致。【设置单元格格式】对话框中的【填充】选项卡如图 4-70 所示。

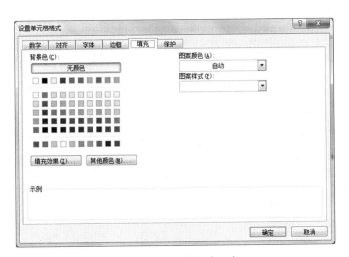

图 4-70　【填充】选项卡

2. 设置条件格式

条件格式功能可以根据指定的公式或数值来确定搜索条件，然后将格式应用到符合搜索条件的单元格中，并突出显示要检查的动态数据。例如，将单元格中的负数用红色显示，超 1 000 以上的数字字体增大等。

操作步骤如下：

① 在工作表中选定要设置条件格式的单元格或单元格区域，单击【开始】选项卡|【样式】组中的【条件格式】按钮，从弹出的菜单中选择相应的规则和样式，如图 4-71 所示。

② 选择【突出显示单元格规则】|【大于】命令，将打开【大于】对话框，如图 4-72 所示，在其中可为所选单元格或单元格区域设置条件格式。

图 4-71 【条件格式】命令   图 4-72 【大于】对话框

3. 表格自动套用格式

Excel 提供的表格自动套用格式功能，预定义好了多种制表格式供用户使用，这样既可节省大量的时间，也有较好的效果。

选择【开始】选项卡的【样式】功能组中的【套用表格格式】命令，打开如图 4-73 所示的【套用样式】下拉菜单。选择一种样式后，打开【套用表格格式】对话框，输入要使用该样式的单元格区，然后单击【确定】按钮即可。

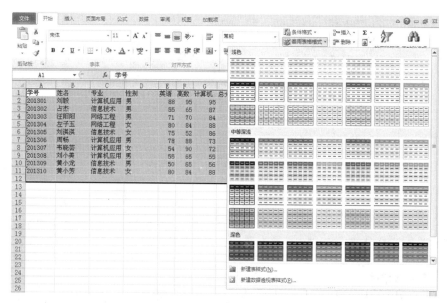

图 4-73 自动套用表格格式

4.4 公式与函数

分析和处理 Excel 工作表中的数据，经常用到公式和函数。公式是用户自行设计的对工作表进行计算和处理的等式，函数是预先定义的执行计算、分析等处理数据任务的特殊公式。公式中可以包含函数。

4.4.1　单元格引用

用来参与运算的既可以是数字或字符串，也可以是引用某一个单元格的地址。若是采用地址引用，其实也是使用该单元格的值作为参数参与运算。

公式的复制可以避免大量重复输入公式的工作，复制公式时，若在公式中使用单元格和区域，应根据不同的情况使用不同的单元格引用。单元格引用分为相对引用、绝对引用和混合引用。

1. 相对引用

Excel 中默认的单元格引用为相对引用，如 A1、A2 等。相对引用是当公式在复制时会根据移动的位置自动调节公式中引用单元格的地址。如：将 F2 单元格中的公式 "=AVERAGE (A2:E2)" 复制到 G2 时，公式变为 "=AVERAGE(B2:F2)"。

2. 绝对引用

在行号和列号前均加上 "$" 符号，则代表绝对引用。公式复制时，绝对引用单元格将不随着公式位置变化而改变。如：将 F2 单元格中的公式 "=AVERAGE (A2:E2)" 改为 "=AVERAGE($A$2:$E$2)"，再将公式复制到 G2 时，会发现 G2 的值仍为 F2 中的值，公式未发生改变。

3. 混合引用

混合引用是指单元格地址的行号或列号前加上 "$" 符号，如$A1 或 A$1。当公式因为复制或插入而引起行列变化时，公式的相对地址部分会随位置变化，而绝对地址部分仍保持不变。如：将 F2 单元格中的公式 "=AVERAGE($A2:E$2)" 复制到 G2 时，公式变为 "=AVERAGE($A2:F$2)"。

　　小知识：三种引用可以互相转换：在公式中用鼠标或键盘选定引用单元格，按<F4>键可进行引用间的转换，转换规律如下：A1→$A$1→A$1→$A1→A1。

4. 行或列的引用

若要引用 B 列的所有单元格，则用 B:B 表示；若要引用第 5 行的所有单元格，则用 5:5 表示；若要引用第 5 行到第 10 行的所有单元格，则用 5:10 表示。

若要引用同一工作簿其他工作表中的某一单元格的数据，其格式为：

　　　　　　　　　　工作表名！单元格地址

若要引用其他工作簿某一工作表中的某一单元格的数据，其格式为：

　　　　　　　　　[工作簿名]工作表名！单元格地址

4.4.2　公式的使用

公式是 Excel 中重要的工具，运用公式可以使各类数据处理工作变得方便。Excel 提供强大的公式功能，运用公式可以对工作表中的数据进行各类计算与分析。下面详细介绍公式的相关知识。

1. 公式的基本概念

公式是单元格中的一系列以等号（=）开始的值、单元格引用、名称或运算符的组合，使用公式可以产生新的值。公式遵循的语法规则或次序为：最前面是等号 "="，后面是参与计算的数据对象和运算符，如公式 "=A3+4*6"。公式中包括函数、参数、常量和运算符，下面分别进行介绍。

（1）函数

函数表示每个输入值对应唯一输出值的一种对应关系，函数是预先编写的公式，是按一些称为参数的特定数值按特定的顺序或结构进行计算。

（2）参数

函数中用来执行操作或计算的数值称为参数，函数中常见的参数类型有数值、文本、单元格引用、单元格名称、函数返回值等。

（3）常量

在一个变化过程中，常量是始终不变的，常量是不随时间变化的某些量或信息，也可以是表示某一数值的字符或字符串，常被用来标识、测量和比较。

（4）运算符

运算符可以是一个标记或一个符号，其可以指定表达式内执行的计算类型，有算术运算符、比较运算符、文本连接运算符、引用运算符、运算符优先级，下面分别予以介绍。

1）算术运算符。算术运算符可以完成基本的数学运算，如"加法"、"减法"、"乘法"、"除法"等，见表 4-1。

表 4-1　算术运算符

算术运算符	含义	算术运算符	含义
+	加	/	除
−	减	%	百分号
*	乘	^	乘方

2）比较运算符。比较运算符用来比较两个数值的大小关系，当用运算符比较两个值时，结果为逻辑值，满足运算符则为 TRUE（真），反之则为 FALSE（假），见表 4-2。

表 4-2　比较运算符

比较运算符	含义	比较运算符	含义
=	等于	>=	大于或等于
>	大于	<=	小于或等于
<	小于	<>	不等于

3）文本连接运算符。文本连接运算符是将一个或多个文本连接为一个组合文本的一种运算符，文本连接运算符用和"&"连接一个或多个文本字符串，见表 4-3。

表 4-3　文本运算符

文本运算符	含义	示例
&	将两个文本连接起来产生一个连续的文本值	"学"＆"习"得到学习

4）引用运算符。在 Excel 2010 工作表中，使用引用运算符可以把单元格区域进行合并运算，见表 4–4。

表 4–4　引用运算符

引用运算符	含义	示例
：（冒号）	区域运算符，生成对两个引用之间所有单元格的引用	A1:A2
，（逗号）	联合运算符，用于将多个引用合并为一个引用	SUM(A1,A2,B1:B2)
空格	交集运算符，生成在两个引用中共有的单元格引用	SUM(A1:A3 A3:A6)

5）运算符优先级。运算符优先级是指一个公式中含有多个运算符的情况下 Excel 的运算顺序，见表 4–5。

表 4–5　运算符优先级

优先级	符号	运算符
1	^	乘方
2	*	乘号
2	/	除号
3	+	加号
3	–	减号
4	&	连接符号
5	=	等于号
5	<	小于号
5	>	大于号

2. 公式的输入与编辑

在 Excel 2010 中，输入公式的方法与输入文本的方法类似，不同的是，公式总是以等号"＝"开头，其后是公式表达式。公式表达式中可以包含各种算术运算符、常量、变量、单元格地址等。

在单元格中输入公式的具体步骤如下。

① 选定要输入公式的单元格。

② 输入等号"＝"，输入公式的表达式。

③ 单击编辑栏左侧的输入按钮"√"，如图 4–74 所示，或按 Enter 键。

当单元格指针指向一个包含公式的单元格时，在编辑栏中显示公式，在活动单元格中显示该公式的计算结果。

如 B2 单元格输入数据 54，C2 输入 90，D2 输入 72，在 E2 单元格编辑栏输入"＝B2+C2+D2"，则 E2 单元格结果为 216，如图 4–74 所示。

公式的修改与单元格数据的修改方法相同。

3. 公式的复制

通过复制公式，可以快速地为其他单元格输入公式。复制公式的方法与复制数据的方法相似，在 Excel 中，复制公式往往与公式的相对引用结合使用，以提高输入公式的效率。

下面将"学生成绩表"工作簿 E2 单元格中的公式复制到 E3 单元格中，操作步骤如下。

① 选定 E3 单元格，单击【开始】|【剪贴板】组中单击【复制】按钮 ，复制 E3 单元格中的内容。

② 选定 E3 单元格，单击【开始】|【剪贴板】组中单击【粘贴】按钮 ，即可将公式复制到 E3 单元格中，如图 4–75 所示。

图 4–74　公式计算

图 4–75　复制公式

> **提示：** 若单击复制单元格后出现的【粘贴选项】按钮，在弹出的菜单中选择：【值】、【值和数字格式】或【值和源格式】选项，则复制的公式会自动修改参数。

4.4.3　函数的使用

Excel 中的函数与数学中函数的概念是不同的，它是系统定义好的格式，每一个函数代表一种能执行的计算法则。例如，函数 SUM 表示"返回单元格区域中所有数值的和"，函数 AVERAGE 表示"计算参数的算术平均值"等。使用函数不仅可以实现各类比较抽象、复杂的运算，还可以避免使用公式时，输入较长的计算公式所带来的不便，从而提供了计算速度和精确度，改变了传统的计算方式。

1. 函数的组成

一个函数的表达式由三部分组成：

$$=函数名（参数 1，参数 2，参数 3，…）$$

其中，=表示执行计算操作；函数名表示执行计算的运算法则，一般用一个英文单词的缩写表示；括号里的参数可以是常量、单元格引用、单元格区域引用、公式或者其他函数。

例如：=SUM (A1，B1)

说明：

● 函数必须以等号（=）开始。

● 函数名必须是系统能够识别的有效名称，不能自行定义。

● 函数名称紧跟左括号，然后以逗号分隔输入参数，最后面是右括号。

● 当括号中有省略号（…）时，表明可以有多个该种类型的参数参与计算。

2. 函数的输入

Excel 的函数是在 Excel 中预先定义，并执行运算、分析等处理数据任务的特殊公式。例如，在 E2 单元格中输入"=SUM(B2:D2)"，表示在 E2 单元格中求出单元格区域 B2: D2 内的各数值之和。

输入函数有两种方法：一是在【编辑栏】中直接输入函数，二是使用【插入函数】对话框输入函数。

方法 1：在【编辑栏】中直接输入函数。

如果对使用的函数比较熟悉，或者需要输入一些比较复杂的函数公式，可以在编辑栏中直接输入。其操作步骤如下。

① 选定执行计算的单元格。

② 单击【编辑栏】，在其中输入等号（=）后输入函数名。当输入函数名第一个字母时，系统将自动提示可选的函数名，如图 4-76 所示。可以双击所选的函数名，也可以继续输入所需的函数名。

③ 输入左括号，系统自动提示函数参数，然后输入右括号。括号中的参数输入，可以用手工直接输入单元格地址，例如 B2:D2，也可以用鼠标直接在相应的单元格区域上拖动选定而自动显示在括号中。

④ 单击【编辑栏】上的"输入"按钮✔或按 Enter 键，Excel 将执行函数计算的结果显示在选定的单元格中。

方法 2：使用【插入函数】对话框输入函数。

操作步骤如下。

① 选定执行计算的单元格。

② 单击【公式】选项卡中【插入函数】按钮 ƒ 或编辑栏上的【插入函数】按钮 ƒ，在单元格中或编辑栏中将自动显示等号（=），并打开【插入函数】对话框，如图 4-77 所示。

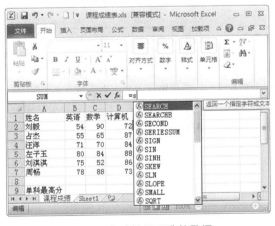

图 4-76　自动提示可选的数据

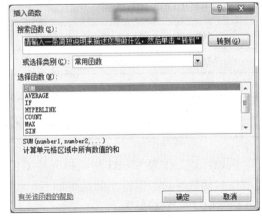

图 4-77　【插入函数】对话框

③ 在对话框的【选择函数】列表框中选择需要的函数，如果所需的函数不在这里面，再打开【或选择类别】下拉列表框进行选择。

④ 单击【确定】按钮，打开【函数参数】对话框，如图 4-78 所示。在对话框中可以直接输入函数的参数，也可以用鼠标选取相应的单元格区域，Excel 会自动将它们添加到参数的

位置上。

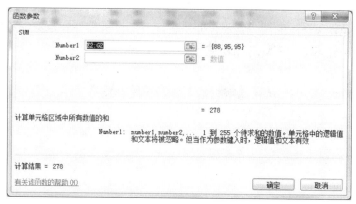

图 4-78 【函数参数】对话框

⑤ 单击【确定】按钮，执行函数运算，并将结果显示在所选取的单元格中。

3. 函数的分类

Excel 2010 内置函数包括常用函数、财务函数、日期与时间函数、数学与三角函数、统计函数、查找与引用函数、数据库函数、文本函数、逻辑函数、信息函数和工程函数。下面分别简单地介绍一下常用函数的语法和作用。

常用函数包含求和、计算算术平均数等最经常使用的函数，如：SUM、AVERAGE、COUNT、MAX、MIN、IF，它们的语法和作用见表 4-6。

表 4-6 常 用 函 数

语 法	作 用
SUM (number1, number2, ...)	返回单元格区域中所有数值的和
AVERAGE (number1, number2, ...)	计算参数的算术平均数；参数可以是数值或包含数值的名称、数组或引用
COUNT (value1, value2, ...)	计算参数表中的数值参数和包含数值的单元格的个数
MAX (number1, number2, ...)	返回一组数值中的最大值，忽略逻辑值和文本字符
MIN(number1, number2, ...)	返回一组数值中的最小值，忽略逻辑值和文本字符
IF (Logical_test, Value1, Value2)	当"Logical_test"值为真时，取"Value1"作为函数值，否则取"Value2"作为函数值

例如，如工作表 Sheet1 中，单元格 C1、C2 和 C3 值分别为 2、4、6，用 C1、C2 和 C3 的值作为函数参数，则得出的结果如下。

SUM(C1:C3) 结果为 12；

AVERAGE(C1:C3) 结果为 4；

MAX(C1:C3) 结果为 6；

MIN(C1:C3) 结果为 2；

Count(C1:C3) 结果为 3；

IF(C1>C2,"合格","不合格") 结果为"不合格"。

4. 函数的嵌套

函数的嵌套是一种函数的引用形式，函数的参数可以是一个函数公式，当嵌套函数作为参数时，其数值类型必须与参数使用的数值类型相同。例如，如果参数返回一个 TRUE 或 FALSE 值，那么嵌套函数也必须返回一个 TRUE 或 FALSE 值，否则 Excel 将显示"#VALUE!"错误值。

嵌套函数公式可包含多达 7 层，最外层的函数称为一级函数，逐渐向里层依次称为二级函数、三级函数，一直到七级函数。

嵌套函数的使用可以直接使用输入函数公式的方法，或使用"函数选项"的方法。下面用一个实例来讨论嵌套函数。

例如，工作表中计算机成绩大于或等于 85 分为优秀，计算机成绩大于或等于 60 分为合格，否则为不合格。如图 4–79 所示。

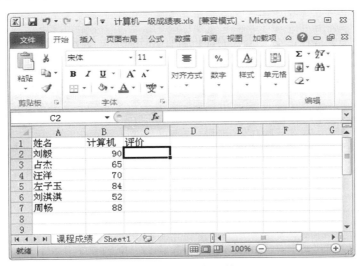

图 4–79　嵌套函数的使用

操作步骤如下。

① 选定 C2 单元格，单击【公式】选项卡中【函数库】组的【插入函数】按钮，打开【插入函数】对话框，在【选择函数】框中单击 IF 函数，打开 IF 函数参数对话框。在 IF 函数参数对话框中，分别输入图 4–80 所示的两个参数。Value_if_true 中的引号可以不输入，是自动产生的，将光标放在第三个参数框中。

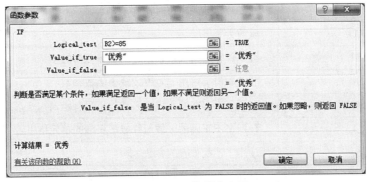

图 4–80　IF 函数嵌套步骤 1

② 单击工作表编辑栏左侧 IF ×✓f_x，再打开一个 IF 函数参数对话框，分别输入如图 4–81 所示的三个参数。

图 4–81 IF 函数嵌套步骤 2

③ 单击【确定】按钮，第一个人的评价就计算出来了。选定 C2，向下填充，可计算出所有人的评价。完成后的评价如图 4–82 所示。

C2 f_x =IF(B2>=85,"优秀",IF(B2>=60,"合格","不合格"))

	A	B	C	D	E	F	G	H
1	姓名	计算机	评价					
2	刘毅	90	优秀					
3	占杰	65	合格					
4	汪洋	70	合格					
5	左子玉	84	合格					
6	刘淇淇	52	不合格					
7	周畅	88	优秀					

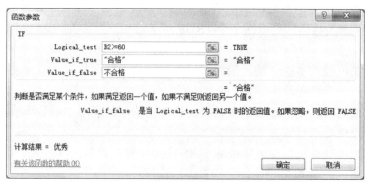

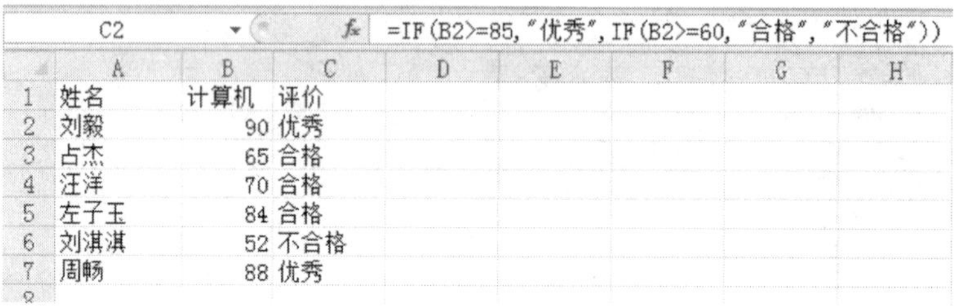

图 4–82 IF 函数嵌套效果

在编辑栏中显示的公式 f_x =IF(B2>=85,"优秀",IF(B2>=60,"合格","不合格")) 就是最典型的函数嵌套例子。

4.4.4 公式中的出错信息

当公式中有错误时，系统会给出错误信息。表 4–7 中列出了一些常见的出错信息。

表 4–7 公式中常见的出错信息

错误值	可能的原因
# VALUE!	需要数值或逻辑值时输入了文本
# DIV/O!	除数为零
#####!	公式计算的结果太长，超出了单元格的字符范围
# N/A	公式中没有可用的数值或缺少函数参数
# NAME?	使用了不存在的名称或名称的拼写有错误
# NULL!	使用了不正确的区域运算或不正确的单元格引用
# NUM!	使用了不能接收的参数
# REF!	删除了由其他公式引用的单元格

4.5　数据管理与分析

Excel 不仅具有简单数据计算处理的能力，还提供了强大的数据库管理功能，如数据的排序、筛选、分类汇总等，利用这些功能可以方便地从大量数据中获取所需数据、重新整理数据，以及从不同的角度观察和分析数据。

4.5.1　数据清单

数据清单，又称数据列表，是由工作表单元格构成的矩形区域，即一张二维表。其特点如下。

1）与数据库对应。二维表中一列为一个字段，一行为一个记录，第一行为表头，表头由若干个字段名组成。字段名一般是字段内容的概括和说明。数据由若干列组成，每列有一个列标题，相当于数据库的字段名。特别要注意的是，每个字段名称应该是唯一的，且数据列表的记录也应该是唯一的。

2）表中不允许有空行或空列；每一列必须是同类型的数据。

数据列表可以像一般工作表一样建立和编辑，如图 4-83 所示。

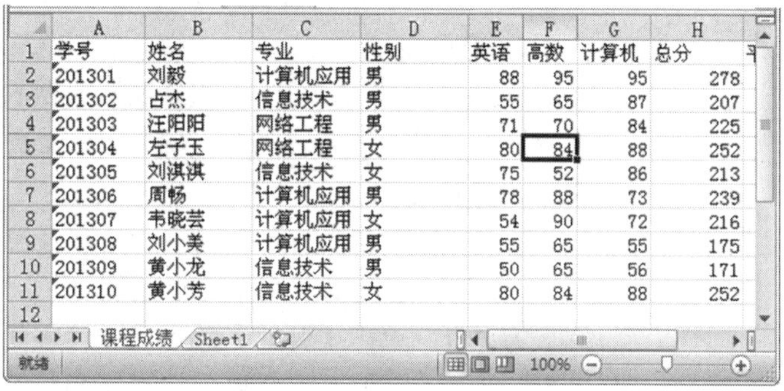

图 4-83　数据列表示意图

4.5.2　数据排序

Excel 可以根据一列或多列的数据按升序或降序对数据清单进行排序，在默认排序时，是根据单元格中的数据进行排序的：对英文按字母顺序排序（可选择是否区分大小写），对汉字可选择按拼音或笔画排序。Excel 在按升序排序时，使用如下顺序：

① 数值从最小的负数到最大的正数排序。

② 文本和数字的文本按从 0~9，a~z，A~Z 的顺序排列。

③ 逻辑值 False 排在 True 之前。

④ 所有错误值的优先级相同。

⑤ 空格排在最后。

1. 简单排序

简单排序是指按单一字段按升序或降序排列。可以通过两种方法实现。

方法 1：

① 单击要进行排序字段的任一个单元格。

② 单击【开始】选项卡中【编辑】组的【排序和筛选】按钮 ⚡▼，

③ 在弹出的下拉菜单中选择【降序】命令，如图 4-84 所示。

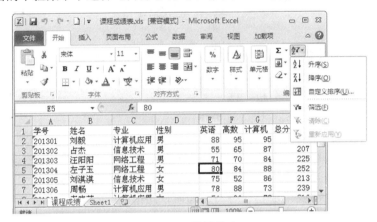

图 4-84　数据排序

方法 2：

① 同方法 1 的步骤①。

② 单击【数据】选项卡中【排序和筛选】组的【升序】$_{\text{升}}^{\text{A}}$或【降序】按钮$_{\text{升}}^{\text{A}}$即可。

图 4-85　【排序和筛选】下拉菜单

2. 复杂排序

在某些特殊要求下，可能会根据数据表中的某个特定序列内容进行排序，这就需要自定义排序。下面介绍多关键字复杂排序的操作方法。

① 在需要排序的数据表中，单击任意单元格。

② 可以通过以下两个方法实现。

方法 1：单击【开始】选项卡中【编辑】组的【排序和筛选】按钮$^{\text{A}}_{\text{升}}$，在下拉菜单中选择【自定义排序】，如图 4-85 所示。

方法 2：单击【数据】选项卡中【排序和筛选】组的【排序按钮】$\boxed{\text{A}}_{\text{Z}}$。

③ 在出现的【排序】对话框中，单击【主要关键字】下拉列表框，选择准备排序的主要关键字，如图 4-86 所示。

图 4-86　【排序】对话框

④ 在【次序】下拉列表框中，选择准备排序的次序，如"降序"。

⑤ 单击【添加条件】按钮。

⑥ 在【次要关键字】下拉列表框中选择准备排序的次要关键字，选择次序。

⑦ 如要继续设定排序条件，继续单击【添加条件】。

⑧ 单击【确定】按钮。

4.5.3　数据筛选

数据筛选是将数据清单中满足条件的数据显示，不满足条件的记录暂时隐藏起来，当筛选条件被删除时，隐藏的数据又会恢复显示。

筛选有两种方式：自动筛选和高级筛选。

1. 自动筛选

自动筛选是所有筛选方式中最便捷的一种，只需要进行简单的操作即可筛选出所有需要的数据。下面介绍自动筛选的操作步骤。

① 在需要筛选的数据区域中单击任意单元格。

② 单击【开始】选项卡中【编辑】组的【排序和筛选】按钮，或者单击【数据】选项卡中【排序和筛选】组的【筛选】按钮，这时，工作表中的每一列标题右侧都会出现下三角按钮，如图 4-87 所示。

	A	B	C	D	E	F	G	H	I
1	学号	姓名	专业	性别	英语	高数	计算机	总分	平均分
2	201301	刘毅	计算机应用	男	88	95	95	278	92.7
3	201302	占杰	信息技术	男	55	65	87	207	69.0
4	201303	汪阳阳	网络工程	男	71	70	84	225	75.0
5	201304	左玉玉	网络工程	女	80	84	88	252	84.0
6	201305	刘淇淇	信息技术	女	75	52	86	213	71.0
7	201306	周畅	计算机应用	男	78	88	73	239	79.7
8	201307	韦晓芸	计算机应用	女	54	90	72	216	72.0
9	201308	刘小美	计算机应用	男	55	65	55	175	58.3
10	201309	黄小龙	信息技术	男	50	65	56	171	57.0
11	201310	黄小芳	信息技术	女	80	84	88	252	84.0
12									

图 4-87　选择【自动筛选】命令后的工作表

③ 单击要筛选数据列标题右侧的下三角按钮，在【文本筛选】区域中，选择需要筛选数据的复选框，单击【确定】按钮。例如单击"专业"列右侧的下三角按钮，然后从弹出的列表中选择"计算机应用"选项，如图 4-88 所示。则工作表中只显示出报考专业为"计算机应用"的考生的有关情况，如图 4-89 所示。

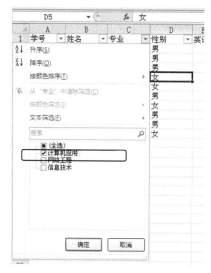

图 4-88　自动筛选的下拉列表框

	A	B	C	D	E	F	G	H
1	学号	姓名	专业	性别	英语	高数	计算机	总分
2	201301	刘毅	计算机应用	男	88	95	95	278
7	201306	周畅	计算机应用	男	78	88	73	239
8	201307	韦晓芸	计算机应用	女	54	90	72	216
9	201308	刘小美	计算机应用	男	55	65	55	175
12								
13								
14								

图 4-89　经自动筛选后的工作表数据

如果想恢复被隐藏的记录，则可以单击已筛选列右侧的下三角按钮，然后从弹出的列表中选择【全选】选项。

如果要恢复工作表中的原始数据，则再次单击【数据】选项卡中【排序和筛选】组的【筛选】按钮 ▽ 即可。

自动筛选数据后，在筛选的列右侧会出现漏斗状的筛选按钮 ▽，若将鼠标指针放置在此按钮上，"小水滴"功能会提示筛选时使用的条件。

注意：筛选并不意味着删除不满足条件的记录，而只是暂时隐藏。要对数据进行筛选，在数据中必须要有列标题。

使用自动筛选可以创建三种筛选类型：数字筛选、文本筛选、按颜色筛选。对于每个单元格区域，这三种筛选是互斥的，例如，不能既按单元格颜色又按数字列表进行筛选，二者只能选其一。以上介绍了文本筛选，下面介绍颜色筛选，操作步骤如下。

图 4-90　自动筛选的下拉列表框

① 为了能说明"按颜色筛选"，将工作表中几个姓名添加字体颜色，然后单击列表中的任意一个单元格。

② 单击【数据】选项卡中【排序和筛选】组的【筛选】按钮 ▽。

③ 单击要筛选数据列标题右侧的下三角按钮，单击"姓名"的列标题的下三角箭头，打开下拉列表框，在【按颜色筛选】中可以再打开一个下拉列表框，选择要筛选的颜色即可。如图 4-90 所示。

2. 高级筛选

使用"筛选"命令查找符合条件的记录，方便快捷，但这种筛选的查找条件不能太复杂。而"高级筛选"适合于复杂条件的筛选，可以使用两列或多于两列的条件，也可以使用单列中的多个条件，甚至计算结果也可以作为条件。"高级筛选"的结果可以放在原数据区，也可以复制到工作表的其他地方。

使用"高级筛选"的前提是，必须先建立一个"条件区域"。

条件区域包括两个部分：一是标题行（即字段名），标题行的字段名必须和数据表保持一致。二是一行或多行的条件行，当条件表达式放同一行时，每个条件之间的关系为"逻辑与"，即需要所有条件同时成立；当条件表达式放不同行时，每个条件之间的关系为"逻辑或"，即多条件中只需一个条件成立即可。建立条件区的位置可以是数据列表以外的任何空白位置，但最好位于数据列表上方的前三行，以免影响数据的显示。

高级筛选具体操作步骤如下。

① 在数据列表以外的任何空白位置输入条件：分别输入标题行和条件行。

例如，筛选条件为："专业是网络工程并且平均分大于 80 分的学生，或者专业是信息技术并且平均分大于等于 80 分的学生"，则应建立如图 4-91 的条件区域$C$13:$E$15（该条件区域中，第一行为标题行，第二、三行为条件行）。

② 单击【数据】选项卡中【排序和筛选】组的【高级】按钮 ▽高级，在【高级筛选】对话框中选择相应的列表区域和条件区域，如图 4-91 所示。

③ 最后选择【确定】按钮得到筛选结果，如图 4-92 所示。

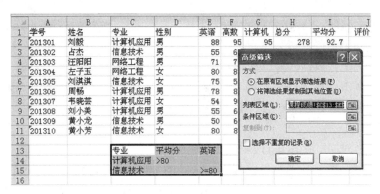

图 4-91　【高级筛选】对话框

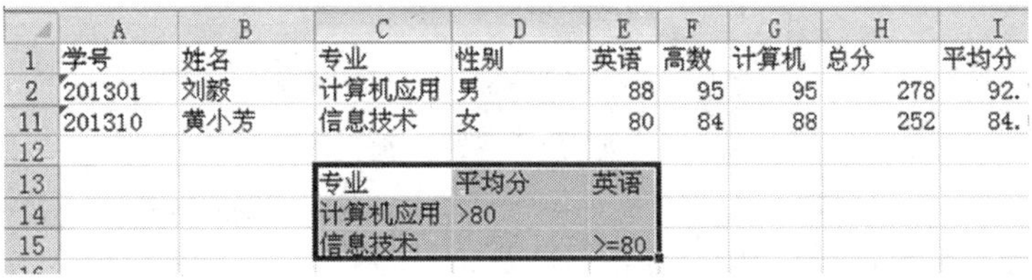

图 4-92　【高级筛选】结果

如果要恢复工作表中的原始数据，则再次单击【数据】选项卡中【排序和筛选】组的【筛选】按钮 ▼ 即可。

4.5.4　分类汇总

分类汇总就是对数据清单按某个字段进行分类，将字段值相同的连续记录作为一类，进行求和、平均等汇总计算，并且针对同一个分类字段，可进行多种汇总。

在分类汇总之前，必须要对分类的字段进行排序。

1. 简单汇总

简单汇总是对数据清单的一个字段统一做一种方式的汇总。

例如，在课程成绩表中，求各专业学生各门课的平均成绩。操作步骤如下。

① 对分类字段进行排序，此例为"专业"。

② 单击【数据】选项卡中【分级显示】组的【分类汇总】按钮 ，在【分类汇总】对话框中进行相应的选择，如图 4-93 所示。分类汇总后的结果如图 4-94 所示。

图 4-93　【分类汇总】对话框

图 4-94　求各专业学生每门课的平均值的分类汇总结果

在进行分类汇总时，Excel 会自动对列表中的数据进行分级显示，在工作表窗口左边会出现分级显示区，列出一些分级显示符号，允许对数据的显示进行控制。

在默认的情况下，数据会分三级显示，可以通过单击分级显示区上方的"1、2、3"三个按钮进行控制。单击"1"按钮，只显示列表中的列标题和总计结果；"2"按钮显示列标题、各个分类汇总结果和总计结果；"3"按钮显示所有的详细数据。

2. 嵌套汇总

嵌套汇总就是对同一字段进行多种方式的汇总。

如上面例子中，在求各专业各课程平均成绩的基础上，还要统计各专业人数，则可再次进行分类汇总。此时【分类汇总】对话框中的【替换当前分类汇总】复选框不能选中，对话框设置如图 4-95 所示，汇总结果如图 4-96 所示。

图 4-95 【分类汇总】对话框　　图 4-96　求各专业学生每门课的平均值和各专业人数的分类汇总结果

可以看到，当分类汇总方式不止一种时，分级显示区的按钮会多于 3 个。数据分级显示可以设置，选择【数据】选项卡的【分级显示】组的【取消组合】或【创建组】按钮可对分类汇总数据分级显示进行"取消"或"创建"处理。

3. 多级分类汇总

前面介绍的分类汇总只能按工作表中的一个字段进行，如果想要按两个或两个以上的字段进行分类汇总，可以创建多级分类汇总。多级分类汇总类似后续小节介绍的"数据透视表"。

例如，在课程成绩表中，求各专业男女学生各门课的平均分。操作步骤如下。

① 对分类字段进行排序：选择数据区域内的任意单元格，单击【数据】选项卡|【排序和筛选】组的【排序】按钮，在【排序】对话框中设定【主要关键字】为"专业"，【次要关键字】为"性别"，如图 4-97 所示。

图 4-97　多关键字排序

② 单击【数据】选项卡中【分级显示】组的【分类汇总】按钮 ▦，在【分类字段】选择 "专业"，【汇总方式】选择 "平均值"，【选定汇总项】选择 "英语"、"高数"、"计算机"，如图 4–98 所示。单击【确定】，此时完成第一级分类汇总。

③ 再次选择数据区域内的任意单元格，单击【数据】选项卡中【分级显示】组的【分类汇总】按钮 ▦，在【分类字段】选择 "性别"，其他选项如图 4–99 所示。单击【确定】，此时完成第二级分类汇总。

图 4–98　一级分类汇总

图 4–99　二级分类汇总

此例多级分类汇总效果如图 4–100 所示。

1 2 3		A	B	C	D	E	F	G
	1	学号	姓名	专业	性别	英语	高数	计算机
	2	201301	刘毅	计算机应用	男	88	95	95
	3	201306	周畅	计算机应用	男	78	88	73
	4	201308	刘小美	计算机应用	男	55	65	55
	5				男 平均值	73.7	82.7	74.333
	6	201307	韦晓芸	计算机应用	女	54	90	72
	7				女 平均值	54	90	72
	8	201303	汪阳阳	网络工程	男	71	70	84
	9				男 平均值	71	70	84
	10	201304	左子玉	网络工程	女	80	84	88
	11				女 平均值	80	84	88
	12	201302	占杰	信息技术	男	55	65	87
	13	201309	黄小龙	信息技术	男	50	65	56
	14				男 平均值	52.5	65	71.5
	15	201305	刘淇淇	信息技术	女	75	52	86
	16	201310	黄小芳	信息技术	女	80	84	88
	17				女 平均值	77.5	68	87
	18				总计平均值	68.6	75.8	78.4
	19							
	20							
	21							

图 4–100　多级分类汇总效果

注意：一级分类字段选择排序时的主要关键字，二级分类字段选择排序时的次要关键字。

4.5.5　数据透视表

前面介绍的分类汇总适合于按一个字段进行分类，对一个或多个字段进行汇总。如果要按多个字段进行分类并汇总，则需要用数据透视表来解决。数据透视表是一种对大量数据进

图 4-101　【创建数据透视表】对话框

行快速汇总和建立交叉列表的交互式表格，它不仅可换行和列，以显示源数据不同的汇总结果，也可以显示不同页面，用于筛选数据，还可以根据用户的需要显示区域中的细节数据。

例如，在课程成绩表中，要统计各专业男女生的人数，此时既要按专业分类，又要按性别分类，操作步骤如下。

① 选择【插入】选项卡中的【表格】组的【数据透视表】的【数据透视表】命令，弹出如图 4-101 所示的【创建数据透视表】对话框。

② 在该对话框中选择【要分析的数据】和【放置数据透视表的位置】，单击【确定】按钮，如图 4-101 所示。此时的数据透视表是空表，若要生成数据透视表，还需要进行数据透视表字段的设置。

③ 根据数据需要，将表格中的数据添加到数据透视表中或从数据透视表中进行删除、移动置、设置等操作。

● 添加字段：在图 4-102 右侧的【数据透视表字段列表】窗格的【选择要添加到报表的字段】列表框中，选中对应字段的复选框。此例中在行字段添加"性别"字段，则选中"性别"复选框。如图 4-103 所示。

图 4-102　空的数据透视表

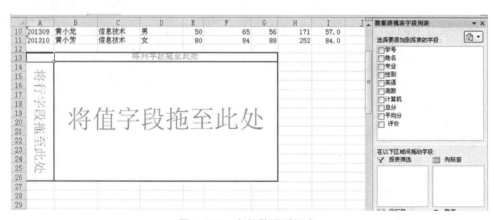

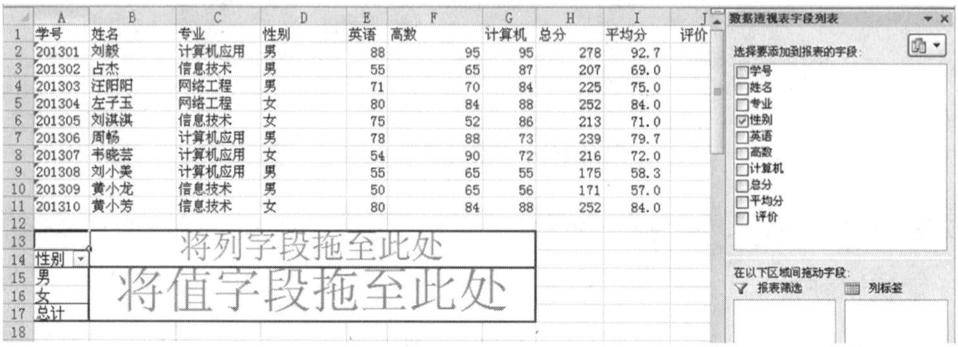

图 4-103　添加字段

● 移动字段：

方法 1：将鼠标指定到【选择要添加到报表的字段】列表框中需移动的字段上，然后按住鼠标左键不放，拖动至所需区域时再释放鼠标即可。

方法 2：右击【选择要添加到报表的字段】列表框中需移动的字段，在弹出的下拉菜单中选择【添加到列标签】或者【添加到行标签】命令。此例中，将"专业"字段添加到列标签，如图 4-104 所示。再将"姓名"字段拖动到值字段区域。

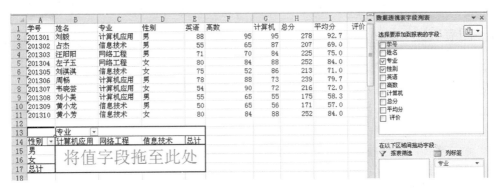

图 4-104　添加列标签

● 设置字段：设置字段是指对字段名称、分类汇总和筛选、布局和打印以及汇总方式等进行设置。不同区域中字段的设置方式是不同的。以【数值】区域中的字段为例介绍其设置方法。单击【数值】区域中需设置字段上的下拉菜单按钮，在弹出的下拉菜单中选择【值字段设置】命令，如图 4-105 所示。在打开的【值字段设置】对话框中分别对【自定义名称】、【分类汇总和筛选】等进行设置，完成后单击【确定】按钮即可。此例在【分类汇总和筛选】中选择【自定义】单选按钮，然后在【选择一个或多个函数】列表框中选择【计数】，如图 4-106 所示。

图 4-105　设置字段

● 删除字段：和移动字段类似。

默认情况下，拖入数据区的汇总字段如果是数值型，则对其求和，否则为计数。

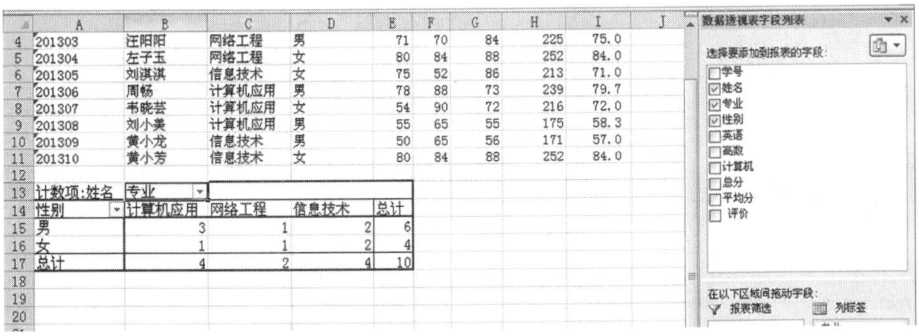

图 4-106　数据透视表示例

4.6　图　　表

图表以图形方式来显示工作表中的数据，工作表数据以统计图表的形式来动态表达，使数据更形象、直观、清晰、易懂，更方便观测、分析数据，从而获取更多的有用信息。尤其是当工作表中的数据（源数据）发生改变时，图表中的图形也随之改变，这是 Excel 图表最大的特点。Excel 2010 有丰富的内置图表功能，可以为创建图表提供多种类型的图形。

4.6.1　图表概述

建立一个 Excel 图表，首先要对需要建立图表的工作表进行阅读分析，确定用什么类型的图表和图表的内在设计，才能使图表建立后达到"直观"、"形象"的目的。

建立图表一般有以下步骤。

① 阅读、分析要建立图表的工作表数据，找出"比较"项。

② 通过【插入】选项卡中的【图表】功能区命令按钮创建图表。

③ 选择合适的图表类型。

④ 最后对建立的图表通过【图表工具】进行编辑和格式化。

Excel 2010 中提供了 11 种基本图表类型，如图 4-107 所示。每种图表类型中又有几种到十几种不等的子图表类型，在创建图表时，需要针对不同的应用场景，选择不同的图表类型。

各种不同类型图表的用途见表 4-8。

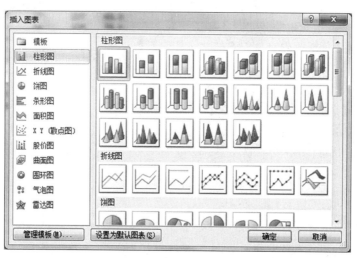

图 4-107　图表类型

表 4-8　图表的类型和用途

图表类型	用　途　说　明
柱形图	用于比较一段时间中两个或多个项目的相对大小
条形图	在水平方向上比较不同类别的变化趋势
折线图	按类别显示一段时间内数据的变化趋势

续表

图表类型	用　途　说　明
饼图	在单组中描述部分与整体的关系
XY 散点图	描述两种相关数据的关系
面积图	强调一段时间内数值的相对重要性
圆环图	以一个或多个数据类别来对比部分与整体的关系，在中间有一个更灵活的饼状图
雷达图	表明数据或数据频率相对于中心点的变化
曲面图	当第三个变量变化时，跟踪另外两个变量的变化，曲面图为三维图
气泡图	突出显示值的聚合，类似于散点图
股价图	综合了柱形图和折线图，专门设计用来跟踪股票价格

4.6.2　图表的组成

Excel 图表的作用是将数据可视化，图表与数据是相互联系的，当数据发生变化时，图表也会相应地产生变化。一个创建好的图表由很多部分组成，主要包括图表标题、图表区、绘图区、图例项、数据系列、网格线、坐标轴等，如图 4-108 所示。

- 图表标题：用于显示图表的名称。
- 图表区：是整个图表的背景区域，在其中显示整个图表及其全部元素。
- 绘图区：是用来绘制数据的区域，即二维图表中以轴来界定的区域，三维图表中同样是通过轴来界定的区域。

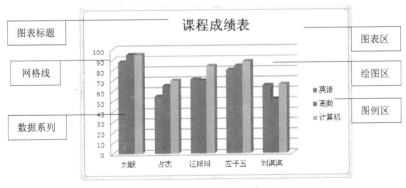

图 4-108　图表的组成

- 图例项：在图表中，图例项是区分各个数据系列的标识和说明。
- 数据系列：是指在图表中绘制数值的表现形式，相同颜色的数据标记组成一个数据系列。
- 网格线：分为主要网格线和次要网格线，用于表示图表的刻度。
- 坐标轴：用于界定图表绘图区的线条。

4.6.3　创建图表

在 Excel 2010 中创建图表非常简单。下面介绍根据现有数据创建图表的方法。

打开准备创建图表的工作表，进行如下操作。

① 选择准备创建图表的数据区域。

② 切换到【插入】选项卡。

③ 在【图表】组中选择准备创建的图表类型，如选择"柱形图"。

④ 在弹出的柱形图样式库中选择"二维柱形图"，如图 4-109 所示。

完成后的柱形图图表如图 4-110 所示。

图 4-109　创建图表

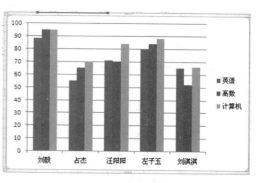

图 4-110　柱形图图表

此外，还可以用<F11>键自动创建图表：选择准备创建图表的数据区域，按下<F11>键后即可创建一个名为 Chart1 的图表工作表，如图 4-111 所示。

无论使用哪种创建方式，都可以创建两种图表：嵌入式图表和图表工作表。

● 嵌入式图表是置于工作表中而不是单独的图表工作表。当需要在一个工作表中查看或打印图表、数据透视图、源数据或其他信息时，可以使用嵌入式图表。

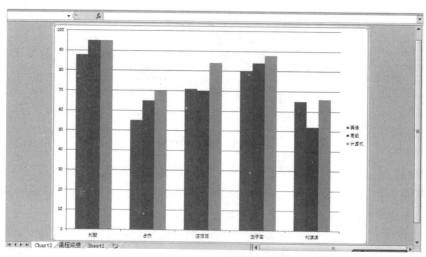

图 4-111　图表工作表

● 图表工作表是一个只包含图表的工作表。当希望单独查看图表或数据透视图时，图表工作表非常有用。

4.6.4 编辑图表

创建图表后，还可以进一步修改加工和细化，例如，添加图表标题，增删数据，设置颜色，更改类型，复制、移动、缩放、删除图表等。

创建图表后，只要选定图表，在功能区就会显示图表工具下的【设计】、【布局】和【格式】选项卡，如图 4–112 所示。用户可以使用这些命令来修改图表。

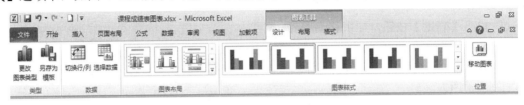

图 4–112 增加图表后的【设计】选项

使用【设计】选项卡，可以按行或按列显示数据系列、更改图表的源数据、更改图表的位置、更改图表类型、将图表保存为模板等。

使用【布局】选项卡，可以更改图表元素（如添加图表标题和数据标签）的显示，使用绘图工具或在图表上添加文本框和图片。

使用【格式】选项卡，可以添加填充颜色、更改线型或应用特殊效果。

当创建了图表后，图表和创建图表的工作表的数据区域之间建立了联系，当工作表中的数据发生了变化，图表中的对应数据也自动更新。

● 删除数据系列：选定所需删除的数据系列，按<Del>键即可将整个数据系列从图表中删除，但这不影响工作表中的数据。若删除工作表中的数据，则图表中对应的数据系列也随之删除。

● 向图表添加数据系列：向图表添加数据系列可通过【设计】选项卡的【选择数据】命令来完成。

下面简单介绍编辑图表的操作过程。

1. 更改图表的类型

① 单击图表区（整个图表）或绘图区，此时要显示【设计】、【布局】、【格式】这三个选项卡。

② 单击【设计】选项卡中【类型】组的【更改图表类型】按钮，打开【更改图表类型】对话框，在对话框的左侧列表框中选择要使用的图表类型，在右侧的列表中选择相应的子类型。

③ 单击【确定】按钮。

2. 更改图表位置

① 选定图表区。

② 单击【设计】选项卡中【位置】组的【移动图表】按钮，显示【移动图表】对话框，如图 4–113 所示。

③ 如果希望把图表放置在图表工作表中，可以再选择【新工作表】单选按钮。如果想替换图表的默认名称，可以在"新工作表"框中输入新的名称。

④ 如果希望将图表显示为工作表中的嵌入图表，可以单击【对象位于】单选按钮，然后单击【对象位于】框右侧的向下箭头，在打开的下拉列表框中，选择需要的工作表名。

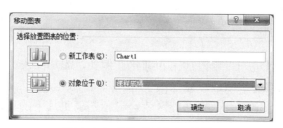

图 4-113 【移动图表】对话框

⑤ 单击【确定】按钮，即可移动图表。

3. 切换图表的行/列

切换图表的行/列，可以将图表坐标轴上的数据交换。切换图表行/列的操作步骤如下。

① 选定图表区。

② 单击【设计】选项卡中【数据】组的【切换行/列】按钮，即完成行/列的切换。图 4-114 显示的是切换前的图表，图 4-115 显示的是切换后的图表。

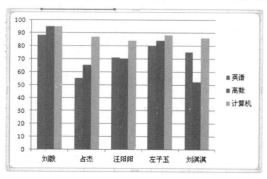

图 4-114 切换前的图表

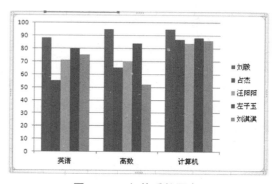

图 4-115 切换后的图表

4. 设置图表的标题

如果要设置图表标题，可进行如下操作。

① 选定图表。

② 单击【布局】选项卡中【标签】组的【图表标题】按钮，打开下拉列表框，如图 4-116 所示。

③ 选择【图表上方】命令，此时图表上方会出现【图表标题】文字框，如图 4-117 所示。

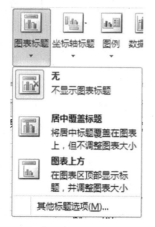

图 4-116 【图表标题】按钮列表框

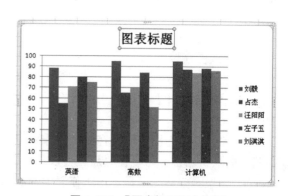

图 4-117 【图表标题】文字框

④ 选定【图表标题】文本，将其修改为"学生考试成绩表"，即完成图表标题的设置。

此外，添加图表标题后，还可以单击【格式】选项卡，设置其填充效果、字体样式以及特殊效果等内容，对图表标题做修饰。

5. 设置坐标轴标题

如果要设置坐标轴标题，操作步骤如下。

① 选定添加好图表标题的图表。

② 单击【布局】选项卡中【标签】组的【坐标轴标题】按钮，在弹出的下拉列表框中，选择【主要横坐标轴标题】下的【坐标轴下方标题】命令，此时在图表下方出现【坐标轴标题】文本框。

③ 选定【坐标轴标题】文本，将其修改为"姓名"。

④ 单击【坐标轴标题】按钮，在弹出的下拉菜单中选择【主要纵坐标轴标题】下的【竖排标题】命令。此时在图表左侧出现【坐标轴标题】文字框，将其修改为"课程成绩"。如图 4-118 所示。

此外，还可以单击【坐标轴标题】文本框，弹出下拉菜单，利用菜单命令，对坐标轴标题做进一步的设置和修饰。

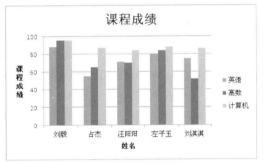

图 4-118 显示坐标轴标题

6. 设置图表的数据标签

如果要设置图表的数据标签，操作步骤如下。

① 选定添加好图表坐标轴标题的图表。

② 单击【布局】选项卡中【标签】组的【数据标签】按钮，打开【数据标签】下拉列表框，如图 4-119 所示。

③ 在下拉列表框中选择数据标签所在的位置，如选择【数据标签外】命令，这时数据标签在图表中的显示效果如图 4-120 所示。

图 4-119 【数据标签】菜单

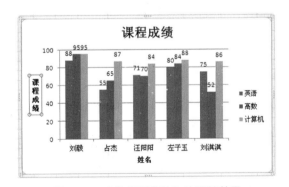

图 4-120 【数据标签外】位置的效果

7. 在图表中显示数据表

如果要在图表中显示数据表，操作步骤如下。

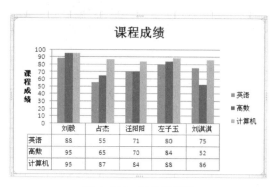

图 4-121　显示数据表

① 选定图表。

② 单击【布局】选项卡中【标签】组的【模拟运算表】按钮，在显示的下拉列表框中选择【显示模拟运算】命令，如图 4-121 所示。此时可以看到图表的区域大小，可以进行调整。

8. 设置图表的背景

图表的背景包括显示图表背景墙、显示图表基底等。设置图表背景的操作步骤如下。

① 单击图表区，将图表类型变更为"三维簇状柱形图"。

② 单击【布局】选项卡中【背景】组的【图表背景墙】按钮，在显示的下拉列表框中选择【其他背景墙选项】命令，打开【设置背景墙格式】对话框；单击对话框左侧的【填充】选项，然后在右侧展开的【填充】组中单击【渐变填充】单选按钮；单击【预设颜色】的下拉按钮，打开颜色列表框，选择一种颜色，如图 4-122 所示。

③ 单击【关闭】按钮，即可使用默认的渐变填充颜色作为图表的背景墙。

④ 保持图表的选定状态，单击【布局】选项卡中【背景】组的【图表基底】按钮，在显示的下拉列表框中选择【其他基底选项】命令。此时弹出【设置基底格式】对话框，单击对话框左侧的【填充】选项，然后在右侧展开的【填充】组中单击【图片或纹理填充】按钮。

⑤ 单击【纹理】右侧的向下箭头，在弹出的下拉列表框中选择需要的纹理，设置完毕，单击【关闭】按钮，此时图表会显示基底纹理效果。如图 4-123 所示。

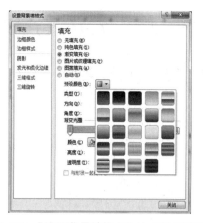

图 4-122　【设置背景墙格式】的"颜色渐变"

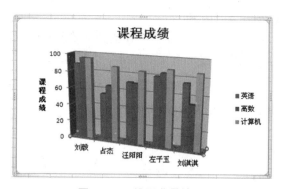

图 4-123　设置背景墙

修饰图表的功能有许多组合，操作起来也比较简单，这里不一一讲解。

4.7　打印工作表

4.7.1　设置页面

工作表创建好后，为了提交或者为了查阅方便，常常需要把它打印出来，或只打印它的一部分，此时，需先进行页面设置，再进行打印预览，最后打印输出。

Excel 具有默认页面设置功能，因此用户可直接打印工作表。如有特殊需要，使用页面设置可以设置工作表的打印方向、缩放比例、纸张大小、页边距、页眉、页脚等。选择【页面布局】选项卡的【页面设置】右侧的向下箭头，在【页面设置】对话框中进行设置。

1. 设置页面

在【页面设置】对话框的【页面】选项卡中可以进行以下设置。

【方向】：与 Word 的页面设置相同。

【缩放】：用于放大或缩小打印工作表，其中【缩放比例】允许在 10%～400%之间。100%为正常大小，小于为缩小，大于则放大。【调整为】表示把工作表拆分为几部分打印，如调整为 3 页宽，2 页高，表示水平方向截为三部分，垂直方向截为两部分，共分 6 页打印。

【打印质量】：表示每英寸打印多少点，打印机不同，数字会不一样，打印质量越好，数字越大。

【起始页码】：可输入打印首页页码，默认【自动】从第一页或接上一页打印。

2. 设置页边距

在【页面设置】对话框的【页边距】选项卡中，可以设置打印数据在所选纸张的上、下、左、右留出的空白尺寸；设置页眉和页脚距上下两边的距离，注意该距离应小于上下空白尺寸，否则将与正文重合；设置打印数据在纸张上水平居中或垂直居中，默认为靠上靠左对齐。

3. 设置页眉/页脚

在【页面设置】对话框的【页眉/页脚】选项卡中提供了许多预定义的页眉、页脚格式，如果用户不满意，可单击【自定义页眉】或【自定义页脚】按钮自行定义，输入位置为左对齐、居中、右对齐三种，9 个小按钮自左至右分别用于定义格式文本、插入页码、插入页数、插入日期、插入时间、插入文件路径、插入文件名、插入数据表名称和插入图片。

4. 设置工作表

在图 4-124 所示的【页面设置】对话框的【工作表】选项卡中可做如下设置。

【打印区域】：允许用户单击右侧对话框折叠按钮，选择打印区域。

【打印标题】：用于当工作表较大时，分成多页打印。出现除第一页外其余页要么看不见列标题，要么看不见行标题的情况时，【顶端标题行】和【左端标题列】用于指出在各页上端和左端打印的行标题与列标题，便于对照数据。

【网格线】复选框：选中时用于指定工作表带表格线输出，否则只输出工作表数据，不输出表格线。

【行号列标】复选框：允许用户打印输出行号和列标，默认为不输出。

【单色打印】复选框：当设置了彩色格式而打印机为黑白色时，选择此项，另外，彩色打印机选此选项可减少打印时间。

图 4-124 【页面设置】对话框

【批注】复选框：用于选择是否打印批注及打印的位置。

【草稿品质】复选框：可加快打印速度，但会降低打印质量。

如果工作表较大，超出一页宽和一页高时，【先列后行】规定垂直方向先分页打印完，再考虑水平方向分页。此为默认打印顺序。【先行后列】规定水平方向先分页打印。

4.7.2　设置打印区域和分页

设置打印区域可将选定的区域定义为打印区域，分页则是人工设置分页符。

1. 设置打印区域

用户有时只想打印工作表中部分数据和图表，如果经常需要这样打印时，可以通过设置区域来解决。

先选择要打印的区域，再选择【文件】|【打印】选项卡，在【设置】区域单击【打印活动工作表】，在其下拉列表中选择【打印选定区域】，如图 4-125 所示，则打印时只有被选定的区域数据被打印。打印区域可以设置为【打印活动工作表】、【打印整个工作簿】和【打印选定区域】三种。

图 4-125　设置打印区域

2. 插入和删除分页符

工作表较大时，Excel 一般会自动为工作表分页，如果用户不满意这种分页方式，可以根据需要对工作表进行人工分页。

为达到人工分页的目的，用户可手工插入分页符。分页包括水平分页和垂直分页。设置水平分页操作步骤为：首先单击要另起一页的起始行行号（或选择该行最左边单元格），然后选择【页面布局】|【分隔符】|【插入分页符】命令，在起始行上端会出现一条水平虚线，表示分页成功。

垂直分页时，必须先单击另起一页的起始列号（或选择该列最上端单元格），然后选择【页面布局】|【分隔符】|【插入分页符】命令，分页成功后将在该列左边出现一条垂直分页虚线。

如果选择的不是最左或最上的单元格，插入分页符将在该单元格上方和左侧各产生一条分页虚线。

删除分页符可选择分页虚线的下一行或右一列的任一单元格，选择【页面布局】|【分隔符】|【插入分页符】命令即可。选中整个工作表，然后选择【页面布局】|【分隔符】|【删除分页符】命令可删除工作表中所有人工分页符。

3. 分页预览

通过分页预览可以在窗口中直接查看工作表分页的情况。它的优越性还体现在分页预览时，仍可以像平常一样编辑工作表，可以直接改变设置的打印区域大小，还可以方便地调整分页符位置。

分页后选择【视图】|【工作簿视图】|【分页预览】命令，进入分页预览视图。视图中蓝色粗实线表示了分页情况，每页区域中都有暗淡页码显示，如果事先设置了打印区域，可以看到最外层蓝色粗边框没有框住所有数据，非打印区域为深色背景，打印区域为浅色背景。分页预览时同样可以设置、取消打印区域，插入、删除分页符。

分页预览时，改变打印区域大小的操作非常简单，将鼠标移到打印区域的边界上，指针变为双箭头，拖曳鼠标即可改变打印区域。

此外，预览时还可直接调整分页符的位置：将鼠标指针移到分页实线上，指针变为双箭头时，拖曳鼠标可调整分页符的位置。使用【视图】|【工作簿视图】|【普通】命令可结束分页预览，回到普通视图中。

4.7.3　打印预览和打印

打印预览为打印之前预览文件的外观，模拟显示打印的设置结果，一旦设置正确，即可在打印机上正式打印输出。选择【文件】|【打印】选项卡，如图 4-110 所示，其右侧两个窗格分别为【打印设置】区和【打印预览】区。

1. 打印预览

【打印预览】区右下角有【缩放】和【页边距】两个按钮。

【缩放】：此按钮可使工作表在总体预览和放大状态间来回切换，放大时能看到具体内容，但一般须移动滚动条来查看。注意：这只是查看，并不影响实际打印大小。

【页边距】：单击此按钮，使预览视图出现虚线，表示页边距和页眉、页脚位置，鼠标拖曳可直接改变它们的位置，这比页面设置改变页边距直观得多。

2. 打印设置

【打印设置】区可以实现打印机设置、打印范围设置、打印方式设置、打印方向设置等，方法与 Word 打印基本相似，此处不再赘述。

1. 什么是工作簿？什么是工作表？什么是单元格？它们之间的关系如何？

2. 说明"单元格的绝对引用"和"单元格的相对引用"的表示方法，两种引用各有何特点？

3. 在 Excel 中，若函数（如 SUM 函数）中的单元格之间用","（如 B4，E4）分隔是什么含义？用":"（如 B4：E4）分隔又是什么含义？

4. 以工作表为对象的操作有哪些?

5. 工作表中有多页数据,按行分页,若想在每页上都留有标题,应如何设置?

6. 如何在同一个单元格中输入多行数据?

7. 如何对工作簿进行保护?如何解除工作簿的保护?

8. 按照在工作表中的位置,图表分为哪两种类型?简述两者的区别。

9. 一般情况下,图表有两个用于对数据进行分类和度量的坐标轴,它们是什么?

10. 数据清单和普通工作表有何区别?

11. 简述 Excel 的页面对齐方式有哪几种。

12. 什么是分类汇总?主要有哪些汇总方式?

13. 分类汇总涉及哪 3 个部分的内容?

14. 数据库高级筛选的条件部分创建原则是什么?

## 第 5 章

演示文稿软件 PowerPoint 2010

教学目标

◇ 理解 PowerPoint 2010 中的常用术语
◇ 掌握 PowerPoint 2010 演示文稿的制作和编辑方法
◇ 熟练掌握美化演示文稿的方法
◇ 熟练掌握幻灯片的动画设置、超链接技术
◇ 熟练掌握演示文稿的放映

PowerPoint 2010 是微软公司开发的办公自动化软件 Office 2010 的组件之一，可以使用文本、图形、照片、视频、动画和更多手段来设计具有视觉震撼力的演示文稿，其亮点是新增的视频和图片编辑功能及增强功能在功能区中有自己的选项卡。PowerPoint 2010 功能非常丰富，广泛应用于会议报告、教师授课、产品演示、广告宣传和学术交流等方面。

5.1　PowerPoint 2010 概述

在学习 PowerPoint 2010 时，首先要熟悉 PowerPoint 2010 的常用术语、窗口界面和视图方式，其次要掌握演示文稿的创建、保存、关闭和打开等操作。

5.1.1　PowerPoint 2010 的启动和退出

1. 启动 PowerPoint 2010

启动 PowerPoint 2010 的常用方法有以下 4 种。

方法 1：通过"开始"菜单启动。

单击【开始】|【所有程序】|【Microsoft Office】|【Microsoft Office PowerPoint 2010】菜单命令，就可以启动 PowerPoint 2010，同时计算机会自动建立一个新的文稿。

方法 2：通过桌面快捷方式启动。

双击 Windows 桌面上的 PowerPoint 快捷方式图标" "。

方法 3：通过已有的 Power Point 文档启动。

通过【计算机】程序，找到要打开的 PowerPoint 2010 文档，双击这个 PowerPoint 文档的图标，即可启动 PowerPoint 2010，并同时打开被双击的 PowerPoint 文档。

方法 4：单击【开始】|【文档】菜单命令，可以启动最近使用过的 PowerPoint 文档。

2. 退出 PowerPoint 2010

常用退出 PowerPoint 2010 的方法有以下几种。

方法 1：单击【文件】|【退出】菜单命令，关闭所有的文件，并退出 PowerPoint 2010。

方法 2：单击 PowerPoint 2010 工作界面右上角的【关闭】按钮。

方法 3：双击 PowerPoint 2010 窗口左上角的控制菜单图标"🅿"。

方法 4：直接按快捷键<Alt+F4>。

5.1.2　PowerPoint 2010 常用术语

1. 演示文稿

由 PowerPoint 创建的文档，一般包括为某一演示目的而制作的所有幻灯片、演讲者备注和旁白等内容，称为演示文稿。PowerPoint 2003 或更早版本文件扩展名为.ppt，而 PowerPoint 2010 由于引入了一种基于 XML 的文件格式，这种格式称为 Microsoft Office in XML Formats，因此 PowerPoint 2010 文件将以 XML 格式保存，文件扩展名为.pptx，见表 5–1。

表 5–1　PowerPoint 2010 文件类型及其扩展名

文件类型	扩展名
PowerPoint 2010 演示文稿	.pptx
PowerPoint 2010 启用宏的演示文稿	.pptm
PowerPoint 2010 模板	.potx
PowerPoint 2010 启用宏的模板	.potm

2. 幻灯片

演示文稿中的每一单页称为一张幻灯片，每张幻灯片都是演示文稿中既相互独立又相互联系的内容。制作一个演示文稿的过程就是依次制作一张张幻灯片的过程，每张幻灯片中既可以包含常用的文字和图表，又可以包含声音、图像和视频等。

3. 演讲者备注

演讲者备注指在演示时演示者所需要的文章内容、提示注解和备用信息等。演示文稿中每一张幻灯片都有一张备注区，它包含该幻灯片提供的演讲者备注的空间，用户可在此空间输入备注内容供演讲时参考。PowerPoint 2010 新增的演示者视图，借助两台监视器，在幻灯片放映演示期间同时可以看到演示者备注，提醒讲演的内容，而这些是观众无法看到的。

4. 讲义

讲义指发给听众的幻灯片复制材料，可把一张幻灯片打印在一张纸上，也可把多张幻灯片压缩到一张纸上。

5. 母版

PowerPoint 2010 为每个演示文稿创建一个母版集合（幻灯片母版、演讲者备注母版和讲义母版等）。母版中的信息一般是共有的信息，改变母版中的信息可统一改变演示文稿的外观。如把公司标记、产品名称及演示者的名字等信息放到幻灯片母版中，使这些信息在每张幻灯片中以背景图案的形式出现。

6. 模板

PowerPoint 2010 提供了多种多样的模板。模板是指预先定义好格式、版式和配色方案的演示文稿。PowerPoint 2010 模板是扩展名为.potx 的一张幻灯片或一组幻灯片的图案或蓝图。模板可以包含版式、主题颜色、主题字体、主题效果和背景样式，甚至还可以包含内容等。用户也可以创建自己的自定义模板，然后存储、重用以及与他人共享。此外，还可以获取多种不同类型的 PowerPoint 2010 内置免费模板，也可以在 Office.com 和其他合作伙伴网站上获取丰富多彩的演示文稿的数百种免费模板。应用模板可快速生成统一风格的演示文稿。

7. 版式

幻灯片版式包含要在幻灯片上显示的全部内容的格式设置、位置和占位符，即版式包含幻灯片上标题和副标题文本、列表、图片、表格、图表、形状和视频等元素的排列方式。版式也包含幻灯片的主题颜色、字体、效果和背景。演示文稿中的每张幻灯片都是基于某种自动版式创建的。在新建幻灯片时，可以从 PowerPoint 2010 提供的自动版式中选择一种，每种版式预定义了新建幻灯片的各种占位符的布局情况。

8. 占位符

占位符犹如版式中的容器，可容纳如文本（包括正文文本、项目符号列表和标题）、表格、图表、SmartArt 图形、影片、声音、图片及剪贴画等内容。占位符是指应用版式创建新幻灯片时出现的虚线方框。

5.1.3　PowerPoint 2010 窗口界面

图 5-1 所示为一个标准的 PowerPoint 2010 工作窗口。

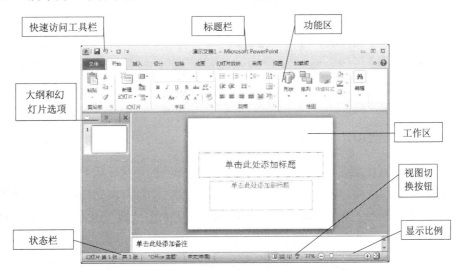

图 5-1　PowerPoint 2010 工作窗口

1. 标题栏

显示程序名及当前操作的文件名。

2. 快速访问工具栏

默认情况下有保存、撤销和恢复 3 个按钮。

3. 功能区

位于标题栏的下方。PowerPoint 2010 的功能区包含以前在 PowerPoint 2003 及更早版本中的菜单和工具栏上的命令以及其他菜单项。功能区由功能选项卡和包含在选项卡中的各种命令按钮组成。各选项卡功能如下。

【文件】：可创建新文件、打开或保存现有文件和打印演示文稿。

【开始】：可插入新幻灯片、将对象组合在一起以及设置幻灯片上的文本的格式。如果单击【新建幻灯片】旁边的下拉按钮，则可从多个幻灯片布局进行选择；【字体】组包括【字体】、【加粗】、【斜体】和【字号】按钮；【段落】组包括【文本右对齐】、【文本左对齐】、【两端对齐】和【居中】；若要查找【组】命令，可单击【排列】按钮，然后在组合对象中选择【组】。

【插入】：可将表、形状、图表、页眉或页脚插入演示文稿中。

【设计】：可自定义演示文稿的背景、主题设计和颜色或页面设置。

【切换】：可对当前幻灯片应用、更改或删除幻灯片切换效果。

【动画】：可对幻灯片上的对象应用、更改或删除效果。

【幻灯片放映】：可开始幻灯片放映、自定义幻灯片放映的设置和隐藏单个幻灯片。

【审阅】：可检查拼写、更改演示文稿中的语言或比较当前演示文稿与其他演示文稿的差异。

【视图】：可以查看幻灯片母版、备注母版、幻灯片浏览，还可以打开或关闭标尺、网格线和绘图指导。

4. 工作区域

工作区即【普通】视图，可在此区域制作、编辑演示文稿。

5. 显示比例

显示工作区域的大小比例，以适合预览和编辑工作。

6. 状态栏

位于窗口底端，显示与当前演示文稿有关的操作信息，如总的幻灯片数、当前正在编辑的幻灯片是第几张等。

5.1.4 PowerPoint 2010 视图方式

PowerPoint 2010 提供了 6 种视图方式，它们各有不同的用途，用户可以在大纲区上方找到大纲视图和幻灯片视图；在窗口右下方找到普通视图、幻灯片浏览视图、阅读视图和幻灯片放映这 4 种主要视图。单击 PowerPoint 2010 窗口右下角的按钮，如图 5-2 所示，可在各种视图方式之间进行切换。

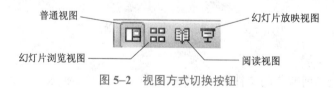

图 5-2 视图方式切换按钮

1. 普通视图

普通视图是主要的编辑视图，可用于编辑或设计演示文稿。该视图有选项卡和窗格，分别为【大纲】选项卡和【幻灯片】选项卡，幻灯片窗格和备注窗格，如图 5-3 和图 5-4 所示。通过拖动边框可调整选项卡和窗格的大小，选项卡也可以关闭。

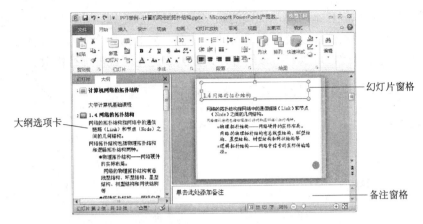

图 5-3　选择【大纲】选项卡的普通视图

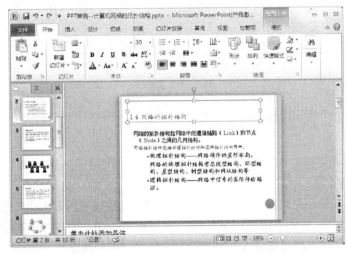

图 5-4　选择【幻灯片】选项卡的普通视图

1）【大纲】选项卡：在左侧工作区域显示幻灯片的文本大纲，方便组织和开发演示文稿中的内容，如输入演示文稿中的所有文本，然后重新排列项目符号、段落和幻灯片。该区域是用户开始撰写内容的基本，若要打印演示文稿大纲的书面副本，并使其只包含文本而没有图形或动画，可以先单击【文件】选项卡的【打印】命令，然后单击【设置】下的【整页幻灯片】，选择【大纲】，再单击顶部的【打印】按钮。

2）【幻灯片】选项卡：在左侧工作区域显示幻灯片的缩略图，在编辑时，可以以缩略图大小的图像在演示文稿中观看幻灯片，使用缩略图能方便地遍历演示文稿，并观看任何设计更改的效果，在这里还可以轻松地重新排列、添加或删除幻灯片。

3）幻灯片窗格：在 PowerPoint 窗口的右方，幻灯片窗格显示当前幻灯片的大视图，在该视图中显示当前幻灯片时，可以添加文本，插入图片、表格、SmartArt 图形、图表、图形对象、文本框、电影、声音、超链接和动画，是编辑幻灯片的主要场所。

4）备注窗格。可添加与每个幻灯片的内容相关的备注。这些备注可打印出来，在放映演示文稿时作为参考资料，或者还可以将打印好的备注分发给观众，或发布在网页上。

2. 幻灯片浏览视图

在此视图中，可同时看到演示文稿中的所有幻灯片，这些幻灯片以缩略图方式显示，如

图 5-5 所示。此时可以轻松地对演示文稿的顺序进行排列和组织，还可以很方便地在幻灯片之间添加、删除和移动幻灯片以及选择切换动画，但不能对幻灯片内容进行修改。如果要对某张幻灯片内容进行修改，可以双击该幻灯片切换到普通视图，再进行修改。

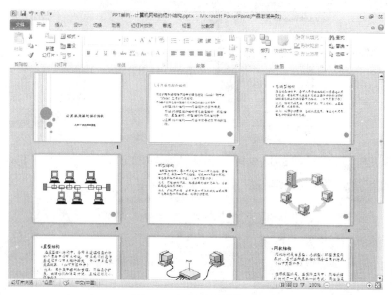

图 5-5　幻灯片浏览视图

另外，还可以在幻灯片浏览视图中添加节，并按不同的类别或节对幻灯片进行排序。

3. 幻灯片放映视图

在创建演示文稿的任何时候，都可通过单击【幻灯片放映视图】按钮 来启动幻灯片放映和浏览演示文稿，如图 5-6 所示，按<Esc>键可退出放映视图。幻灯片放映视图可用于向观众放映演示文稿，幻灯片放映视图会占据整个计算机屏幕，这与观众观看演示文稿时在大屏幕上显示的演示文稿完全一样，可以看到图形、计时、电影、动画在实际演示中的具体效果。

4. 阅读视图

该视图用于查看演示文稿（例如，通过大屏幕）、放映演示文稿。如果希望在一个设有简单控件以方便审阅的窗口中查看演示文稿，而不想使用全屏的幻灯片放映视图，则可以在自己的计算机上使用阅读视图；如果要更改演示文稿，可随时从阅读视图切换至其他视图，如图 5-7 所示。

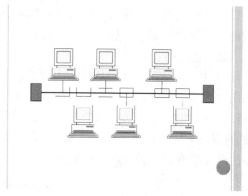

图 5-6　幻灯片放映视图

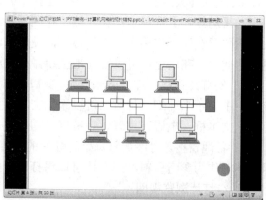

图 5-7　阅读视图

5.2　制作演示文稿

5.2.1　演示文稿的基本操作

1. 演示文稿的创建

启动 PowerPoint 2010 后，新建演示文稿，有如下方法。

（1）利用"空白演示文稿"创建演示文稿

若希望在幻灯片上创出自己的风格，不受模板风格的限制，获得最大程度的灵活性，可以用该方法创建演示文稿。在 PowerPoint 2010 中，单击【文件】选项卡，然后选择【新建】命令，如图 5-8 所示，在可用的模板和主题上单击【空白演示文稿】图标，然后单击【创建】图标，打开新建的第一张幻灯片，如图 5-9 所示，这时文档的默认名为"演示文稿 1"、"演示文稿 2"等。

图 5-8　【新建】命令

图 5-9　新建空白演示文稿

（2）利用"模板"创建演示文稿

模板提供了预定的颜色搭配、背景图案、文本格式等幻灯片显示方式，但不包含演示文稿的设计内容。在【新建选项】（图 5-8）中选择【样本模板】，打开【样本模板】库，选择需要的模板（如"现代型相册"），然后单击【创建】图标，新建第一张幻灯片，如图 5-10 所示。

图 5-10　新建模板演示文稿

（3）根据"现有演示文稿"创建演示文稿

如果想打开一个已存在的文稿，可以选择【文件】选项卡的【打开】命令，在打开的对话框中选择已有文稿，并单击【确定】按钮，即可打开已有的文稿了。此外，还可以通过资源浏览器，先找到要打开的演示文稿，然后双击，这样在启动了 PowerPoint 2010 的同时，也打开了要编辑的文稿。

2. 演示文稿的保存

选择【文件】选项卡的【保存】命令，可对演示文稿进行保存。若是新建演示文稿的第一次存盘，系统会弹出【另存为】对话框。默认的"保存类型"为"*.pptx"。

3. 演示文稿的基本操作

（1）幻灯片的选择

- 选择单张幻灯片：在幻灯片浏览视图或普通视图的选项卡区域，单击所需的幻灯片。
- 选择连续的多张幻灯片：单击所需的第一张幻灯片，按住<Shift>键，单击最后一张幻灯片。
- 选择不连续的多张幻灯片：按住<Ctrl>键，分别单击所需的其他幻灯片。

（2）幻灯片的插入

在幻灯片浏览视图或普通视图方式下，首先选择某一张或多张幻灯片，再单击【开始】|【幻灯片】组|【新建幻灯片】按钮，在弹出的下拉列表中选择需要的版式即可，如图 5–11 所示。

（3）幻灯片的删除

在幻灯片浏览视图或普通视图的选项卡区域，选择某张或多张幻灯片，按<Delete>键即可，或在要删除的幻灯片上单击鼠标右键，从弹出的快捷菜单中选择【删除幻灯片】命令，如图 5–12 所示。

图 5–11　幻灯片的插入

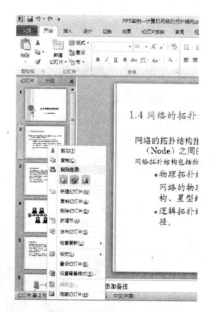
图 5–12　幻灯片的删除

（4）幻灯片的复制和移动

- 复制幻灯片。在幻灯片浏览视图或普通视图的选项卡区域，选择某张幻灯片，按<Ctrl>键的同时拖动鼠标到目标位置即可。
- 移动幻灯片。选择某张幻灯片，拖动鼠标将它移到新的位置即可。

（5）隐藏幻灯片

在要隐藏的幻灯片上单击鼠标右键，从弹出的快捷菜单中选择【隐藏幻灯片】命令，此时该幻灯片的标号上会显示标记，表示该幻灯片已被隐藏。

5.2.2　制作演示文稿

文本是演示文稿的基础，演示文稿的内容首先是通过文字表达出来的，制作编辑演示文稿，首先需要向演示文稿中输入文本，本节将介绍相关的操作方法。

1. 输入文本

创建一个演示文稿，应首先输入文本。输入文本分两种情况：

（1）有文本占位符（选择包含标题或文本的自动版式）

单击文本占位符，原有文本消失，同时在文本框中出现一个闪烁的"|"形插入光标，可输入文本内容。如图 5-13 所示。

输入文本时，PowerPoint 2010 会自动将超出占位符位置的文本切换到下一行，用户也可按<Shift+Enter>组合键进行人工换行。按<Enter>键，文本另起一个段落。

输入完毕后，单击文本占位符以外的地方即可结束输入，占位符的虚线框消失。

（2）无文本占位符

插入文本框即可输入文本，其操作与 Word 类似。

文本输入完毕，可对文本进行格式化，操作与 Word 类似。

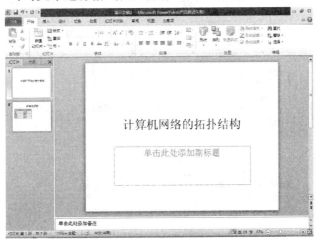

图 5-13　编辑占位符中的文本

2. 插入并编辑表格

在演示文稿中，可插入表格来表达数据，并对表格进行编辑，操作步骤如下。

新建幻灯片，单击【开始】|【幻灯片】组|【版式】按钮，在下拉列表框中选择【两栏内容】，在左侧占位符中单击【插入表格】，弹出【插入表格】对话框，在【列数】微调框中输入"2"，在【行数】微调框中输入"6"。单击【确定】按钮，即可在当前幻灯片中插入一个 6 行 2 列的表格。

编辑表格：切换到标题栏附近的【表格工具】的【设计】选项卡，在【表格样式】组中的【外观】列表中单击【其他】按钮，从弹出的下拉列表中选择【中度样式 1 强调 5】选项。如图 5-14 所示。

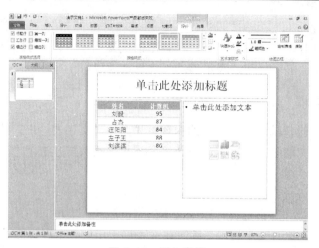

图 5-14　插入表格

3. 插入并编辑图表

打开如图 5-14 所示的幻灯片，切换到右侧的占位符中，单击【插入图表】按钮 ，随即弹出如图 5-15 所示的【插入图表】对话框，在左侧窗格中单击【柱形图】按钮，在右侧窗格选择其中一种柱形图，这里选择【簇状柱形图】选项，即可在当前幻灯片中插入一个图表。同时弹出一个名为"Microsoft PowerPoint 中的图表"的工作簿，如图 5-16 所示。

图 5-15　【插入图表】对话框

图 5-16　插入图表产生的表格

关闭工作簿，此时演示文稿中图表显示的就是表格中的数据，如图 5-17 所示。

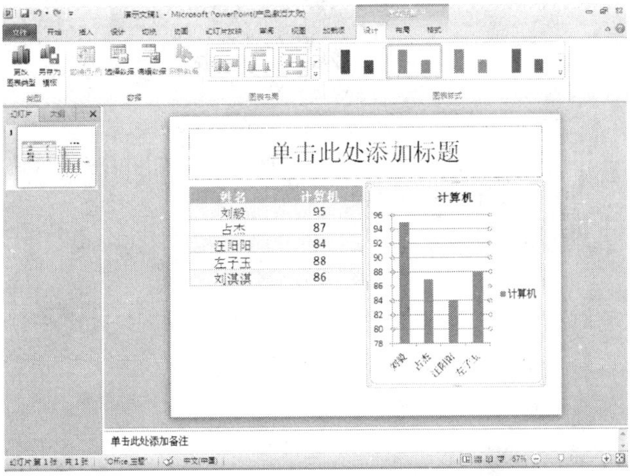

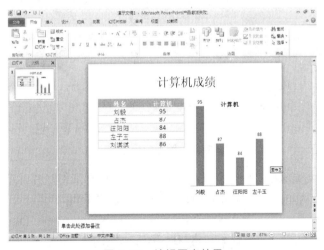

图 5-17　插入图表效果

编辑图表：

单击【图表工具】的【设计】选项卡的【图表布局】组右边的按钮，从弹出的下拉列表中选择【布局 2】选项，随即图表按照布局 2 的样式进行布局。

单击【图表工具】|【布局】|【标签】组的【图表标题】按钮，从弹出的下拉列表中选择【居中覆盖标题】选项。

单击【标签】|【图例】按钮，从弹出的下拉列表中选择【无】选项。

图表最终效果如图 5-18 所示。

图 5-18　编辑图表效果

5.2.3　幻灯片版式设计

制作演示文稿时，可更改幻灯片的版式，以及版式中各个占位符的位置，操作步骤如下。

新建幻灯片，单击【开始】选项卡的【新建幻灯片】按钮，在下拉列表中的【版式】中选择【内容与标题】，如图 5-19 所示，得到具有【内容与标题】版式的幻灯片。在相应的占位符中加入内容，得到如图 5-20 所示的幻灯片。

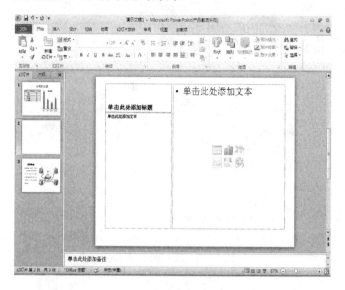

图 5-19　【内容与标题】版式

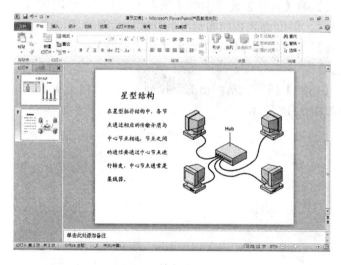

图 5-20　输入内容之后

如果是已经设计好的幻灯片，可以修改版式：选中某一张幻灯片，单击【开始】|【幻灯片】|【版式】按钮，从弹出的下拉列表中选择相应的版式即可。

5.3　美化演示文稿

文本虽然很重要，但如果演示文稿中只有文本，会让观众感觉单调、沉闷，没有吸引力。为了让演示文稿更加出彩，PowerPoint 2010 提供了大量美化演示文稿的设置方法。本章主要介绍在幻灯片中插入各种对象的方法，对演示文稿主题效果、幻灯片母版的设计和使用，以及幻灯片背景的应用，介绍美化演示文稿的操作技巧。

5.3.1　插入多媒体元素

1. 插入剪贴画

（1）有内容占位符（选择包含内容的自动版式）

单击内容占位符的【插入剪贴画】图标，弹出【剪贴画】任务窗格，如图 5-21 所示，工作区内显示的是管理器里已有的图片，双击所需图片即可插入。

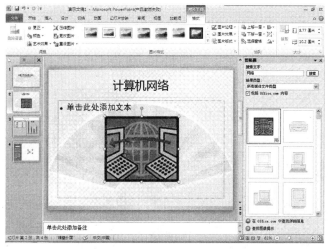

图 5-21　插入剪贴画

（2）无内容占位符

选择要插入剪贴画的幻灯片，单击【插入】选项卡|【图像】组|【剪贴画】按钮，弹出【剪贴画】任务窗格，在【搜索文字】文本框中输入"网络"，单击【搜索】按钮，下方的列表框中即可显示出搜索的结果。从中选中要插入的剪贴即可。

剪贴画的编辑操作与 Word 的类似。

2. 插入图片

PowerPoint 2010 可支持插入本地磁盘中的现有图片，如 Windows 的标准 BMP 位图，以及其他应用程序创建的图片。

单击【插入】|【图像】组|【图片】按钮，打开【插入图片】对话框，选择需要的图片后，单击【插入】按钮。

插入图片后，可对图片进行各种编辑工作，方法是选中图片后，打开【图片工具】的【格式】选项卡，进行图片格式设置，如图 5-22 所示。

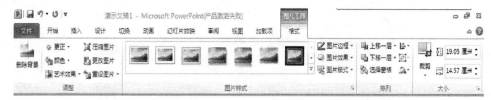

图 5-22　【图片工具】的【格式】选项卡

3. 插入图形

在普通视图的幻灯片窗格中可以绘制图形，方法与 Word 中的操作相同。单击【插入】|

【插图】组的【形状】按钮，展开【形状】选项框，如图 5-23 所示，在其中选择某种形状样式后单击，此时鼠标变成"＋"形，拖动鼠标可以确定形状的大小。

插入图形的幻灯片如图 5-24 所示。

4. 插入艺术字

在【插入】功能区中，单击【文本】组的【艺术字】按钮，展开【艺术字】选项区，如图 5-25 所示，在其中选择样式后单击，此时，在幻灯片编辑区中出现"请在此放置您的文字"艺术字编辑框，如图 5-26 所示。

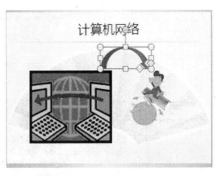

图 5-24　插入图形的幻灯片

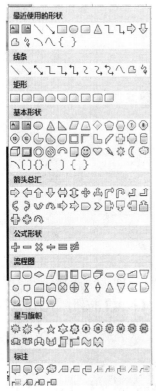

图 5-23　【形状】列表框

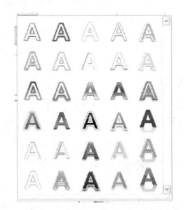

图 5-25　【艺术字】选项区

图 5-26　艺术字编辑框

更改要编辑的艺术字文本内容，可以在
幻灯片上看到文本的艺术效果。选中艺术字，
在【绘图工具】的【格式】选项卡中，可以
进一步编辑艺术字。右击艺术字，可以选择
艺术字的形状格式，如图 5-27 所示。

5. 插入文本框

在编排演示文稿的实际工作中，有时需
要将文字放置到幻灯片页面的特定位置上，
此时可以通过向幻灯片中插入文本框来实现
这一排版要求。在幻灯片中插入文本框的操
作非常简单灵活，方法如下：单击【插入】|
【文本】|【文本框】按钮，在弹出的下拉菜
单中选择准备应用的文本框文字方向，如"垂
直文本框"。

图 5-27 【设置文本效果格式】对话框

当鼠标指针变为"＋"时，在幻灯片中
拖动光标即可创建一个空白的文本框，直接在文本框中输入文字即可。

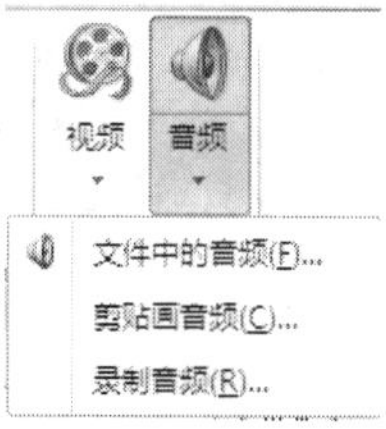

6. 插入声音

在制作幻灯片时，用户可以根据需要插入声音，以增加向观
众传递信息的通道，增强演示文稿的感染力。

（1）插入剪辑管理器中的声音

打开【插入】选项卡，在【媒体】组中单击【音频】下拉按
钮，在弹出的下拉菜单中选择【剪贴画音频】命令，如图 5-28
所示，此时 PowerPoint 将自动打开如图 5-29 所示的【剪贴画】

图 5-28 【音频】下拉菜单

任务窗格，该窗格显示了剪辑中所有的声音，单击某个声音文件，即可将该声音文件插入幻
灯片中。

（2）插入文件中的声音

要插入文件中的声音，可以在【音频】下拉菜单中选择【文
件中的音频】命令，如图 5-28 所示，打开【插入音频】对话框，
如图 5-30 所示，从该对话框中选择需要插入的声音文件，然后单
击【确定】按钮。

（3）录制音频

用户还可以根据需要自己录制声音，为幻灯片添加声音效果。
录制声音的操作很简单，在【插入】选项卡的【媒体】组中单击
【音频】下拉按钮，在弹出的菜单中选择【录制音频】命令，打开
【录音】对话框，如图 5-31 所示。单击【录音】按钮，开始录
制声音。录制完毕后，单击【停止】按钮，录制结束，然后单
击【播放】按钮，即可播放该声音。播放完毕后，单击【确定】
按钮，即可在幻灯片中插入录制的声音文件。

在幻灯片中选中声音图标，功能区将出现【声音工具】选项
卡。使用该选项卡可以设置声音效果。如果要循环播放声音，则

图 5-29 【剪贴画】任务窗格

可在【播放】选项卡的【音频】组中选中【循环播放，直到停止】复选框，如图 5-32 所示。

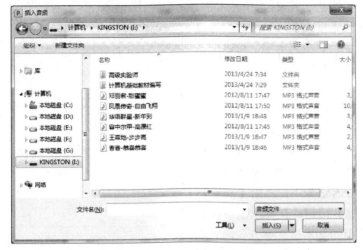

图 5-30 【插入音频】对话框

图 5-31 【录音】对话框

图 5-32 【播放】选项卡

7. 插入视频

（1）插入剪辑管理器中的视频

打开【插入】选项卡，在【媒体】组中单击【视频】下拉按钮，在弹出的下拉菜单中选择【剪贴画视频】命令，如图 5-33 所示，此时 PowerPoint 将自动打开如图 5-34 所示的【剪贴画】任务窗格，

图 5-33 【视频】下拉菜单

该窗格显示了剪辑中所有的视频或动画，单击某个动画文件，即可将该剪辑文件插入幻灯片。

（2）文件中的视频

插入来自文件中的影片的方法是：单击【视频】下拉按钮，在弹出的菜单中选择【文件中的视频】命令，打开【插入视频文件】对话框。选择需要的视频文件，单击【插入】按钮即可。

（3）设置视频属性

对于插入幻灯片中的视频，不仅可以调整它们的位置、大小、亮度、对比度、旋转等属性，还可以进行剪裁、设置透明色、重新着色和设置边框线条等操作，这些操作都与图片的操作方法相同。

注意：对于插入幻灯片中的 GIF 动画，用户不能对其进行剪裁。

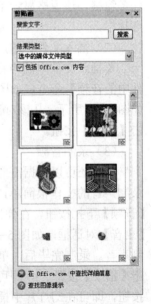

图 5-34 【剪贴画】
任务窗格

当 PowerPoint 放映到含有 GIF 动画的幻灯片时，该动画会自动循环播放。

5.3.2　幻灯片外观设计

在设计幻灯片时，使用 PowerPoint 提供的预设格式，例如设计模板、主题颜色、幻灯片版式等，可以轻松地制作出具有专业效果的演示文稿。也可以加入页眉和页脚等信息，使演示文稿的内容更全面丰富。

1. 设置幻灯片母版

母版是演示文稿中所有幻灯片或页面格式的底板，或者说是样式，它包括了所有幻灯片具有的共有属性和布局信息。用户可以在打开的母版中进行设置或修改，从而快速地创建出样式各异的幻灯片，提高工作效率。

PowerPoint 2010 中的母版分为幻灯片母版、讲义母版和备注母版 3 种类型，不同母版的作用和视图都是不相同的。打开【视图】选项卡，在【母版视图】组中单击相应的视图按钮，即可切换至对应的母版视图。

● 幻灯片母版：是存储模板信息的设计模板。幻灯片母版中的信息包括字形、占位符大小和位置、背景设计和配色方案，如图 5–35 所示。用户通过更改这些信息，即可更改整个演示文稿中幻灯片的外观。

● 讲义母版：是为制作讲义而准备的，通常需要打印输出，因此讲义母版的设置大多和打印页面有关。它允许设置一页讲义中幻灯片的张数，设置页眉、页脚、页码等基本信息，如图 5–36 所示。在讲义母版中插入新的对象或者更改版式时，新的页面效果不会反映在其他母版视图中。

图 5–35　幻灯片母版

图 5–36　讲义母版

● 备注母版：主要用来设置幻灯片的备注格式，一般也是用来打印输出的，所以备注母版的设置大多也和打印页面有关，如图 5–37 所示。在备注母版视图中，可以设置或修改幻灯片内容、备注内容，以及页眉页脚内容及其在页面中的位置、比例及外观等属性。

提示： 从上述三种视图返回到普通模式，只需要在默认打开的视图选项卡中单击【关闭母版视图】按钮即可。当用户退出备注母版视图时，对备注母版所做的修改将应用到演示文稿中的所有备注页上。只有在备注视图模式下，对备注母版所做的修改才能表现出来。

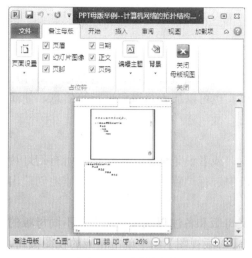

图 5-37　备注母版

幻灯片母版决定着幻灯片的外观，用于设置幻灯片的标题、正文文字等样式，包括字体、字号、字体颜色、阴影等效果。由于讲义母版和备注母版的操作方法比较简单，且不常用，因此这里只对幻灯片母版的设计方法进行介绍。

对幻灯片母版的标题字体进行设置，具体操作如下。

① 单击【视图】|【母版视图】组|【幻灯片母版】按钮，将当前演示文稿切换到幻灯片母版视图，如图 5-38 所示。

② 在幻灯片母版缩略图中选择第 1 张幻灯片缩略图，选中【单击此处编辑母版标题样式】占位符，在格式工具栏中设置文字格式，比如标题样式的字体为【华文楷体】，字号为 36，字体颜色为【蓝色】，效果为【阴影】。

图 5-38　切换到幻灯片母版视图

③ 打开【幻灯片母版】选项卡，在【关闭】组中单击【关闭母版视图】按钮，返回到普通视图模式。

④ 在每张幻灯片中重新输入标题文本，此时自动应用格式，完成后的幻灯片效果如图 5-39 所示。

> **提示：** 在幻灯片母版中同样可以添加图片，打开【插入】选项卡，在【图像】组中单击【图片】按钮，打开【插入图片】对话框，选择所需的图片，单击【插入】按钮即可。

2. 应用主题

PowerPoint 2010 为用户提供了许多内置的主题，即模板样式。应用这些主题可以快速统一演示文稿的外观，一个演示文稿可以应用多种主题，使幻灯片具有不同的风格。同一个演示文稿中应用多个主题与应用单个主题的步骤非常相似，单击【设计】选项卡|【主题】组|【其他】按钮 ，如图 5-40 所示，从弹出的下拉列表框中选择一种主题，即可将该目标应用于单个演示文稿中。

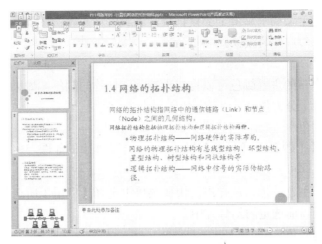

图 5-39 输入文本

图 5-40 【所有主题】列表框

如果想为某张单独的幻灯片设置不同的风格，可选择该幻灯片，在【设计】选项卡的【主题】组单击【其他】按钮，从弹出的下拉列表框中右击需要的主题，从弹出的快捷菜单中选择【应用于选定幻灯片】命令，此时，该主题将应用于所选中的幻灯片上，如图 5-41 所示。

图 5-41 将设计模板应用于单张幻灯片

注意： 在同一演示文稿中应用了多模板后，添加幻灯片时，所添加的新幻灯片会自动应用与其相邻的前一张幻灯片的模板。

3. 为幻灯片配色

PowerPoint 中自带的主题颜色可以直接设置为幻灯片的颜色，如果感到不满意，还可以对其进行修改，使用十分方便。

（1）应用主题颜色

单击【设计】|【主题】组|【颜色】按钮 ■颜色▼，从弹出的如图 5-42 所示的下拉列表框中选择一种主题颜色即可。

另外，右击某个主题颜色，从弹出的快捷菜单中选择【应用于所选幻灯片】命令，该主题颜色就会被应用到当前选定的幻灯片中。

（2）自定义主题颜色

如果对已有的配色方案都不满意，可以在【主题颜色】下拉列表框中选择【新建主题颜色】命令，打开【新建主题颜色】对话框，如图 5-43 所示，可以自定义背景、文本和线条、阴影等项目的颜色。

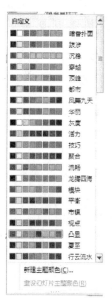

图 5-42 【主题颜色】列表框

图 5-43 【新建主题颜色】列表框

（3）主题字体和主题效果

打开【设计】选项卡，在【主题】组中单击【字体】按钮，从弹出的如图 5-44 所示的列表框中选择一种字体样式，即可更改当前主题的字体；单击【效果】按钮，从弹出的如图 5-45 所示的列表框中选择一种效果样式，即可更改当前主题的效果。

4. 设置幻灯片背景

在设计演示文稿时，用户除了在应用模板或改变主题颜色时更改幻灯片的背景外，还可以根据需要任意更改幻灯片的背景颜色和背景设计，如添加底纹、图案、纹理或图片等。

图 5-44　主题字体　　　　　　　　　　　　　图 5-45　主题效果

（1）更改背景样式

打开【设计】选项卡，在【背景】组中单击【背景样式】下拉按钮，从弹出的下拉列表框中选择一种背景样式，如图 5-46 所示，选择【设置背景格式】命令，打开【设置背景格式】对话框，如图 5-47 所示，在其中可以为幻灯片设置填充颜色、渐变填充及图案填充格式等。

要为幻灯片背景设置渐变和纹理样式时，可以打开【设置背景格式】对话框的【填充】选项卡，

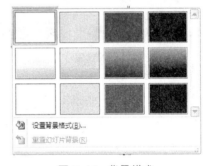

图 5-46　背景样式

选中【渐变填充】、【图片或纹理填充】和【图案填充】单选按钮，并在其中的选项区域中进行相关的设置。

（2）自定义背景

当用户不满足于 PowerPoint 提供的背景样式时，可以通过自定义背景功能，将自己喜欢的图片设置为幻灯片背景。在演示文稿中自定义背景样式，具体操作如下。

① 选择要设置的幻灯片，将其显示在幻灯片编辑窗口中。

② 打开【设计】选项卡，在【背景】组中单击【背景样式】下拉按钮，从弹出的下拉菜单中选择【设置背景格式】命令，打开【设置背景格式】对话框。

③ 打开【填充】选项卡，选中【图片或纹理填充】单选按钮，然后单击【文件】按钮，如图 5-48 所示。

④ 打开【插入图片】对话框，打开图片路径，选择需要的背景图片，单击【确定】按钮，如图 5-49 所示。

⑤ 返回到【设置背景格式】对话框，单击【关闭】按钮，将图片应用到当前幻灯片中，效果如图 5-50 所示。

如果需要将喜欢的图片应用于演示文稿的所有幻灯片中，可以在设置好背景效果的【设置背景格式】对话框中单击【全部应用】按钮即可。

图 5-47 【设置背景格式】对话框

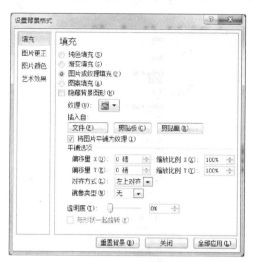

图 5-48 【图片】选项卡

图 5-49 【插入图片】对话框

图 5-50 应用图片背景

> **注意：** 当不希望在幻灯片中出现设计模板默认的背景图形时，选中某张或某些幻灯片后，打开【设计】选项卡，在【背景】组中选中【隐藏背景图形】复选框，即可忽略幻灯片中的背景。

5. 设置页眉和页脚

在制作幻灯片时，用户可以利用 PowerPoint 提供的页眉页脚功能，为每张幻灯片添加相对固定的信息，如在幻灯片的页脚处添加页码、时间和公司名称等内容。

（1）添加页眉和页脚

要为幻灯片添加页眉页脚，可以打开【插入】选项卡，在【文本】组中单击【页眉和页脚】按钮，打开【页眉和页脚】对话框，然后在其中设置要显示的内容。

添加了页眉和页脚之后，还可以设置页眉和页脚的文字属性，在此不再赘述。

（2）删除页眉和页脚

要删除页眉和页脚，可以直接在【页眉和页脚】对话框中，选择【幻灯片】或【备注和讲义】选项卡，取消选择相应的复选框即可。如果想删除几个幻灯片中的页眉和页脚信息，需要先选中这些幻灯片，然后在【页眉和页脚】对话框中取消选中相应的复选框，单击【应用】按钮即可；如果单击【全部应用】，将会删除所有幻灯片中的页眉和页脚。

5.4　幻灯片的动画设置

为了使幻灯片在放映时更加富有活力，具有更强的视觉效果，可以为幻灯片的文本或其他对象添加动画效果。动画效果是指在幻灯片的放映过程中，幻灯片上的各种对象以一定的次序及方式进入画面中产生的动态效果。

本节主要介绍幻灯片的切换效果、应用动画方案的知识，以及如何设置自定义动画。

5.4.1　设置幻灯片切换效果

幻灯片切换效果是指一张幻灯片如何从屏幕上消失，以及另一张幻灯片如何显示在屏幕上的方式。幻灯片切换方式可以是简单地以一个幻灯片代替另一个幻灯片，也可以创建一种特殊的效果，使幻灯片以不一样的方式出现在屏幕上。用户既可以为一组幻灯片设置同一种切换方式，也可以分别为每张幻灯片设置不同的切换方式。

1. 添加切换效果

在幻灯片之间添加切换效果，选择【切换】功能区，如图 5-51 所示，即可设置幻灯片切换方式。

图 5-51　【切换】选项卡

在演示文稿中设置幻灯片切换动画效果，具体操作举例如下。

① 打开演示文稿，在幻灯片浏览视图下，选择某张幻灯片。

② 打开【切换】选项卡，在【切换到此幻灯片】组中单击【其他】按钮 ，从弹出的列表框中选择【水平百叶窗】选项，此时被选中的幻灯片缩略图显示切换动画的预览效果。

③ 为切换效果添加属性，如【声音】为"风铃"，【持续时间】为"2 秒"。

④ 在【切换】选项卡的【计时】组中，选中【单击鼠标时】复选框，选中【设置自动换片时间】复选框，并在其右侧的文本框中输入"00:05"，单击【全部应用】按钮，将演示文稿的所有幻灯片都应用该换片方式，此时幻灯片预览窗格显示的幻灯片缩略图左下角都将出现换片的时间。

选项说明：

● 在【换片方式】选项组中，一般选择【单击鼠标时】复选框。若选中【设置自动换片时间】复选框，用户可以在其右侧的文本框中输入等待时间，这时，当一张幻灯片在放映过程中已经显示了规定的时间后，演示画面将自动切换到下一张幻灯片。若同时选择【单击鼠标时】和【设置自动换片时间】复选框，可使幻灯片按指定的间隔进行切换，在此间隔内单击鼠标则可直接进行切换，从而达到手工切换和自动切换相结合的目的。

● 所设置的切换方式应用到当前的第二张幻灯片上，若在【计时】组中单击【全部应用】按钮，则应用到整个演示文稿的全部幻灯片上。

2. 删除切换效果

删除切换效果的方法就是把各个已经设置好的选项内容恢复成默认值，比如，在切换效果样式库中选择样式【无】，在【声音】下拉按钮的列表中选择【无声音】。

5.4.2　设置幻灯片的动画效果

动画效果是指在幻灯片的放映过程中，幻灯片上的各种对象以一定的次序及方式进入画面中产生的动态效果。可以将 PowerPoint 2010 演示文稿中的文本、图片、形状、表格、SmartArt 图形和其他对象制作成动画，赋予它们进入、退出、大小或颜色变化甚至移动等视觉效果。PowerPoint 2010 中有以下四种不同类型的动画效果。

- 进入效果：例如，可以使对象逐渐进入焦点、从边缘飞入幻灯片或者跳入视图中。
- 退出效果：这些效果包括使对象飞出幻灯片、从视图中消失或者从幻灯片旋出。
- 强调效果：这些效果包括使对象缩小或放大、更改颜色或沿着其中心旋转。
- 动作路径：使用这些效果可以使对象上下移动、左右移动或者沿着星形或圆形图案移动。

一个对象可以单独使用任何一种动画，也可以设置多个动画效果，制作出意想不到的效果。

1. 添加进入动画效果

进入动画是为了设置文本或其他对象以多种动画效果进入放映屏幕。在添加该动画效果之前，需要选中对象。对于占位符或文本框来说，可以选中占位符或文本框。

选中对象后，打开【动画】选项卡，如图 5-52 所示，单击【动画】组中的【其他】按钮，在弹出的如图 5-53 所示的【进入】列表框中选择一种进入效果，即可为对象添加该动画效果。

选择【更多进入效果】命令，在图 5-54 所示对话框中设置更多的进入方式。

图 5-52　【动画】选项卡

图 5-53　【进入】动画效果列表框

图 5-54　【更改进入效果】对话框

　　另外，在【高级动画】组中单击【添加动画】按钮，同样可以在弹出的【进入】列表框中选择内置的进入动画效果，若选择【更多进入效果】命令，在如图 5-55 所示对话框中设置更多的进入方式。

　　提示：【更改进入效果】或【添加进入效果】对话框的动画按风格分为【基本型】、【细微型】、【温和型】和【华丽型】4 种类型，选中对话框最下方的【预览效果】复选框后，则在对话框中单击一种动画时，都能在幻灯片编辑窗口中看到该动画的预览效果。

2. 添加强调动画效果

　　强调动画是为了突出幻灯片中的某部分内容而设置的特殊动画效果。添加强调动画的过程和添加进入效果大体相同，选择对象后，在【动画】组中单击【其他】按钮▾，在弹出的【强调】列表框中选择一种强调效果，即可为对象添加该动画效果。选择【更多强调效果】命令，将打开【更改强调效果】对话框，在该对话框中可以选择更多的强调动画效果，如图 5-56 所示。

图 5-55 【添加进入效果】对话框

　　另外，在【高级动画】组中单击【添加动画】按钮，同样可以在弹出的【强调】列表框中选择一种强调动画效果。若选择【更多强调效果】命令，则打开【添加强调效果】对话框，在该对话框中同样可以选择更多的强调动画效果，如图 5-57 所示。

图 5-56 【更改强调效果】对话框

图 5-57 【添加强调效果】对话框

3. 添加退出动画效果

　　退出动画是为了设置幻灯片中的对象退出屏幕的效果。添加退出动画的过程和添加进入、强调动画效果大体相同。在幻灯片中选中需要添加退出效果的对象，在【动画】组中单击【其他】按钮，在弹出的【退出】列表框选择一种强调效果，即可为对象添加该动画效果。选择【更多退出效果】命令，将打开【更改退出效果】对话框，如图 5-58 所示，在该对话框中可以选择更多的退出动画效果，如图 5-59 所示。

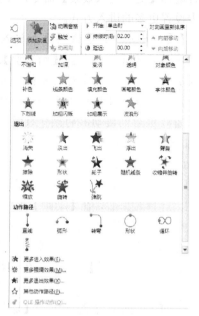

图 5-58 【更改退出效果】对话框   图 5-59   选择退出动画效果

另外，在【高级动画】组中单击【添加动画】按钮，在弹出的【退出】列表框中选择一种强调动画效果，如图 5-59 所示。若选择【更多退出效果】命令，则打开【添加退出效果】对话框，在该对话框中可以选择更多的退出动画效果。

注意： 退出动画名称有很大一部分与进入动画名称相同，不同之处在于，它们的运动方向存在差异。

4. 添加动作路径动画效果

动作路径动画又称为路径动画，可以指定对象沿预定的路径运动。PowerPoint 中的动作路径动画有预先路径和自定义路径两种效果。

添加动作路径效果的步骤与添加进入动画的步骤基本相同，在【动画】组中单击【其他】按钮，在弹出的【动作路径】列表框选择一种动作路径效果，即可为对象添加该动画效果。若选择【其他动作路径】命令，可以选择其他动作路径效果。另外，在【高级动画】组中单击【添加动画】按钮，在弹出的【动作路径】列表框同样可以选择一种动作路径效果；选择【其他动作路径】命令，可以选择更多的动作路径。

例如，要为某个对象设置一个自定义路径的动画，可先选中该对象，然后打开【动画】选项卡，在【高级动画】组中单击【添加动画】按钮，选择【动作路径】组中的【自定义路径】命令，如图 5-60 所示。

当鼠标指针变为"＋"形状时，按住鼠标左键不放，拖动鼠标，此时鼠标指针会变成铅笔的形状并可画出一条路径，在路径的终点处双击，即可完成路径的绘制，如图 5-61 所示。

图 5-60　选择【自定义路径】命令

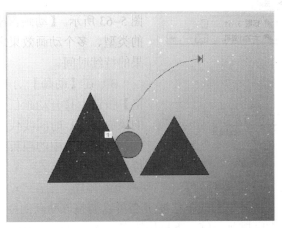

图 5-61　绘制路径

5.4.3　设置动画参数

为对象添加了动画效果后，该对象就应用了默认的动画格式。这些动画格式主要包括动画开始运行的方式、变化方向、运行速度、延时方案、重复次数等。下面介绍部分动画参数的设置。

1.【效果选项】

打开【动画窗格】任务窗格，在动画效果列表中单击动画效果，在【动画】选项卡的【动画】和【高级动画】组中重新设置对象的效果。

另外，在动画效果列表中右击动画效果，从弹出的快捷菜单中选择【效果选项】命令，打开如图 5-62 所示对话框设置动画效果。

效果设置对话框中包含了【效果】、【计时】和【正文文本动画】3 个选项卡，需要注意的是，当该动画作用的对象不是文本对象，而是剪贴画、图片等对象时，【正文文本动画】选项卡将消失，同时【效果】选项卡中的【动画文本】下拉列表框将变为不可用状态。

图 5-62　【效果设置】对话框

2.【计时】组

若要为动画设置开始计时，应在【动画】选项卡的【计时】组中单击【开始】菜单右侧的下拉按钮，然后选择所需的计时。若要设置动画将要运行的持续时间，可在【计时】组中的【持续时间】框中输入所需的秒数。若要设置动画开始前的延时，可在【计时】组中的【延迟】文本框中输入所需的秒数。

3.【动画窗格】

1）在将动画应用于对象或文本后，幻灯片上已制作成动画的项目会标上编号标记，该标记显示在文本或对象旁边。仅当选择【动画】选项卡或【动画窗格】可见时，才会在【普通

图 5-63 动画窗格

视图中显示该标记。

2）可以在【动画窗格】中查看幻灯片上所有动画的列表，如图 5-63 所示。【动画窗格】显示有关动画效果的重要信息，如效果的类型、多个动画效果之间的相对顺序、受影响对象的名称以及效果的持续时间。

3）在【动画】功能区上的【高级动画】组中，单击【动画窗格】按钮，打开动画任务窗格。该任务窗格中的编号表示动画效果的播放顺序。时间线代表效果的持续时间。图标代表动画效果的类型。选择列表中的项目后会看到相应下拉按钮，单击该下拉按钮即可显示相应菜单。

4）若要对列表中的动画重新排序，则在"动画任务窗格"中选择要重新排序的动画，单击上移按钮⬆或下移按钮⬇可以调整该动画的播放次序。其中，上移按钮表示将该动画的播放次序提前一位，下移按钮表示将该动画的播放次序向后移一位。或者在【动画】选项卡上的【计时】组中，选择【对动画重新排序】下的【向前移动】使动画在列表中另一动画之前发生，或者选择【向后移动】使动画在列表中另一动画之后发生。

5.5 创建交互式演示文稿

在 PowerPoint 中，用户可以为幻灯片中的文本、图形、图片等对象添加超链接或者动作。当放映幻灯片时，单击链接和动作按钮，程序将自动跳转到指定的幻灯片页面，或者执行指定的程序，此时演示文稿具有了一定的交互性，可以在适当时间放映所需内容，或做出相应的反映。

5.5.1 超链接

超链接是指对特定位置或文件的一种连接方式，可以利用它指定程序的跳转位置。超链接只有在幻灯片放映时才有效，当鼠标移到设有超链接的对象时，鼠标将变为手形指针，单击鼠标或鼠标移过该对象即可启动超链接。

1. 添加超链接

打开【插入】功能区，在幻灯片里选择文字或某个对象，再单击【链接】组的【超链接】按钮，弹出的【插入超链接】对话框，如图 5-64 所示，若在其中选择：

● 【现有文件或网页】（默认选项），在【查找范围】列表框中选择要链接到的其他 Office文档或文件，单击【确定】按钮即可。

图 5-64 【插入超链接】对话框

● 【本文档中的位置】选项，则会切换到如图 5-65 所示的【插入超链接】对话框，然后在【请选择文档中的位置】列表框中选择要链接到的幻灯片，单击【确定】按钮即可。

图 5-65 【本文档中的位置】选项

● 【电子邮件地址】，则会切换到如图 5-66 所示的【插入超链接】对话框，输入电子邮件地址，单击【确定】按钮即可。

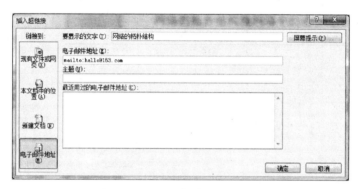

图 5-66 【电子邮件地址】选项

幻灯片放映时，单击该文字或对象可启动超链接。通过使用超链接可以实现同一份演示文稿在不同的情形下显示不同内容的效果。

> **注意：** 只有幻灯片中的对象才能添加超链接，备注、讲义等内容不能添加超链接。幻灯片中可以显示的对象几乎都可以作为超链接的载体。添加或修改超链接的操作一般在普通视图中的幻灯片编辑窗口中进行，在幻灯片预览窗口的大纲选项卡中，只能对文字添加或修改超链接。

2. 编辑超链接

当用户在添加了超链接的文字、图片等对象上右击时，将弹出快捷菜单，如图 5-67 所示。在快捷菜单中选择【编辑超链接】命令，即可打开与【插入超链接】对话框十分相似的【编辑超链接】对话框，用户可以按照添加超链接的方法对已有超链接进行修改。

3. 删除超链接

选中准备删除的超链接文本，使用鼠标右键单击该超链接项，在弹出的快捷菜单中，选择【取消超链接】命令，如图 5-67 所示。返回到幻灯片页面，可以看到当前页面中的文字已经不再以超链接的样式显示。

图 5-67 右键快捷菜单

5.5.2　动作按钮

动作按钮是 PowerPoint 中预先设置好特定动作的一组图形按钮，这些按钮被预先设置为指向前一张、后一张、第一张、最后一张幻灯片，播放声音及播放电影等链接，用户可以方便地应用这些预先设置好的按钮，实现在放映幻灯片时跳转的目的。

动作与超链接有很多相似之处，几乎包括了超链接可以指向的所有位置。动作还可以设置其他属性，比如设置当鼠标移过某一对象上方时的动作。设置动作与设置超链接是相互影响的，在【设置动作】对话框中所做的设置，可以在【编辑超链接】对话框中表现出来。

在演示文稿中添加动作按钮，具体操作如下。

① 选择要插入动作按钮的幻灯片缩略图，在幻灯片编辑窗口中，打开【插入】选项卡，在【插图】组中单击【形状】按钮，在打开菜单的【动作按钮】选项区域中选择【动作按钮：第一帧】选项▣，如图 5-68 所示。

② 在幻灯片的右下角拖动鼠标绘制形状，如图 5-69 所示。释放鼠标，自动打开【动作设置】对话框，如图 5-70 所示。

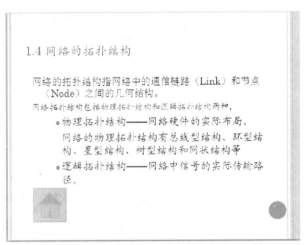

图 5-68　选择【动作按钮】　　　　　　图 5-69　绘制动作按钮

③ 在【超链接到】下拉列表框中选择【第一张幻灯片】选项，选中【播放声音】复选框，并在其下拉列表框中选择声音效果，单击【确定】按钮。效果如图 5-71 所示。

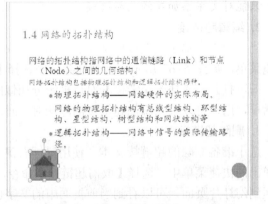

图 5-70　【动作设置】对话框　　　　　　图 5-71　添加动作按钮后的幻灯片

如果在【动作设置】对话框的【鼠标移过】选项卡中设置超链接的目标位置，那么在放映演示文稿中，当鼠标移过该动作按钮（无须单击）时，演示文稿将直接跳转到该幻灯片。

5.5.3　隐藏幻灯片

当通过添加超链接或动作将演示文稿的结构设置得较为复杂时，如果希望某些幻灯片只在单击指向它们的链接时才会被显示出来，可以使用幻灯片的隐藏功能。

在普通视图模式下，右击幻灯片预览窗格中的幻灯片缩略图，从弹出的快捷菜单中选择【隐藏幻灯片】命令，或者打开【幻灯片放映】选项卡，在【设置】组中单击【隐藏幻灯片】按钮，即可将正常显示的幻灯片隐藏。被隐藏的幻灯片编号上将显示一个带有斜线的灰色小方框，这表示幻灯片在正常放映时不会被显示，只有当用户单击了指向它的超链接或动作按钮后才会显示。

5.6　幻灯片放映

PowerPoint 提供了灵活的幻灯片放映控制方法和适合不同场合的幻灯片放映类型，最常用的是幻灯片页面的演示控制，主要有幻灯片的定时放映、连续放映、循环放映、自定义放映及排练计时。

5.6.1　定时放映幻灯片

用户在设置幻灯片切换效果时，可以设置每张幻灯片在放映时停留的时间，当等待到设定的时间后，幻灯片将自动向下放映。

打开【切换】选项卡，如图 5-72 所示，在【计时】组中选中【单击鼠标时】复选框，则用户单击鼠标或按下 Enter 键和空格键时，放映的演示文稿将切换到下一张幻灯片；选中【设置自动换片时间】复选框，并在其右侧的文本框中输入时间（时间为秒）后，则在演示文稿放映时，当幻灯片等待了设定的秒数之后，将自动切换到下一张幻灯片。

图 5-72　【切换】选项卡

5.6.2　连续放映幻灯片

在【切换】选项卡，在【计时】组选中【设置自动换片时间】复选框，并为当前选定的幻灯片设置自动切换时间，然后单击【全部应用】按钮，为演示文稿中的每张幻灯片设定相同的切换时间，即可实现幻灯片的连续自动放映。

需要注意的是，由于每张幻灯片的内容不同，放映的时间可能不同，所以设置连续放映的最常见方法是通过【排练计时】功能完成。

5.6.3　循环放映幻灯片

用户将制作好的演示文稿设置为循环放映，可以应用于如展览会场的展台等场合，让演示文稿自动运行并循环播放。

打开【幻灯片放映】选项卡，在【设置】组中单击【设置幻灯片放映】按钮，打开【设置放映方式】对话框，如图 5-73 所示。在【放映选项】选项区域中选中【循环放映，按 ESC 键终止】复选框，则在播放完最后一张幻灯片后，会自动跳转到第 1 张幻灯片，而不是结束放映，直到用户按<Esc>键退出放映状态。

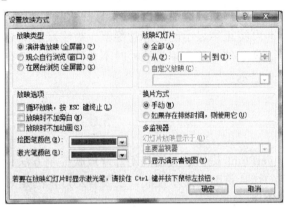

图 5-73 【设置放映方式】对话框

5.6.4　自定义放映

利用"自定义放映"功能，可以根据实际情况选择现有演示文稿中相关的幻灯片组成一个新的演示文稿（在现有演示文稿基础上自定义一个演示文稿），并让该演示文稿以后默认的放映是自定义的演示文稿，而不是整个演示文稿。步骤如下。

① 单击【幻灯片放映】|【开始放映幻灯片】组|【自定义幻灯片放映】按钮，弹出如图 5-74 所示对话框。

② 单击【新建】按钮，弹出如图 5-75 所示对话框。

图 5-74 【自定义放映】对话框

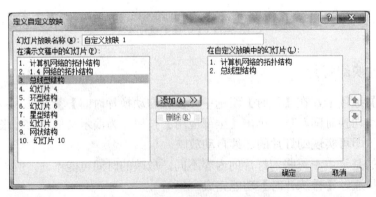

图 5-75 【定义自定义放映】对话框

③ 在【幻灯片放映名称】文本框中，系统自动将自定义放映的名称设置为"自定义放映1"，若想重新命名，可在该文本框中输入一个新的名称。

④ 在【在演示文稿中的幻灯片】列表框中，单击某一张所需的幻灯片，再单击【添加】按钮，该幻灯片出现在对话框右侧的【在自定义放映中的幻灯片】列表框中。

⑤ 重复步骤④，将需要的幻灯片依次加入【在自定义放映中的幻灯片】列表框中。

⑥ 若将不需要的幻灯片添加到【在自定义放映中的幻灯片】列表框中，可在该列表框中选择此幻灯片，然后单击【删除】按钮。

注意： 这里的删除只是将幻灯片从自定义放映中取消，而不是从演示文稿中彻底删除。

⑦ 需要的幻灯片选择完毕后，单击【确定】按钮，重新出现【自定义放映】对话框。此时若想重新编辑该自定义放映，可单击对话框中的【编辑】按钮；若想观看该自定义放映，可单击【放映】按钮；若想取消该自定义放映，可单击【删除】按钮。

⑧ 选择【幻灯片放映】|【设置】|【设置放映方式】命令，弹出【设置放映方式】对话框，如图 5-73 所示。在【幻灯片放映】选项区域中选择【自定义放映】单选按钮，并在其下拉列表中选择刚才设置好的【自定义放映 1】。设置完毕后，单击【确定】按钮。

⑨ 选择【文件】|【保存】命令。

5.6.5　排练计时

当制作完成演示文稿的内容之后，可以运用 PowerPoint 2010 的排练计时功能来排练整个演示文稿的放映时间。在排练计时的过程中，演讲者可以确切掌握每一页幻灯片需要讲解的时间，以及整个演示文稿的总放映时间。

1. 添加排练计时

操作步骤如下。

① 打开【幻灯片放映】选项卡，在【设置】组中单击【录制幻灯片演示】按钮，或单击【排练计时】按钮，演示文稿将自动切换到幻灯片放映状态，此时演示文稿左上角将显示【录制】对话框，如图 5-76 所示。

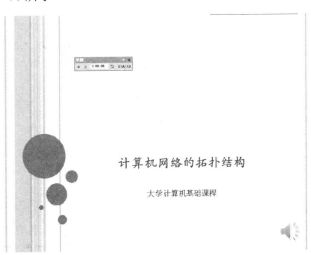

图 5-76　播放演示文稿时显示【录制】对话框

② 整个演示文稿放映完成后，将打开 Microsoft PowerPoint 对话框。该对话框显示幻灯

片播放的总时间，并询问用户是否保留该排练时间。如图 5-77 所示。

图 5-77　保留排练时间对话框

③ 单击【是】按钮，此时演示文稿将切换到幻灯片浏览视图，从幻灯片浏览视图中可以看到每张幻灯片下方均显示各自的排练时间，如图 5-78 所示。

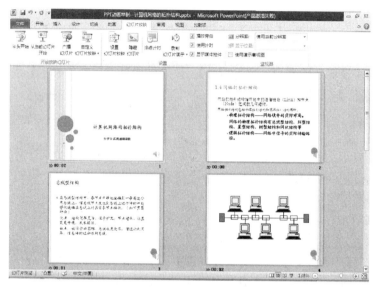

图 5-78　排练计时结果

2. 启用排练计时

启用设置好的排练时间的方法是：打开【幻灯片放映】选项卡，在【设置】组中单击【设置放映方式】按钮，打开【设置放映方式】对话框，如图 5-73 所示。如果在对话框的【换片方式】选项区域中选中【手动】单选按钮，则存在的排练计时不起作用，用户在放映幻灯片时只有通过单击鼠标或按键盘上的 Enter 键、空格键才能切换幻灯片。

3. 删除排练计时

删除排练计时的方法是：单击【幻灯片放映】选项卡|【设置】组的【录制幻灯片演示】按钮，在下拉列表里选择【清除】。

5.6.6　设置幻灯片放映类型

打开【幻灯片放映】选项卡，在【设置】组中单击【设置幻灯片放映】按钮，即弹出【设置放映方式】对话框。在【设置放映方式】对话框的【放映类型】选项区域中可以设置幻灯的放映模式，如图 5-73 所示。

其中，【放映类型】的具体含义如下。

1. 演讲者放映（全屏幕）

演讲者放映是系统默认的放映类型，也是最常见的全屏放映方式。在这种放映方式下，演讲者现场控制演示节奏，具有放映的完全控制权。用户可以根据观众的反应随时调整放映速度或节奏，还可以暂停下来进行讨论或记录观众即席反应，甚至可以在放映过程中录制旁白。此放映类型一般用于召开会议时的大屏幕放映、联机会议或网络广播等。

2. 观众自行浏览（窗口）

观众自行浏览是在标准 Windows 窗口中显示的放映形式，放映时的 PowerPoint 窗口具有菜单栏、Web 工具栏，类似于浏览网页的效果，便于观众自行浏览，如图 5-79 所示。该放映类型用于在局域网或 Internet 中浏览演示文稿。

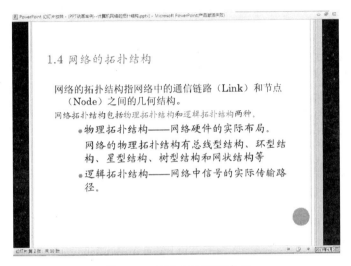

图 5-79　观众自行浏览窗口

> **提示：** 使用该放映类型时，可以在放映时复制、编辑及打印幻灯片，并可以使用滚动条或 PageUp、PageDown 按钮控制幻灯片的播放。

3. 在展台浏览（全屏幕）

采用该放映类型，最主要的特点是不需要专人控制就可以自动运行，在使用该放映类型时，超链接等控制方法都失效。当播放完最后一张幻灯片后，会自动从第一张重新开始播放，直至用户按下<Esc>键才会停止播放。该放映类型主要用于展览会的展台或会议中的某部分需要自动演示等场合。

需要注意的是，使用该放映时，用户不能对其放映过程进行干预，必须设置每张幻灯片的放映时间或预先设定排练计时，否则可能会长时间停留在某张幻灯片上。

打开【幻灯片放映】选项卡，按住<Ctrl>键，在【开始放映幻灯片】组中单击【从当前幻灯片开始】按钮，即可实现幻灯片缩略图放映效果，如图 5-80 所示。幻灯片缩略图放映是指可以让 PowerPoint 在屏幕的左上角显示幻灯片的缩略图，从而方便在编辑时预览幻灯片效果。

图 5-80　幻灯片缩略图

5.6.7　录制旁白

在 PowerPoint 中，用户可以为指定的幻灯片或全部幻灯片添加录音旁白。使用录制旁白可以为演示文稿增加解说词，使演示文稿在放映状态下主动播放语音说明。具体操作如下。

① 打开【幻灯片放映】选项卡，在【设置】组中单击【录制幻灯片演示】按钮，从弹出的菜单中选择【从头开始录制】命令，打开【录制幻灯片演示】对话框，保持默认设置，如图 5-81 所示。

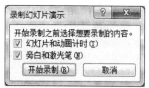

图 5-81　【录制幻灯片演示】对话框

② 单击【开始录制】按钮，进入幻灯片放映状态，同时开始录制旁白，单击鼠标或按<Enter>键切换到下一张幻灯片。

③ 当旁白录制完成后，按下<Esc>键或者单击鼠标左键即可，此时演示文稿将切换到幻灯片浏览视图；从幻灯片浏览视图中可以看到每张幻灯片下方均显示各自的排练时间。

④ 在快递访问工具栏中单击【保存】按钮。

> **注意：** 在录制了旁白的幻灯片的右下角都会显示一个声音图标 。PowerPoint 中的旁白声音优先于其他声音文件，当幻灯片同时包含旁白和其他声音文件时，在放映幻灯片时只放映旁白。选中声音图标，按键盘上的<Delete>键即可删除旁白。

5.7　打包演示文稿

在实际工作中，经常需要将制作的演示文稿放到他人的计算机中放映，如果准备使用的电脑中没有安装 PowerPoint 2010，则需要在制作演示稿的电脑中将幻灯片打包，准备播放时，将压缩包解压后即可正常播放。本节将介绍打包和解包演示文稿的相关操作方法。

5.7.1　打包演示文稿

打包演示文稿的具体操作步骤如下。

① 打开演示文稿后，单击【文件】按钮，在弹出的菜单中选择【保存并发送】命令，在打开的窗格的【文件类型】选项区域中选择【将演示文稿打包成 CD】选项，并在右侧的窗格中单击【打包成 CD】，如图 5–82 所示。

图 5–82　选择文件类型

② 打开【打包成 CD】对话框，在【将 CD 命名为】文本框中输入自定义的名字，如"计算机网络"，如图 5–83 所示。

提示：在默认情况下，PowerPoint 只将当前演示文稿打包到 CD，如果需要同时将多个演示文稿打包到同一张 CD 中，可以单击【添加文件】按钮来添加其他需要打包的文件。

③ 单击【选项】按钮，打开【选项】对话框，保存默认设置，单击【确定】按钮，如图 5–84 所示。

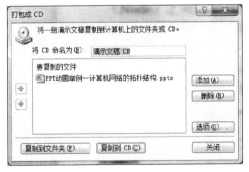

图 5–83　【打包成 CD】对话框

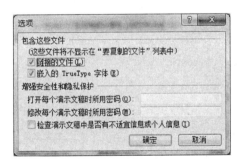

图 5–84　【选项】对话框

④ 返回【打包成 CD】对话框，单击【复制到文件夹】按钮，打开【复制到文件夹】对话框，设置文件夹名称存放位置，单击【确定】按钮，如图 5–85 所示。

⑤此时 PowerPoint 将弹出提示框，询问用户在打包时是否包含具有链接内容的演示文稿，单击【是】按钮，如图 5–86 所示。

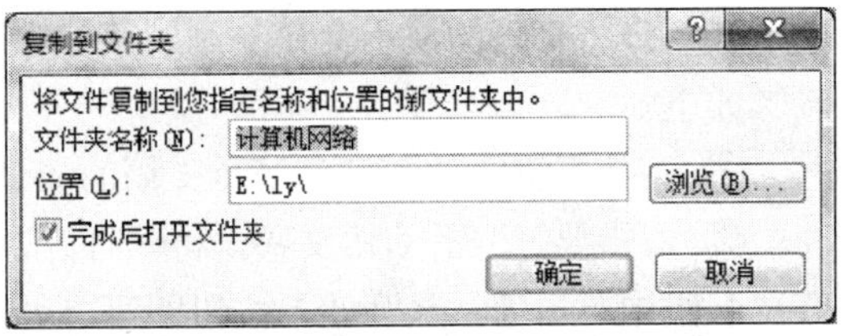

图 5–85　【复制到文件夹】对话框

图 5-86　提示框

⑥ 打开另一个提示框，提示正在复制等信息，此时 PowerPoint 将自动开始将文件打包，如图 5-87 所示。

图 5-87　提示复制信息

⑦ 打包完毕后，将自动打开保存的文件夹"计算机网络的拓扑结构"，将显示打包后的所有文件，如图 5-88 所示。

图 5-88　打包后生成的文件

5.7.2　解包演示文稿

当用户将打包的演示文稿复制到其他电脑中后，如果想要放映，还需要将其解包，具体步骤如下。

① 在计算机中找到打包演示文稿的文件夹，并将其打开，如图 5-89 所示。

② 双击要打开的演示文稿，将其打开。切换到【幻灯片放映】选项卡，在【开始放映幻灯片】组中单击【从头开始】按钮即可。

图 5–89　打包演示文稿所在的文件夹

5.8　打印演示文稿

使用 PowerPoint 2010 完成幻灯片的制作后，用户可以将演示文稿打印到纸张上，从而方便幻灯片的保存和查看。本节将介绍打印演示文稿的相关操作方法。

5.8.1　设置幻灯片的页面属性

在准备打印之前，用户可以根据具体工作要求对幻灯片的页面进行设置，包括设置幻灯片的大小及方向等。下面介绍设置幻灯片页面属性的操作方法。

① 打开准备进行设置幻灯片页面的演示文稿，选择【设计】选项卡，在【页面设置】组中单击【页面设置】按钮，弹出【页面设置】对话框，如图 5–90 所示。

② 单击【幻灯片大小】下拉列表框右侧的下拉按钮，在弹出的下拉列表中选择准备打印幻灯片的纸张大小。

③ 在【方向】选项组中选择【纵向】单选按钮，单击【确定】按钮。

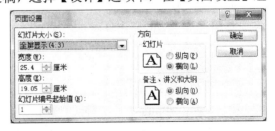

图 5–90　【页面设置】对话框

5.8.2　设置页眉和页脚

如果在打印幻灯片时，需要将编号、时间、日期、演示文稿标题、演示文稿编写者的姓名等信息添加到文稿中每张幻灯片的顶部和底部，可以通过设置幻灯片的页眉和页脚来实现。下面介绍设置幻灯片页眉和页脚的操作方法。

① 打开准备设置页眉和页脚的幻灯片，选择【插入】选项卡的【文本】组，单击【页

眉和页脚】按钮，弹出【页眉和页脚】对话框，如图 5-91 所示。在【幻灯片包含内容】选项组中选中【日期和时间】复选框，在【自动更新】下拉列表框中选择时间和日期的显示格式。

② 在【页眉和页脚】对话框中，切换到【备注和讲义】选项卡，在【页面包含内容】选项组中选中【日期和时间】复选框，单击【全部应用】按钮，如图 5-92 所示。

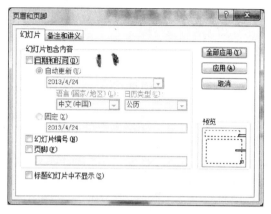

图 5-91 【页眉和页脚】对话框 　　　　　　　　图 5-92 【备注和讲义】选项卡

③ 返回到演示文稿页面，在幻灯片页面的左下角添加了一个显示当前时间和日期的占位符，这样即可完成设置页眉和页脚的操作。

5.8.3　打印演示文稿

在 PowerPoint 2010 中打印演示文稿的操作非常简单。下面介绍打印演示文稿的操作方法。

① 打开准备打印的演示文稿，选择【文件】选项卡的【打印】命令。

② 在【打印机】下拉列表框中选择准备使用的打印机。

③ 在【设置】下拉列表框中选择【打印全部幻灯片】选项，单击【打印】按钮。

此时可以看到任务栏中的通知区域显示【打印】图标，演示文稿正在被打印，这样即可完成打印演示文稿的操作。

1. 在 PowerPoint 中，有哪几种视图？各适用于何种情况？
2. 建立演示文稿有几种方法？建立好的幻灯片能否改变其幻灯片的版式？
3. 简述用模板建立演示文稿的步骤。
4. 简述幻灯片母版的作用。母版和模板有何区别？
5. 如何设置幻灯片之间的切换方式？
6. 隐藏幻灯片和删除幻灯片有什么区别？
7. 怎样进行超链接以及超链接的方式有几种？
8. 简述动作按钮与超级链接的异同。
9. 如何设置幻灯片的自定义放映？

10. 为幻灯片上的对象设置动画效果的方法有哪几种？

11. 怎样在演示文稿中插入声音文件？

12. 如何录制旁白和设置放映时间？

13. 如何用打包的方法将一个大而复杂的演示文稿安装到另一台无 PowerPoint 软件的计算机上去演示？

## 第 6 章

计算机网络基础和 Internet 应用

◇ 计算机网络的基本概念及其组成和分类
◇ 计算机网络的拓扑结构和传输介质
◇ 因特网的基本概念：TCP/IP 协议、IP 地址和接入方式
◇ 因特网的应用：浏览器（IE）的使用和电子邮件的收发
◇ 计算机信息安全的重要性、技术和法规
◇ 计算机病毒的特点、分类和防治

计算机网络是计算机技术和通信技术相互结合形成的交叉学科，是计算机应用的一个重要的领域，也是目前发展非常迅猛的领域，特别是 Internet 的迅速发展，使得计算网络的应用已经渗透到社会生活的方方面面，并且正在影响着人们的工作方式和生活方式。

本章介绍计算机网络的概念、Internet 的基本概念及其使用方法、计算机信息安全的基本知识，帮助大家深化计算机基础知识，提高信息获取能力和计算机应用技能，在自己的学习、科研中更好地运用计算机去解决实际问题，适应信息社会发展的需要。

6.1 计算机网络概述

6.1.1 计算机网络的概念

计算机网络的雏形是"主机-终端"系统，但这种系统称不上真正的计算机网络。所谓计算机网络，是由地理位置分散的、具有独立功能的多台计算机，利用通信设备和传输介质互相连接，并配以相应的网络协议和网络软件，以实现数据通信和资源共享的计算机系统。其特点如下。

1）具有独立功能的多台计算机：网中各计算机系统具有独立的数据处理功能，它们既可以联入网内工作，也可以脱离网络独立工作，而且，联网工作时，也没有明确的主从关系，即网内的一台计算机不能强制性地控制另一台计算机。从分布的地理位置来看，它们既可以相距很近，也可以相隔千里。

2）互相连接：可以用多种传输介质实现计算机的互联，如双绞线、同轴电缆、光纤、微波、无线电等。

3）网络协议：即全网中各计算机在通信过程中必须共同遵守的规则。这里强调的是"全网统一"。

4）数据：可以是文本、图形、声音、图像等多媒体信息。

5）资源：可以是网内计算机的硬件、软件和信息。

根据资源共享观点对计算机网络的定义，由于终端没有独立处理数据的能力，所以说"主机–终端"系统不是一个真正意义上的计算机网络。

6.1.2　计算机网络的发展历史

计算机网络是电子计算机技术与通信技术逐步发展、日益结合的产物。计算机网络的发展过程可以大致划分为：以一台主机为中心的具有通信功能的远程联机系统、具有通信功能的多机互联系统、标准化计算机网络，以及以下一代互联网为中心的新一代网络。

1. 第一阶段：以单机为中心的远程联机系统

第一阶段的网络产生于 20 世纪 50 年代中期至 60 年代。这个阶段的计算机网络是以一台主机为中心的远程联机系统，也称为"面向终端的计算机网络"，或"主机–终端"系统。这种系统提供了计算机通信的许多方法，而这种系统本身也成为日后计算机网络的组成部分。如图 6–1 所示。

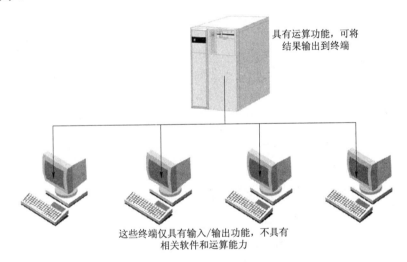

图 6–1　主机–终端网络

2. 第二阶段：具有通信功能的多主机互联系统

第二阶段的网络产生于 20 世纪 60 年代中期至 70 年代。这一时期的网络又称为"面向资源子网的计算机网络"，典型的是美国国防部高级研究计划署开发的 ARPANET。ARPANET 被认为是 Internet 的前身，它的成功标志着计算机网络的发展进入了一个新的阶段。

3. 第三阶段：国标标准化计算机网络

第三阶段的网络产生于 20 世纪 80 年代至 90 年代。这一阶段主要解决计算机网络之间互联的标准化问题，制定了方便异网计算机互联组网的开放式系统互联参考模型（Open System Inter-connect Reference Model，OSI/RM）。OSI/RM 成为全球网络体系的工业标准，这一标准促进了计算机网络技术的发展。

从 20 世纪 80 年代，局域网络技术十分成熟，同时也出现了以 TCP/IP 为基础的全球互联网——因特网（Internet）。随后，Internet 在世界范围内得到了广泛的应用。

Internet 是最大的国际性网络，遍布全世界的各个角落，与之相连的网络、网上运行的主机不计其数，而且还在飞快地增加。

4. 第四阶段：以下一代互联网为中心的新一代网络

以下一代互联网为中心的新一代网络成为新的技术热点。目前，基于 IP 的 IPv6（Internet Protocol version 6）技术的发展，为发展和构建高性能、可扩展、可管理、更安全的下一代网络提供了理论基础。

5. 计算机网络的展望

计算机网络的发展趋势概括说是"IP 技术+光网络"。目前广泛使用 IP 网络的有电话通信网络、有线电视网络和计算机网络。这 3 类网络中，新的业务不断出现，各种业务之间相互融合，最终 3 种网络将向单一的 IP 网络发展，即常说的"三网合一"。

综上所述，计算机网络将进一步朝着开放、综合、高速、智能的方向发展，必将对未来的经济、军事、科技、教育与文化等诸多领域产生重大的影响。

6.1.3　计算机网络的分类

了解计算机网络的分类方法和类型特征是熟悉计算机网络技术的重要基础之一。计算机网络可以从不同的角度进行分类。

从覆盖范围分：有局域网、城域网、广域网和互联网。

从拓扑结构分：有总线型拓扑结构、星型拓扑结构、环型拓扑结构和网状拓扑结构。

从交换功能分：有电路交换网、报文交换网、分组交换网和混合交换网。

从传输介质分：有无线网和有线网。

从数据传输速率分：有低速网、中速网和高速网。

从信道的带宽分：有窄带网、宽带网和超宽带网。

从管理性质分：有公用网和专用网。

从网络功能分：有通信子网和资源子网。

从通信传播方式分：有点对点传播方式网和广播式传播方式网。

以下介绍几种常见的分类方法。

1. 按照网络的覆盖范围进行分类

（1）局域网 LAN（Local Area Network）

局域网是指将有限范围内（如一个企业、一个学校、一个实验室）的各种计算机、终端和外部设备互联在一起的网络系统。局域网一般为一个单位所建立，在单位或部门内部控制管理和使用，其覆盖范围没有严格的定义，一般在 10 km 以内。局域网的传输速度为 10～100 Mb/s（兆比特/秒），误码率低，侧重共享信息的处理。局域网是目前计算机网络发展中最活跃的分支。

（2）城域网 MAN（Metropolitan Area Network）

城域网是指覆盖整个城市的计算机网络。城域网是介于局域网和广域网之间的一种高速网络。通常是使用高速光纤，在一个特定的范围内，例如社区或城市，将不同的局域网段连接起来，以实现大量用户之间的数据、语音、图形与视频等多种信息的传输功能，其传输速率比局域网的高。

（3）广域网 WAN（Wide Area Network）

广域网是指覆盖面积辽阔的计算机网络，广域网覆盖范围一般为几十千米到几千千米，跨省、跨国甚至跨洲。广域网可以将多个局域网连接起来，网络的互联形成了更大规模的互联网，可使不同网络上的用户能相互通信和交换信息，实现了局域资源共享与广域资源共享相结合，其中因特网就是典型的广域网。

（4）互联网（internet）

这里的互联网，又称网际网，不是国际互联网（Internet），而是 internet，是将多个网络相互连接在一起构成的集合。

世界上有多个不同的网络，这些网络的物理结构、协议和采用的标准是各不相同的，如果要将这些不同结构的网络连接到一起使不同网络中的用户可以进行相互通信，就需要使用网关这样的设备将网络连接起来。

互联网最常见的形式是将多个局域网通过广域网连接起来。大家熟悉的 Internet（因特网）就是世界上最大的互联网（网际网）。

2. 按照网络的拓扑结构进行分类

计算机网络的拓扑结构，是指网络中的通信线路和节点（Node）之间的几何结构。拓扑结构表示整个网络的整体构成和各模块之间的连接关系。从网络拓扑的观点来看，计算机网络由一组节点和连接节点的链路组成。

所谓节点，是指连接到网络的一个有源设备，如计算机、打印机或联网设备（如中继器、路由器）等。计算机网络中的节点大致分成两类：转接节点和访问节点。转接节点包括集线器、转接中心等，其作用是支持网络的连接性能，并通过所连接的链路来转接信息；访问节点包括计算机或终端设备以及相应的连接线路，它可以起到信源（发信点）和信宿（收信点）的作用。访问节点又称为端点。

计算机网络中的链路（Link），是指两个节点间承载信息流的线路或信道，所使用的介质可以是电话线路或以微波连接。

常见的网络拓扑结构有总线型结构、环型结构、星型结构、树型结构和网状型结构 5 种。局域网常用的拓扑结构主要是前 3 种。实际使用中，还可构造出一些复合型拓扑结构的网络。

（1）总线型拓扑结构

总线型拓扑结构是局域网最主要的拓扑结构之一，它采用单根传输线作为传输介质，所有的节点（包括工作站和文件服务器）均通过相应的硬件直接连接到传输介质（或总线）上，各个节点地位平等，无中心节点控制，如图 6-2 所示。

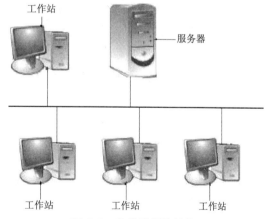

图 6-2　总线型拓扑结构

总线型拓扑结构主要有以下优点。

1）使用设备简单，可靠性高。

2）使用电缆少，安装简单。

3）易于扩充，增加新的站点容易。如果要增加新的站点，只需在总线相应位置将站点接入即可。

总线型拓扑结构的缺点是：故障诊断较为困难。在总线型拓扑结构中，如果某个节点发生故障，则需切断和变换整个故障段总线。

（2）星型拓扑结构

星型拓扑结构是由中心节点和通过点对点链路连接到中心节点而形成的网络结构。星型拓扑结构的中心节点是主节点，它接收各个分散节点的信息，再转发给相应的站点。目前星型拓扑结构几乎是双绞线网络专用的。星型拓扑结构的中心节点是由集线器或交换机承担的，如图 6-3 所示。

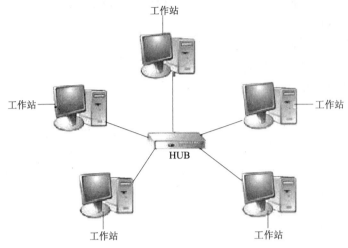

图 6-3 星型拓扑结构

星型拓扑结构主要有以下优点。

1）由于每个设备都使用一根线路和中心节点相连，如果这根线路损坏，或与之相连的工作站出现故障，不会对整个网络造成大的影响，而仅会影响工作站。

2）网络扩充容易，控制和诊断方便。

3）访问协议简单。

星型拓扑结构的缺点。

1）网络的中心节点是全网可靠性的"瓶颈"，中心节点的故障可能造成全网瘫痪。

2）每个站点都通过中央节点相连，需要大量的网线，成本较高。

（3）环型拓扑结构

环型拓扑结构是由若干中继器通过点到点的链路首尾相连成一个闭合的环，如图 6-4 所示。

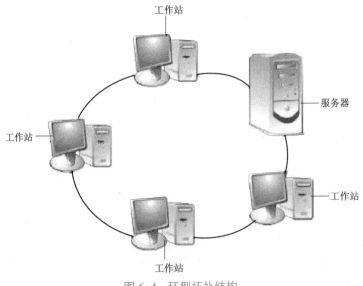

图 6-4 环型拓扑结构

环型拓扑结构主要有以下优点。

1）路由选择控制简单。信息流是沿着固定的方向流动的，两个站点仅有一条通路。

2）电缆长度短，抗故障性能好。

3）适用于光纤进行高速传送。

环型拓扑结构的缺点如下。

1）节点故障会引起整个网络瘫痪。如果环路上某个节点出现故障，则该节点的中继器不能进行转发，相当于环在故障处断掉，造成整个网络都不能正常工作。

2）诊断故障困难。在环路上确定具体是哪个节点出现故障是非常困难的，需要对每个节点进行测试。

（4）网状型拓扑结构

网状型拓扑结构使用单独的电缆将网络上的站点两两相连，从而提供了直接的通信路径，如图 6-5 所示。

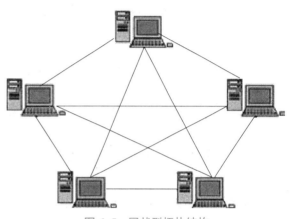

网状型拓扑结构可提供最高级别的容错能力，但是需要大量的网线，并且随着站点数量的增加而变得更加混乱。所以实际应用中，经常与其他网络拓扑结构一起构成混合网络拓扑。

网状型拓扑结构主要有以下优点。

1）节点间路径多，碰撞和阻塞可大大减少，局部的故障不会影响整个网络的正常工作，可靠性高。

图 6-5　网状型拓扑结构

2）网络扩充和主机入网比较灵活、简单。

缺点：网络关系复杂，安装和维护困难，冗余的链路增加了成本。广域网中一般用网状结构。

3. 按照传输介质进行分类

（1）有线网

有线网采用双绞线、同轴电缆和光纤等作为传输介质。目前，大多数的计算机网络都采用有线方式组网。

（2）无线网

无线网采用红外线、微波和光波等作为传输载体。其与有线网络的用途十分类似，最大的不同在于传输媒介的不同，利用无线电技术取代网线，可以和有线网络互为备份。

4. 按照网络通信信道的数据传输速率划分

根据通信信道的数据传输速率高低不同，计算机网络可分为低速网络、中速网络和高速网络。有时也直接利用数据传输速率的值来划分，例如，10 Mb/s 网络、100 Mb/s 网络、1 000 Mb/s（1 Gb/s）网络、10 000 Mb/s（10 Gb/s）网络。

5. 根据网络的信道带宽划分

在计算机网络技术中，信道带宽和数据传输速率之间存在着明确的对应关系，因此，计算机网络又可以根据网络的信道带宽分为窄带网、宽带网和超宽带网。

6. 按管理性质分类

根据对网络组建和管理的部门和单位不同，常将计算机网络分为公用网和专用网。

（1）公用网

公用网一般由电信部门或其他提供通信服务的经营商组建、管理和控制，网络内的传输和转接装置可供任何部门和个人使用；公用网常用于广域网络的构建，支持用户的远程通信。如我国的电信网等。

（2）专用网

由用户部门组建经营的网络，不容许其他用户和部门使用。由于投资等因素，专用网常为局域网或者是通过租借电信部门的线路而组建的广域网络。例如学校、金融、石油、铁路等行业都有自己的专用网。

目前有许多部门直接租用电信部门的通信网络，并配置一台或者多台主机，向社会各界提供网络服务，这些部门构成的应用网络称为增值网络（或增值网），也即在通信网络的基础上提供了增值服务，如中国教育科研网（CERNET）、全国各大银行的网络等。

7. 按网络功能分类

计算机网络的最终目的是面向应用。计算机网络应同时提供信息传输和信息处理的能力。在逻辑上可以将计算机网络分为负责信息传输的子网——"通信子网"和负责信息处理的子网——"资源子网"，如图 6-6 所示。

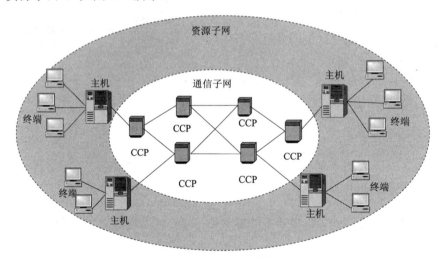

图 6-6　资源子网和通信子网

（1）资源子网

资源子网完成网络的数据处理功能。从图 6-6 中可以看出，它包括主机和终端，另外还包括各种联网的共享外部设备、软件和数据库资源。这里的主机是指大型、中型、小型以及微型计算机。

（2）通信子网

通信子网完成网络的数据传输功能。其由通信控制处理机、通信线路及相关软件组成。通信控制处理机又称为网络节点，具体来说，可以是集线器、路由器、网络协议转换器等。它完成数据在网络中的逐点存储和转发处理，以实现数据从源节点正确传输到目的节点。同时，它还起着将主机和终端连接到网络上的功能。

6.1.4　计算机网络的组成

计算机网络是一个非常复杂的系统，从物理结构上讲，一个完整的计算机网络系统由网络硬件系统和网络软件系统组成。网络硬件系统主要包括传输介质、网络基础设备、网络互联设备等。网络软件系统主要包括网络协议软件、网络通信软件和网络操作系统等。

1. 传输介质

传输介质又称传输媒体，是传输信息的载体，亦即将信息从一个节点向另一个节点传送的连接线路实体。传输介质主要有双绞线、同轴电缆、光纤和无线传输介质（无线电、微波、激光和红外线等）。

（1）双绞线

双绞线是由一对外层绝缘的导线绞合而成，外加套管作保护层，如图 6-7 所示。双绞线主要用于点到点通信信道的中、低档局域网及电话系统。非屏蔽双绞线又称 UTP 电缆。与其他传输介质相比，双绞线在传输距离、信道宽度和数据传输速度等方面均受到一定限制，但价格较为低廉，是综合布线工程中最常用的一种传输介质。

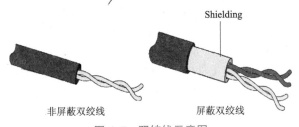

非屏蔽双绞线　　　　　屏蔽双绞线

图 6-7　双绞线示意图

在局域网中，双绞线主要用于计算机网卡到集线器或通过集线器之间级联口的级联，也可以直接用于两个网卡之间的连接或不通过集线器级联口之间的连接。

（2）同轴电缆

同轴电缆是一根较粗的硬铜线，在其外面套有屏蔽层，如图 6-8 所示。同轴电缆价格高于双绞线，但抗干扰能力较强，连接也不太复杂，数据传输速率可达数兆比特每秒到几百吉比特每秒，网络技术发展过程中，首先使用的是粗同轴电缆，随后出现了细缆，同轴电缆在中、高档局域网及电话系统的远距离传输中广泛使用，比如有线电视网，就是使用同轴电缆。

（3）光纤

光纤又称光缆，或称光导纤维，是一种能够传输光波的电介质导体，内层为光导玻璃纤维和包层，外层为保护层，如图 6-9 所示。光纤数据传输率可达 100 Mb/s 到几吉比特每秒，抗干扰能力强，传输损耗少，且安全保密好，目前已被许多高速局域网采用。

（4）微波

微波是无线电通信载体，其频率为 1~10 GHz。微波的传输距离在 50 km 左右，容量大，传输质量高，建筑费用低，适宜在网络布线困难的城市中使用。

（5）卫星通信

卫星通信是利用人造地球卫星作为中继站转发微波信号，使各地之间互相通信。卫星通信的可靠性高，但是通信延迟时间长，易受气候影响。目前卫星通信主要用于电视和电话通信系统。

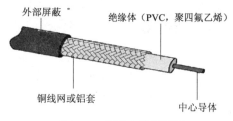

图 6-8 同轴电缆示意图   图 6-9 光纤示意图

2. 网络基础设备

一般情况下，某一局域网通常由服务器、工作站、同位体、网卡、集线器等部件组成，由于网络的扩展和互联，还可能用到调制解调器、中继器、网桥、路由器和网关等硬件设备。

（1）服务器（Server）

服务器是网络中的核心设备，负责网络资源管理和为用户提供服务，这就要求它具有高性能、高可靠性、高吞吐量、大内存容量等特点。一般由高档微机、工作站或专用服务器充当，服务器上运行网络操作系统，如图 6-10 所示。

图 6-10 服务器

从应用角度划分，服务器分为文件服务器（File Server）和应用服务器（Application Server）。文件服务器为网络提供文件共享和文件打印服务；应用服务器不仅需要有文件服务器的功能，还要求能完成用户所交给的任务。

在实际应用中，一般要考虑服务器的 CPU 主频、总线结构形式，以及是否具备磁盘阵列、热备份和热插拔等功能。

（2）工作站（Work Station）

工作站是在网络上除服务器以外能独立处理问题的个人计算机。工作站有可独立工作的操作系统，可选择上网使用或独立网络使用。

工作站不同于平常所说的终端，终端通常只有键盘和显示器，没有内存和 CPU，所有的处理都通过主机完成，不能脱离主机独立工作。

根据工作站是否有磁盘驱动器，分为有盘工作站和无盘工作站。

（3）同位体（Peer）

同位体是可同时作为服务器和工作站的计算机。

（4）网卡（Network Interface Card，NIC）

网卡即网络接口卡，又称网络适配器，如图 6-11 所示。它安装在服务器或工作站的扩展槽中。实际上，网卡在计算机和电缆之间提供了接口电路，主要实现数据缓存、编码、译码、接收和发送等功能。

图 6-11 网卡

根据网卡的速度划分，网卡有 10 Mb/s 和 100 Mb/s 两种。此外，还有一种 10/100 Mb/s 自适应网卡，既可以当 10 Mb/s 网卡使用，也可以当 100 Mb/s 网卡使用。

网卡上配有不同的接口以适应连接不同的介质需要，如 T 型接口用于连接细缆；D 型 15

针的 AUI 接口用于连接粗缆；RJ-45 接口用于连接双绞线。

（5）集线器（Hub）

在局域网的星型拓扑结构中，通常将若干台工作站经过双绞线汇接到一个称为集线器的设备上。集线器常见的有 8 口、12 口、16 口、20 口、24 口等形式，每个端口可连接一台计算机，常见的型号有 Accton、D-Link、3Com 等系列，如图 6-12 所示。

集线器的主要作用是对信号中继放大、扩展 100 Mb/s 网范围，同时也能实现故障隔离，即当一台工作站出现故障，不会影响网络上其他计算机的正常工作。

（6）调制解调器（Modem）

调制解调器是调制器（Modulator）和解调器（Demodulator）的简称。如图 6-13 所示。调制解调器的功能是将计算机输出的数字信号转换成模拟信号，以便能在电话线路上传输。当然，它也能够将线路上传来的模拟信号转换成数字信号，以便于计算机接收。

图 6-12　集线器

图 6-13　调制解调器

调制解调器分为内置式和外置式两种。内置式的调制解调器是一块计算扩展插卡，要插入计算机的扩展槽中。外置式调制解调器是一个单独的盒子，放在计算机外使用，与计算机的串行通信口或并行通信口相连。目前，市场上的主流产品是 55.6 Kb/s 传输速率的产品。

3. 局域网互联设备

在实际应用中，局域网通常不是孤立存在的，而是互联在一起。常见的网间互联设备有路由器、网桥、网关和中继器。

（1）路由器（Router）

路由器（图 6-14）用于连接两个以上同类网络，位于某两个局域网中的两个工作站之间，通信时存在多条路径。路由器能根据网络上的信息拥挤情况选择最近、最空闲的路由器来传送信息。

路由器的主要功能有识别网络层地址、选择路由、生成和保护路由表等，常见的路由器有 Cisco 公司和 Bay 公司的系列产品。

（2）网桥（Bridge）

网桥（图 6-15）用于连接两个同一操作系统类型的网络。网桥的作用有两个："隔离"和"转发"。当信息在局域网 A 中传送时，网桥起隔离，不允许该信息传至局域网 B；当信息要从局域网 A 发送至局域网 B 中的某个站点时，网桥则起到转发的作用。

（3）网关（Gateway）

当具有不同操作系统的网络互联时，一般需要采用网关，如图 6-16 所示。如局域网与大型机相连，局域网与广域网相连。网关除了具有路由器的全部功能外，还能实现不同网络之间的协议转换。

（4）中继器（Repeater）

在计算机网络中，当网段超过最大距离时，就需要增设中继器，如图 6–17 所示。中继器对信号中继放大，扩展了网段的距离。例如细缆的最大传输距离是 185 m，增加 4 个中继器后，网络距离可延伸至约 1 km。

图 6–14　路由器

图 6–15　网桥

图 6–16　网关

图 6–17　中继器

4. 网络软件系统

网络软件系统是实现网络功能不可缺少的软环境。通常网络软件系统包括网络协议软件、网络通信软件和网络操作系统。

（1）网络协议软件

该协议软件规定了网络上所有的计算机通信设备之间数据传输的格式和传输方式，使得网上的计算机之间能正确可靠地进行数据传输。

（2）网络通信软件

网络通信软件的作用就是使用户能够在不详细了解通信控制规程的情况下，控制应用程序与多个站点进行通信，并且能对大量的通信数据进行加工和处理。

（3）网络操作系统

整个网络的资源和运行必须由网络操作系统来管理。它是用以实现系统资源共享、管理用户对不同资源访问的应用程序。目前主流的网络操作系统有 Windows NT、Windows 2000/2003 Server、NetWare、UNIX/Linux 等。

从逻辑功能上讲，计算机网络是由资源子网和通信子网构成的，资源子网和通信子网之间由专门的网络协议连接在一起，并行工作。

6.1.5　计算机网络的功能

计算机网络的功能主要体现为以下几点。

1. 资源共享

资源共享是计算机网络设置的目的，也是计算机网络最核心的功能。计算机网络中的共享包括网络中的硬件、软件和数据资源。如共享网络中的大容量存储设备、软件、数据库资源等。通过资源共享，可以使网络中各单位的资源互通有无、分工协作，大大提高系统资源的利用率。

2. 数据传输

数据传输是计算机网络最基本的功能，是实现其他功能的基础。主要完成网络中各个节点之间的通信。利用该功能，地理位置分散的生产单位或业务部门可通过计算机网络连接起来进行集中的控制和管理，如可以通过计算机网络实现铁路运输的实时管理与控制，提高铁路运输能力。

3. 分布式数据处理

分布式数据处理是指将分散在各个计算机系统中的资源进行集中控制与管理，从而将复杂的问题交给多个计算机分别同时进行处理，以提高工作效率。这种协同工作、并行处理要比单独购置高性能的大型计算机成本低。对于综合性的大问题，可以采用合适的算法，将任务分散到不同的计算机上进行分布处理。这样不仅充分利用网络资源，而且扩大了计算机的处理能力。

4. 均衡负载

利用计算机网络，可以将负担过重的计算机所处理的任务转交给空闲的计算机来完成。这样处理能均衡各个计算机的负载，提高处理问题的实时性。

6.1.6　计算机网络协议和体系结构

1. 网络协议

一个计算机网络通常由多个互联的节点组成，而节点之间需要不断地交换数据与控制信息。要做到有条不紊地交换数据，每个节点都需要遵守一些事先约定好的规则，这些规则明确地规定了所交换数据的格式和时序。这些为网络数据交换而制定的规则、约定与标准被称为网络协议（Protocol）。

不同的计算机之间必须使用相同的网络协议才能进行通信。

2. 网络的层次结构

为了减少网络协议设计的复杂性，网络设计者采用把通信问题划分为许多个小问题，然后为每个小问题设计一个单独的协议的方法来解决。分层模型就是一种用于开发网络协议的设计方法。本质上，分层模型描述了把通信问题分解为几个小问题（称为层次）的方法，每个小问题对应于一层。所谓分层设计方法，就是按照信息的流动过程将网络的整体功能分解为一个个的功能层，不同机器上的同等功能层之间采用相同的协议，同一机器上的相邻功能层之间通过接口进行信息传递。

3. OSI 参考模型的基本概念

1984，国际标准化组织（ISO）公布了一个作为未来网络协议指南的模型，该模型被称为开放系统互联参考模型 OSI（Open System Interconnection）。只要遵循 OSI 标准，一个系统就可以和世界上其他任何也遵循这一标准的系统进行通信。

OSI 参考模型定义了开发系统的层次结构、层次之间的相互关系及各层所包括的可能服务。它作为一个框架来协调和组织各层协议的制定，也是对网络内部结构最精练的概括与描述。

4. OSI 参考模型的结构

OSI 将所有互联的开放系统划分为功能上相对独立的 7 个层次，如图 6–18 所示，从最基本的物理连接到最高层次的应用。OSI 模型描述了信息流自上而下通过源设备的 7 个层次，再经过传输介质，然后自下而上穿过目标设备的 7 层模型。图 6–18 中，CCP（Communication Control Processor）表示通信控制端口，即在网络拓扑结构中通常别称为网络节点。

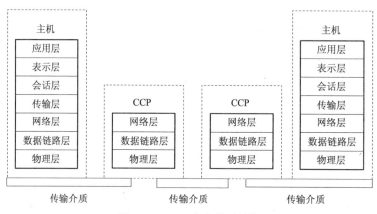

图 6–18   OSI 参考模型结构

如图 6–18 所示，在网络体系结构的最底层（物理层），信息交换体现为直接相连的两台计算机之间无结构的比特流传输。物理层以上的各层所交换的信息便有了一定的逻辑结构，越往上，逻辑结构越复杂，也越接近用户真正需要的形式。信息交换在低层由硬件实现，而到了高层，则由软件实现。例如，通信线路及网卡就是承担物理层和数据链路层两层协议所规定的功能。

5. TCP/IP 参考模型与协议

到了 20 世纪 90 年代初期，虽然整套的 OSI 国际标准已经制定出来了，但现今规模最大的、覆盖全世界的 Internet 却并未使用 OSI 标准。得到最广泛应用的不是法律上的国际标准 OSI，而是非国际标准 TCP/IP。这样，TCP/IP 就常被称为是事实上的国际标准。

TCP/IP 是 20 世纪 70 年代中期美国国防部为 ARPANET 开发的网络体系结构。ARPANET 最初是通过租用的电话线将美国的几百所大学和研究所连接起来。随着卫星通信技术和无线电技术的发展，这些技术也被应用到 ARPANET 网络中，而已有的协议已不能解决这些通信网络的互联问题，于是就提出了新的网络体系结构，用于将不同的通信网络无缝连接。这种网络体系结构后来被称为 TCP/IP（Transmission Control Protocol/Internet Protocol）参考模型。

TCP/IP 成功解决了不同网络之间难以互联的问题，实现了异网互联通信。现在人们常提到的 TCP/IP 并不是指 TCP 和 IP 这两个具体的协议，而是表示 Internet 所使用的体系结构或是整个 TCP/IP 协议簇。

TCP/IP 参考模型分为 4 层结构，下面分别讨论这 4 层的功能。TCP/IP 参考模型与 OSI 参考模型的层次对应关系如图 6–19 所示。

（1）网络接口层

在 TCP/IP 分层体系结构中，最底层是网络接口层，它负责通过网络发送和接收 IP 数据报。TCP/IP 体系结构并未对网络接口层使用权的协议做出强硬的规定，它允许主机连入网络时使用多种现成的和流行的协议，例如局域网协议或其他一些协议。

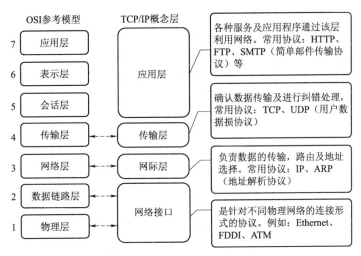

图 6-19　OSI 与 TCP/IP 参考模型

（2）网际层（Internet 层）

网际层，又称互联网层，负责不同网络或同一网络中计算机之间的通信。网际层的核心是 IP 协议（网际协议）。

网际层是 TCP/IP 体系结构的第 2 层，它实现的功能相当于 OSI 参考模型网络层的无连接网络服务。网际层负责将源主机的报文分组发送到目的主机，源主机与目的主机可以在一个网上，也可以在不同的网上。

（3）传输层（Transport Layer）

网际层之上是传输层，它的主要功能是负责应用进程之间的端–端通信。传输层提供 TCP 协议（传输控制协议）与用户数据协议（User Datagram Protocol，UDP）。在 TCP/IP 体系结构中，设计传输层的主要目的是在互联网中源主机与目的主机的对等实体之间建立用于会话的端–端连接。因此，它与 OSI 参考模型的传输层功能相似。

（4）应用层

在 TCP/IP 体系结构中，应用层是最靠近用户的一层。它包括了所有的高层协议，并且总是不断有新的协议加入。主要协议包括：

- 网络终端协议（Telnet），用于实现互联网中远程登录功能；
- 文件传输协议（FTP），用于实现互联网中交互式文件传输功能；
- 简单邮件传输协议（SMTP），用于实现互联网中邮件传送功能；
- 域名系统（DNS），用于实现互联网设备名字到 IP 地址的映射的网络服务；
- 超文本传输协议（HTTP），用于目前广泛使用的 WWW 服务；
- 简单网络管理协议（SNMP），用于管理和监视网络设备；
- 网络文件系统（NFS），用于网络中不同主机间的文件共享。

OSI 模型来自标准化组织，而 TCP/IP 产生于 Internet 网的研究和应用实践中。

6.2　Internet 基础知识及应用

首先要明确两个概念：Internet 是专用名词，专指全球最大的、开放的、由众多网络相互连接而构成的计算机网络。它是以美国阿帕网（ARPANET）为基础发展起来的，主要采用 TCP/IP 协议进行计算机通信；而 internet 泛指由多个计算机网络相互连接、在功能和逻辑上组成的一个大型网络，internet 包含了 Internet。根据我国科学技术名词审定委员会的推荐，Internet 的中文译名为"因特网"，而 internet 的中文译名为"互联网"。

6.2.1　Internet 的起源及发展

1. Internet 的诞生

Internet 是在 ARPANET 网络的基础上发展而来的，ARPANET 是 20 世纪 60 年代中期由美国国防部高级计划研究署（ARPA）资助的网络，最早是在 4 所大学之间建立的实验性网络。

在这个网络的深入研究过程中，导致并促进了 TCP/IP 的发展，在美国军方的赞助下，加州大学伯克利分校将 TCP/IP 嵌入当时很多大学都在使用的网络操作系统 BSD UNIX 中，这又促进了该协议的研究与推广。

1983 年年初，美国军方正式将其所有的军事基地的子网络都连接到 ARPANET 上，并且都使用 TCP/IP，这标志着 Internet 的正式诞生。

ARPANET 是一个网际网，英文中称为 Internetwork，当时的研究人员将其简称为 Internet，同时将 Internet 特指为研究建立的网络原型，这一称呼一直沿用至今。

2. Internet 的发展

作为 Internet 的第一代主干网，ARPANET 现在已经退役，但它采用的技术对网络的发展无疑产生了重要的影响。

20 世纪 80 年代，美国国家科学基金会（NSF）组建了一个网络，称为 NSFNET，该网络一开始就使用 TCP/IP。

1988 年，NSFNET 取代 ARPANET 正式成为 Internet 的主干网，该网络采用层次结构，分为主干网、地区网和校园网，连接方式是各主机连入校园网，校园网联入地区网，地区网则连入主干网。由于是美国政府资助的，因此入网的主要是大学和科研机构，不允许商业机构加入。

20 世纪 90 年代，由于加入 Internet 上的计算机数量呈指数式增长，导致 NSFNET 的网络负荷过重，仅仅依靠美国政府已无力承担组建更大容量网络的费用。这时，三家商业公司 MERIT、MCI 和 IBM 接管了 NSFNET 并组建成一个非盈利的公司 ANS。1991 年年底，NSFNET 的全部主干网都与 ANS 的新主干网连通，构成了 ANSNET。同时，许多商业机构的网络也连接到 ANSNET 主干网上，标志着 Internet 的商业化。

20 世纪 90 年代，在商业领域的应用真正促进了 Internet 的飞速发展，Internet 网络通信使用的协议是 TCP/IP。因此，所有采用 TCP/IP 的计算机都可以加入 Internet。

每一个加入 Internet 的用户都可以得到需要的信息和其他相关的服务。通过使用 Internet，全世界的人们既可以互通消息、交流思想，又可以从中获取各个方面的知识、经验和信息。

3. 下一代 Internet 的研究与发展

随着 WWW 技术的出现和推广，以及网络上提供的服务不断增加，Internet 面向商业用户和普通用户开放，接入 Internet 的国家越来越多，连接到 Internet 上的用户数量和网络上完成的业务量也急剧增加。这时，Internet 面临的资源匮乏、传输带宽的不足等缺点变得越来越突出。

为解决这一问题，1996 年 10 月，美国 34 所大学提出了建设下一代互联网 NGI（Next Generation Internet）的计划，即第二代 Internet 的研制。第二代 Internet 称为 Internet2。1998 年，美国下一代互联网研究的大学联盟 UCAID 成立，启动 Internet2 计划。

目前，Internet2 的研究已不再局限于美国，其他国家和地区也参与其中。例如，加拿大政府对 Internet2 的研究已经历了 4 次大规模的升级；2001 年，欧共体正式启动下一代互联网研究计划；1998 年，日本、韩国和新加坡建立"亚太地区先进网络 APAN"，加入下一代互联网的研究行列；1998 年，中国清华大学依托中国教育科研网（CERNET），建立中国第一个 IPv6 试验网，标志着我国下一代互联网研究的开始。

Internet2 的最大特征就是使用 IPv6 协议来逐渐取代 IPv4 协议，目的是彻底解决互联网中 IP 地址资源不足的问题。由于 IPv6 的地址是 128 位编码，有 2^{128} 个地址，地址资源极其丰富（有人比喻，世界上的每一粒沙子都会有一个 IP 地址）。

Internet2 还解决了带宽不足的问题，其初始的运行速率可以达到 10 Gbit/s。这样，将使多媒体信息可以实现真正的实时交换。

6.2.2　TCP/IP 协议

因特网是通过路由器将不同类型的物理网互联在一起的虚拟网络。Internet 采用的体系结构称为 TCP/IP。它采用 TCP/IP 协议控制各网络之间的数据传输，采用分组交换技术传输数据。由于在 Internet 上的广泛使用，使得 TCP/IP 成为事实上的工业标准。

TCP/IP 是用于计算机通信的一组协议，而 TCP 和 IP 是这些众多协议中最重要的两个核心协议。TCP/IP 由网络接口层、网际层、传输层、应用层 4 个层次组成。其中，网络接口层是最底层，包括各种硬件协议，面向硬件；应用层面向用户，提供一组常用的应用程序，如电子邮件、文件传送等；传输层的 TCP 和网际层的 IP 是这些协议中最为重要两个协议，TCP 负责数据传输的可靠性，IP 负责数据的传输。

TCP/IP 有以下两个特点：

1）开放的协议标准，独立于具体的计算机硬件、网络硬件和操作系统。

2）统一的网络地址分配方案，网络中的每台主机在网络中具有唯一的地址。

1. 传输控制协议 TCP（Transmission Control Protocol）

它位于传输层。TCP 协议向应用层提供面向连接的服务，确保网上所发送的数据包可以完整地接收，一旦数据报丢失或破坏，则由 TCP 负责将被丢失或破坏的数据包重新传输一次，实现数据的可靠传输。

2. 网际协议 IP（Internet Protocol）

它位于网际层，主要将不同格式的物理地址转换为统一的 IP 地址，将不同格式的帧转换为"IP 数据报"，向 TCP 协议所在的传输层提供 IP 数据报，实现无连接数据报传送；IP 的另一个功能是数据报的路由选择，简单地说，路由选择就是在网上从一端点到另一端点的传输路径的选择，将数据从一地传输到另一地。

6.2.3 Internet 中的地址和域名

1. IP 地址

（1）IP 地址

为保证在 Internet 准确地实现将数据传送到网络上指定的目标，Internet 上的每一个主机、服务器或路由器都必须有一个在全球范围内唯一的地址，这个地址称为 IP 地址，由各级 Internet 管理组织负责分配给网络上的计算机。

因为因特网是由许多个物理网互联而成的虚拟网络，所以，一台主机的 IP 地址由类别标识、网络号（相当于长途电话中的地区号）和主机号（相当于长途电话中的本地号）两部分组成。IP 地址的结构如图 6-20 所示。

类别标识	网络号	主机号

图 6-20 IP 地址组成

TCP/IP 规定，IP 地址由 32 位二进制数组成。例如，下面是一个 32 位二进制组成的 IP 地址：

11001010 01110101 10100101 00100100

为便于使用，将这 32 位的二进制（32 个比特），每 8 位（即每个字节）分为一组，每一组分别转换为十进制整数，然后将这 4 个整数之间用圆点"."隔开，这种表示方法称为 IP 地址的"点分十进制"写法。例如（表 6-1）：

表 6-1 IP 地址转换方法

二进制	11001010 01110101 10100101 00100100
十进制	202 . 117 . 165 . 36
缩写后的 IP 地址	202.117.165.36

这样，上面的 IP 地址可以写成以下的点分十进制形式：

202.117.165.36

显然，组成 IP 地址的 4 个十进制整数中，每个整数的范围都是在 0～255 之间。

需要说明的是，0 和 255 这两个地址在 Internet 中有特殊的用途（用于广播），因此实际上每组数字中真正可以使用的范围为 1～254。

IP 地址是连接到 Internet 上主机的网络参数之一，每台计算机在联网时要进行相应的设置。一台计算机可以有一个或多个 IP 地址，相当于一个人有多个通信地址。但是两台或多台计算机不能共用一个 IP 地址，否则哪一台计算机都不能正常工作。

目前使用的 32 位 IP 地址格式是 IP 的第 4 个版本，即 IPv4。该版本中可以提供的地址总数 40 多亿个，再加上该格式地址的分配方法极不合理（例如，70%左右的 IP 地址被美国占用，而中国分配到的 IP 地址大约只有 2 500 万个，相当于美国一个大学或大企业的拥有量。例如，斯坦福大学有 1 700 万个 IP 地址，IBM 有 3 300 万个 IP 地址），导致地址资源已无法满足目前空前增长的网络的需要。这样，IP 的第 6 个版本，即 IPv6 取代 IPv4 已经是大势所趋。

在 IPv6 中，IP 地址为 128 位的二进制数，这样其提供的地址总数足以满足目前所有应用的需要。

（2）IP 地址的分类

目前，Internet 地址采用 IPv4 方式，共分为 5 类，分别是：A 类、B 类、C 类、D 类和 E 类，其中 A 类、B 类和 C 类是国际上流行的基本的 Internet 地址，如图 6–21 所示。

A 类 IP 地址：高端类别标识码为“0”，占 1 位，网络标识占 7 位，因此，网络数为 126 个，主机标识占 24 位，则每一个网络的主机数为 16 777 216 台。它主要用于拥有大量主机的网络。它的特点是网络数少，而主机数多。

B 类 IP 地址：高端类别标识码为“10”，占 2 位，网络标识占 14 位，因此，网络数为 16 384 个，主机标识占 16 位，则每一个网络的主机数为 65 536 台。它主要用于中等规模的网络，它的特点是网络数和主机数相差不多。

C 类 IP 地址：高端类别标识码为“110”，占 3 位，网络标识占 21 位，因此，网络数为 2 097 152 个，主机标识占 8 位，则每一个网络的主机数为 256 台。它主要用于小型局域网。它的特点是网络数多，而主机数少。

图 6–21　Internet 上的地址类型

各类 IP 地址的特性参见表 6–2。

表 6–2　各类 IP 地址的特性

类别	第一字节范围	应用
A	1～127	用于大型网络
B	128～191	用于大型网络
C	192～223	用于大型网络
D	224～239	多目地址发送
E	240～247	Internet 试验和开发

对于上面提到的 IP 地址为 202.117.165.36 的主机来说，第一段数字的范围为 192～223，是小型网络（C 类）中的主机，其 IP 地址由如下两部分组成。

第一部分为网络号码：202.117.165（或写成 202.117.165.0）

第二部分为本地主机号码：36

两者合起来得到唯一标识这台主机的 IP 地址：202.117.165.36。

（3）网关和默认网关

一个网络到另一个网络的连接关口称为网关（Gateway）。充当网关的可以是路由器、启动了路由协议的服务器、代理服务器，后两者的作用都相当于路由器。

由于每个网关实现数据包的路由选择和转发，每台路由器的地址就是网关的地址。

一台主机可以有多个网关，即多个关口，如果一台主机找不到可用的网关，就把数据报发送给默认指定的网关，这就是默认网关。

（4）子网和子网掩码

为了解决因 IP 地址所表示的网络数有限，在制定编码方案时造成网络数不够的问题，可以采用另外的办法——子网，它将部分主机划分为网络中的一个个子网，而将剩余的主机作为相应子网的主机标识。划分的数目应根据实际情况而定。

子网掩码是一个 32 位的二进制地址，它规定子网是如何进行划分的。各类 IP 地址默认的子网掩码为：

A 类 IP 地址默认的子网掩码为 255.0.0.0；

B 类 IP 地址默认的子网掩码为 255.255.0.0；

C 类 IP 地址默认的子网掩码为 255.255.255.0。

2. 域名系统

在 Internet 中，IP 地址的表示虽然简单，但在用户与 Internet 上的多个主机进行通信时，单纯数字表示的 IP 地址非常难以记忆，于是就产生了 IP 地址的转换方案——域名解析系统 DNS（Domain Name System），即用名字来标识接入 Internet 中的计算机。

主机名字需要从右到左解读（同欧美国家写人名的习惯一样，即姓氏放在名字的后面）。例如，广西民族大学 Web 服务器 IP 地址是"124.227.192.185"，它对应的域名是"www.gxun.edu.cn"。其中，"cn"表示中国，"edu"表示教育网，"gxun"表示广西民族大学，"www"则表示提供 web 服务，这几部分完整地代表广西民族大学提供 Web 服务的主机名。

为了避免重名，主机的域名采用层次结构，各层次的子域名之间用圆点"."隔开，从右至左分别为第一级域名（也称最高级域名）、第二级域名……直至主机名（最低级域名）。其结构如下：

主机名. ……. 第三级域名. 第二级域名. 顶级域名

对于域名，应该注意以下几点。

1）只能以字母字符开头，以字母字符或数字符结尾，其他位置可用字符、数字、连字符或下划线。

2）域名中大、小写字母不用区分，但一般用小写。

3）各子域名之间以圆点"."隔开。

4）域名中最左边的子域名通常代表机器所在单位名，中间各子域名代表相应层次的区域，每一集域名由英文字母或阿拉伯数字组成，长度不超过 63 个字符。

5）整个域名的长度不得超过 255 个字符。

域名和 IP 地址都是表示主机的地址，实际上是同一件事物的不同表示。用户可以使用主机的 IP 地址，也可以使用它的域名。从域名到 IP 地址或者从 IP 地址到域名的转换由域名服务器（Domain Name Server，DNS）完成。

顶级域名采用国际上通用的标准代码，分为两类，分别是机构性域名和地理性域名：机构性顶级域名是美国的机构直接使用的域名，是 Internet 管理机构定义的，用来表示主机所属的机构性质，见表 6-3。

表 6-3　机构性顶级域名

域名	含义	域名	含义
com	盈利性商业组织	info	一般用途
edu	教育机构	biz	商务
gov	政府机关	name	个人
mil	军事组织	pro	专业人士
net	网络机构	museum	博物馆
org	非营利性组织	coop	商业合作团体
int	国际组织	aero	航空工业

表 6-2 左边的 7 个域名是 20 世纪 80 年代定义的，右边 7 个域名是 2000 年启用的。

在美国，大部分 Internet 站点都使用以上的机构性顶级域名。美国以外的国家或地区使用地理性顶级域名则更为普遍。表 6-4 列出了较常用的地理性顶级域名。

表 6-4　地理性顶级域名

域名	含义	域名	含义
cn	中国	tw	中国台湾
jp	日本	mo	中国澳门
uk	英国	ca	加拿大
kr	韩国	in	印度
de	德国	au	澳大利亚
fr	法国	ru	俄罗斯
hk	中国香港	us	美国

根据《中国互联网络域名注册暂行管理办法》规定，我国的顶级域名是："cn"，第二级域名也分组织机构域名和地区域名。其中组织机构域名有 6 个，分别为："ac"适用于科研机构；"gov"适用于政府部门；"org"适用于各种非营利性组织；"net"适用于互联网络、接入网络的信息中心（NIC）和运行中心（NOC）；"com"适用于工、商、金融等企业；"edu"适用于教育机构。地区域名是 34 个行政区域名。如"bj"表示北京市，"sh"表示上海市，"tj"表示天津市，"cq"表示重庆市，"zj"表示浙江省等。

在二级域名下又划分第三级域名，如此形成树形的多级层次结构，如图 6-22 所示。

例如，广西民族大学的电子邮件服务器域名"mail.gxun.edu.cn"中，"mail"为邮件服务器域名，"gxun"为学校域名，"edu"为教育科研域名，最高域名"cn"为国家域名。

在因特网中，有相应的软件把域名转换成 IP 地址。所以在使用上，IP 地址和域名是等效的。但需要注意的是，在因特网中，域名和 IP 地址的关系并非一一对应的。注册了域名的主机一定有 IP 地址，但不一定每个 IP 地址都在域名服务器中注册域名。

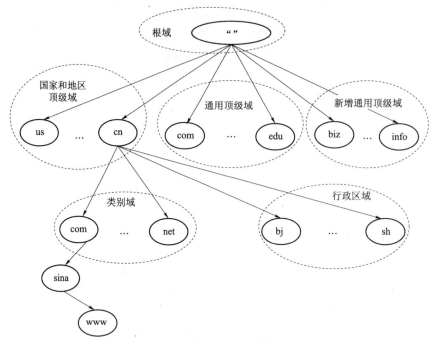

图 6–22　Internet 域名结构

6.2.4　Internet 的接入方式

要使用 Internet 上丰富的资源和在 Internet 上进行交流，首先要将自己的计算机连接到 Internet 上，这要通过服务提供商 ISP（Internet Service Provider）进行。

ISP 是 Internet 的接入媒介和 Internet 服务的提供者，要想接入 Internet，就要向 ISP 提出联网的请求。

在选择 ISP 时，要考虑以下几个问题。

1）ISP 提供什么样的接入方式，如普通的拨号上网、ISDN、ADSL 等。

2）收费的方式和标准。

3）ISP 提供的带宽。

4）ISP 提供的服务，如 www、FPT、E-mail 等。

Internet 的接入有两种类型：一是住宅接入，是指将家庭计算机与网络连接；另一种是团体接入，是指政府机构、公司或校园网中的计算机与网络连接。

个人接入 Internet 的方法一般有电话拨号、ADSL 和 LAN；前两种方法都是通过电话线接入 Internet，其中普通的电话拨号方式不能兼顾上网和通话；ADSL 是非对称数字用户线接入技术，它的上网和通话互不影响，其非对称性表现在上、下行速率的不同，下行高速地向用户传送视频和音频信息。

通过电话线接入 Internet 对个人和小单位来说是比较经济和简单的一种方式。

团体接入可以采用专线接入和代理服务器的方法。

1. 拨号上网

拨号上网方式适合业务量不太大但又希望以主机方式接入 Internet 的用户使用，是早期个人用户经常采用的一种接入方式。拨号上网使用电话线为传输介质，由于电话线只能传输模拟信号，所以应配备 Modem 实现数字信号和模拟信号的相互转换，连接方式如图 6-23 所示。

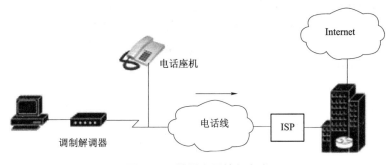

图 6-23 拨号上网接入方式

拨号连接到 Internet 需要以下条件：

1）硬件中包括一台计算机（PC）、一条电话线路和一个调制解调器。

2）软件拨号入网软件和浏览器软件。

3）选择 ISP 并申请账号。

普通电话线的拨号接入方式简单，适合个人用户的接入。其最大缺点是传输速率太低，最高只能达到 56 Kb/s，而且在上网时无法使用电话，因此现在已经基本被淘汰。

2. ADSL 接入

ADSL（Asymmetric Digital Subscriber Line，非对称数字用户线）是现在主流接入 Internet 的方式，既适用于个人单机用户，也适用于单位的局域网接入。ADSL 仍然可以使用电话线，由于采用了特别的技术，ADSL 可以在电话线上做到最高上行 2 Mb/s、下行 8 Mb/s 的传输速率，而且使用 ADSL 上网不会影响电话的使用。连接方式如图 6-24 所示。

ADSL 连接所需的硬件设备如下：

1）一块 10 Mb/s 网卡或 10/100 Mb/s 自适应网卡。

2）一个 ADSL 调制解调器。

3）一个信号分离器。

4）两根两端做好 RJ-11 头的电话线。

5）一根两端做好 RJ-45 头的五类双绞线。

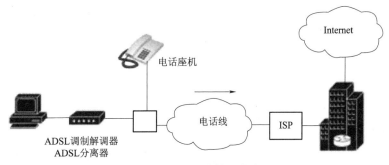

图 6-24 ADSL 接入方式

网卡的主要作用是连接局域网中的计算机和局域网的传输介质，它是连接网络的基本部件，通常选择 10/100 Mb/s 自适应、具有双绞线接口 RJ-45 的网卡。

网卡采用标准的 PCI 总线，直接将其插入计算机主板的插槽上，然后安装网卡的驱动程序即可。

3. Cable Modem

Cable Modem（线缆调制解调器）使用 CATV（有线电视）的同轴电缆上网，是目前在部分城市开始普及的个人用户单机接入方式。Cable Modem 的传输速率最高可达 108 Mb/s，而且不影响收看电视。

4. 局域网接入

对于具有局域网（例如校园网）的单位和小区，用户可以通过局域网的方式接入 Internet，这是最方便的一种方法，可以使用专线接入和代理服务器接入两种技术。

（1）专线接入方式

所谓专线接入，是指通过相对固定不间断的连接（如 DDN、ADSL、帧中继）接入 Internet，以保证局域网上的每一个用户都能正常使用 Internet 上的资源。

这种接入方式是通过路由器使局域网接入 Internet。路由器的一端接在局域网上，另一端则与 Internet 上的连接设备相连。

（2）使用代理服务器接入方式

上面介绍的连接方式适合个人用户上网。如果一个单位（如某个公司）有许多计算机，通信量也比较大，通常采用专线接入的方式。但是专线的方式费用比较高昂，为解决这一问题，可以采用通过代理服务器的方法，使多台计算机只利用一条电话线就可以同时上网。

使用代理服务器（Proxy Server）技术可以不使用路由器，代理服务器有两个网络连接端，一端通过电话线或光纤与 Internet 连接，另一端和局域网连接。局域网上的每台主机通过服务器代理，共享服务器的 IP 地址访问 Internet。

常用的代理服务器软件有 Sygate、Wingate、MS Proxy Server 等，Windows XP 也提供了代理服务器的功能。

6.2.5　Internet 的主要服务

随着 Internet 的迅速发展，其提供的服务种类非常多，以下是一些最为常用的服务。

1. WWW

万维网 WWW（World Wide Web）是 Internet 上的多媒体信息浏览工具。通过交互方式浏览信息，这些信息包括文字、图像、音频、视频等。WWW 使用超文本和超链接技术，可以实现跳跃式阅读，即可以按任意的次序从一个文件跳转到另一个文件，从而浏览和查阅所需的信息，这是因特网中发展最快和使用最广的服务。

WWW 服务使用的协议是 TCP/IP 应用层的 HTTP。

2. 电子邮件

电子邮件（E-mail）是 Internet 上最早提供的服务之一。只要知道了双方的电子邮件地址，通信双方就可以利用 Internet 进行收发电子邮件。用户的电子邮箱不受用户所在地理位置的限制，主要优点就是快速、方便、经济。

通过网络的电子邮件系统，可以用低廉的价格快速地与网络中任何位置的用户联络，电子邮件的内容可以是文字、声音、图像等形式及媒体。

3. 文件传输协议

文件传输协议 FTP（File Transfer Protocol）是指在 Internet 上提供传输各种类型文件的协议。FTP 也是因特网最早提供的服务之一。简单地说，就是让用户连接到一个远程的称为 FTP

服务器的计算机上，查看远程计算机上有哪些文件，然后将需要的文件从远程计算机上复制到本地计算机上，这一过程称为下载；也可以将本地计算机中的文件送到远程计算机上，这一过程称为上传。

FTP 服务分为普通 FTP 服务和匿名 FTP 服务：普通 FTP 服务对注册用户提供文件传输服务，而匿名 FTP 服务向任何 Internet 用户提供特定的文件传输服务。

除了上传和下载服务外，FTP 还提供登录、目录查询及其他会话控制功能的服务。

4. 搜索引擎

搜索引擎是一个提供检索服务的网站。由于 Internet 上的信息量巨大，搜索引擎首先对 Internet 上的信息资源进行收集、整理、归类，然后供用户以各种方式进行查询。最简单的查询方法是：用户只要输入查询关键字，然后单击【搜索】按钮即可。

常用的搜索引擎有百度（www.baidu.com）、Google（www.google.com）等。

5. 网上聊天

使用 QQ、MSN 等即时通信软件，可以进入提供聊天室的服务器，和在网上的其他用户通过键盘、语音、视频等方式进行实时的信息交流。

6. BBS

电子公告牌（Bulletin Board System，BBS）是 Internet 上的一种电子信息服务系统。它提供的电子公告牌就像平时见到的黑板一样。电子公告牌按不同的主题分成多个布告栏，在每个布告栏上，用户可以阅读他人关于某个主题的观点，也可以将自己的言论贴到布告栏中供其他人阅读和评论。布告栏成为大家相互交流的一个场所。

在阅读和参与的过程中，如果要与某个用户单独交流，可以将言论直接发送到这个用户的电子信箱中。

在 BBS 中，参与交流的用户打破了空间、时间的限制，在交谈时，不须考虑参与者的年龄、学历、性别、社会地位、财富、健康等，只关心自己感兴趣的话题。

7. 博客

"博客"一词是从英文单词 Blog 音译而来的，又译为网络日志、部落格等，是一种通常由个人管理、不定期张贴新的文章的网站。博客上的文章通常根据张贴时间，以倒序方式由新到旧排列。许多博客专注热门话题提供评论，更多的博客是作为个人的日记、随感发表在网络上。博客中可以包含文字、图像、音乐，以及与其他博客或网站的链接。博客能够让读者以互动的方式留下意见。目前一些知名网站如新浪、搜狐、网易等都开展了博客服务，还有许多专门的博客网站，如博客网、Donews、中国博客、AnyP、139.com、Blogbus、天涯博客、博啦、歪酷网、博客动力等。用户只需要在博客网站注册，就可以发表自己的博客。

8. 微博

微博即微型博客，是目前全球最受欢迎的博客形式，用户可以通过互联网、掌上电脑、手机以及各种其他客户端组建个人社区，随时随地地发布信息，并实现信息即时分享。与博客不同的是，博文的创作需要考虑完整的逻辑，而微博作者不需要撰写很复杂的文章，可以是只言片语、随感而发，最多写 140 字。目前国内有名的门户网站都开通了微博服务，有影响力的微博网站有新浪微博、腾讯微博、网易微博、天涯微博、搜狐微博、百度微博、新华网微博、人民网微博、凤凰网微博等。只要在微博注册，即可开通微博。

9. 远程登录服务

远程登录是指在网络通信协议 Telnet 的支持下，用户的计算机通过 Internet 在远程计算机登录，即允许一个地点的用户在另一个地点的计算机上运行应用程序，进行交互对话，读、写操作。

10. 网络电话（Internet Phone）服务

网络电话就是使用 IP 协议在 Internet 中实时传送声音信息，它是 Internet 应用领域中的一个热门话题。

20 世纪 90 年代，美国 Vocal Tec 公司推出一种网络电话技术的关键设备——"IP 电话网关"，使网络电话从最初的 PC 对 PC，发展到 PC 对普通电话以及普通电话对普通电话等多种连接的业务形式。目前，网络电话由于潜在市场的巨大吸引力，已作为一种新型电话业务开展起来，并对传统电话业务形成越来越大的挑战。

11. 电子商务服务

在网上进行贸易已经成为现实，而且发展得如火如荼，例如网上购物、网上商品销售、网上拍卖、网上货币支付等。它已经在海关、外贸、金融、税收、销售、运输等方面得到了应用。电子商务现在正向更加纵深的方向发展，随着社会金融基础设施及网络安全设施的进一步健全，电子商务将在世界上引起一轮新的革命。在不久的将来，人们将可以坐在电脑前进行各种各样的商业活动。

12. 网上事务处理服务

Internet 的出现将改变传统的办公模式。员工可以在家里上班，然后通过网络将工作的结果传回单位；出差的时候，可以不用带很多的资料，因为随时都可以通过网络提取需要的信息，Internet 使全世界都可以成为办公的地点。

除了以上这些，Internet 还提供有网络新闻组、电子政务、视频点播、远程教育等服务。

6.3 IE 浏览器的使用

与 Internet 有关的操作，实际上是在 Internet 环境下一些软件工具的具体使用。浏览万维网，是 Internet 最常用的服务。浏览万维网（WWW 或 Web）需要使用万维网浏览器。万维网并非 Internet，它只是 Internet 之下的一种具体应用。然而，对于大多数用户来说，尤其是新上网的用户，万维网几乎成了 Internet 的代名词。对他们来说，浏览 WWW，即意味着"上网"。

Internet 采用的是客户端 / 服务器工作方式，浏览器是客户端的一种工具软件，使用它可以访问 Web 页面、阅读新闻、下载文件或收发电子邮件。在这些软件中，Microsoft 的 Internet Explorer（简称 IE）是目前使用较多的浏览器软件，除此之外，还有 Navigator、FireFox、360 浏览器等。其实，浏览器的基本功能和操作大同小异，下面以 Internet Explorer 为例，介绍在 Internet 中浏览信息的有关操作。

6.3.1 Web 的基本术语

1. WWW

万维网 WWW 是 World Wide Web 的简称，也称为 Web、3W 等，它是建立在因特网上的全球性的、交互的、超文本超媒体的信息查询系统。万维网是因特网应用中发展最为迅速的一个方面。

万维网由三部分组成：浏览器、Web 服务器和超文本传输协议（HTTP），它的工作过程如下。

①　客户端的浏览器向 Web 服务器发出请求。

②　Web 服务器向浏览器返回其所要的万维网文档。

③　浏览器解释该文档并按照一定的格式将其显示在屏幕上。

浏览器与 Web 服务器之间使用 HTTP 进行互相通信。

2. 网页

网页又称为 Web 页，各个 WWW 网站的所有信息都以网页的形式保存。网站上所有的网页通过超链接的形式联系起来，一个网站上的第一个网页称为主页，它是该网站的门户和入口。主页文件名为"index.htm"或"index.html"，默认的主页文件名为"default.htm"或"default.html"。

3. 超文本和超链接

超文本是指 WWW 的网页中不仅含有文本信息，还包含有声音、图像和视频等多媒体信息，同时，还包含了作为超链接的文本、图像和图标等。这些超链接通过颜色和字体的改变与普通文本区别开来，它含有指向其他 Internet 信息的 URL 地址。将鼠标移到超链接上，鼠标指针变成一个手形状，单击该链接，Web 就根据超链接所指向的 URL 地址跳到不同站点、不同的文件。

4. 超文本标记语言

超文本标记语言 HTML（Hyper Text Markup Language）在 WWW 中用来描述超媒体文本的格式和内容，是编写超媒体文本的语言，也称为网页编写语言。

5. 统一资源定位器

统一资源定位器 URL（Uniform Resource Locator）是 WWW 中用来寻找资源地址的方法。这里的"资源"是指在 Internet 可以被访问的任何对象，包括文件、文件目录、文档、图像、声音和视频等。

URL 通常由四部分组成：协议、主机名、文件路径和文件名，一般格式如下：

协议：//主机名/文件路径/文件名

其中：

1）协议是指不同的服务类型，如 HTTP、FTP 等。

2）主机是指存放该资源的主机，可以使用 IP 地址，也可以使用域名。

3）文件路径是文件在主机中的具体位置，通常由一系列的文件夹名称构成。

4）文件名是指定文件的名字（包括文件扩展名）。

例如，广西民族大学主页的 URL 表示：http://www.gxun.edu.cn/index. htm。意思是使用 HTTP 访问主机 www.gxun.edu.cn 上的网页文件 index.htm。

6.3.2　IE 浏览器的窗口组成

IE 是 Internet Explorer 浏览器的简称，是微软公司推出的一款网页浏览器。IE 浏览器被内置在 Windows 操作系统中，在安装 Windows 操作系统时，便会自动被安装在计算机上。

在浏览网页之前，首先要启动 IE 浏览器。常用的启动方法有以下两种。

方法 1：鼠标双击桌面上的 Internet Explorer 快捷方式图标 ，即可启动 IE 浏览器。

方法 2：单击【开始】|【所有程序】|【Internet Explorer】命令，即可启动 IE 浏览器。

启动 IE 浏览器后，会看到 IE 浏览器的界面。它主要由标题栏、菜单栏、工具栏、地址栏、主窗口和状态栏组成，如图 6-25 所示。

图 6-25　IE 浏览器界面

● 菜单栏：由【文件】、【编辑】、【查看】、【收藏夹】、【工具】和【帮助】菜单项组成，这些菜单项包含了控制 IE 工作的命令，操作浏览器的大部分功能都包含在其中。

● 命令栏：命令栏中主要包括浏览网页以及设置浏览器的各种命令。

● 地址栏：用户可在此输入 Internet 地址。浏览器主要就是通过识别地址栏中的地址来正确链接用户要访问的内容。

● 浏览区：IE 的主窗口，用户访问的所有 Web 页面都将在这里显示出来。

● 状态栏：实时显示当前的操作和下载 Web 页面的进度情况。

6.3.3　浏览网页

1. 通过地址栏浏览网页

在 IE 浏览器窗口的地址栏中输入网址，例如输入"新浪"的网址（www.sina.com.cn），按<Enter>键，即可进入相应的网页。

2. 使用工具栏浏览

输入地址后，按回车键即可访问要访问的资源。在默认状态下，访问过的网页并列在地址栏的旁边，要重新访问这些网页，只需单击该网页的标签即可。

在地址栏上还有许多工具按钮，如图 6-26 所示，这些按钮可以帮助用户快速地浏览网页，各按钮的作用如下。

图 6-26　地址栏上的工具按钮

● 【主页】按钮 ：任何时候单击【主页】按钮，都能直接打开浏览器默认的主页。

● 【后退】按钮 ：返回到之前浏览过的页面，这样可以提高浏览网页的效率。

● 【前进】按钮 ：其作用和【后退】按钮正好相反。

● 【停止】按钮 ：在浏览网页时，有可能整个网页还没有全部打开，而自己不需要的内容却已弹出来了，这时可以直接单击【停止】按钮，终止弹出的网页，轻松浏览自己需要的内容。

● 【刷新】按钮↻：在使用【停止】按钮后，用户若想重新浏览当前网页内容，单击【刷新】按钮后，浏览器会重新从网上读取该页面的内容。在因网络故障导致页面中断时，也可以用【刷新】按钮重新打开该页面。

3. 利用网页中的超级链接浏览

超级链接是一种通用的信息跳转技术，若网页中的一段文字或图像定义了超链接，当鼠标指向"超链接"时，指针变成"手"形，如图 6-27 所示。

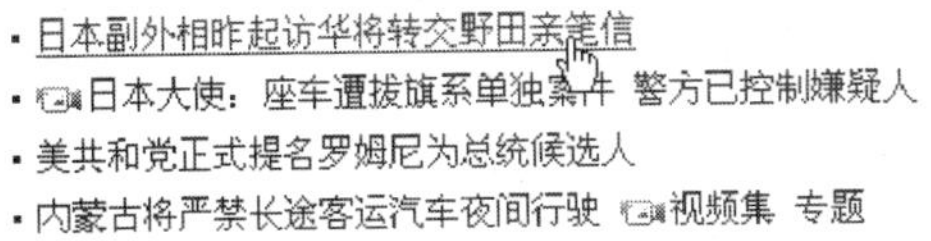

· 日本副外相昨起访华将转交野田亲笔信
· 日本大使：座车遭插旗系单独案件 警方已控制嫌疑人
· 美共和党正式提名罗姆尼为总统候选人
· 内蒙古将严禁长途客运汽车夜间行驶 视频集 专题

图 6-27　超级链接

通过单击这一段文字或图像，可以跳转到被称为"超链接目标"的网页中另一个位置或打开别的网页。超级链接广泛地应用在网页中，提供了方便、快捷的访问手段。

4. 浏览收藏的网页

如果在上网时浏览到了喜欢的网页，可以把它放到 IE 浏览器中的【收藏夹】里，以后再打开该网页时，单击【收藏夹】中的链接即可。

添加网页到【收藏夹】的方法如下。

① 打开要收藏的网页，然后单击【收藏夹】按钮☆，弹出如图 6-28 所示的打开【收藏夹】菜单。

② 单击菜单中【添加到收藏夹】命令，弹出【添加收藏】对话框，单击【添加】即可。

5. 脱机浏览

"脱机浏览网页"是将网页保存在电脑上，用户可以在断开网络后，随时浏览已保存的网页。

保存网页的方法是：打开想要保存的网页，在该窗口中选择【文件】|【另存为】命令，在弹出的【保存网页】对话框中选择适当的保存类型、保存位置，然后输入文件名，单击【保存】按钮。已保存的网页可以在脱机状态下使用 IE 浏览器打开浏览。

图 6-28　【收藏夹】菜单

6.3.4　检索信息

查询信息是 Internet 主要的应用之一。但是，Internet 上信息浩如烟海，就像是一个巨大的"图书馆"，而这个"图书馆"既没有卡片目录，也没有图书管理员。同时，许多新的信息时刻都在不停地加入，这使得工作变得非常困难。为了在数百万个网站中快速、有效地找到想得到的信息，就要借助于 Internet 中的搜索引擎。

1. 搜索引擎概述

搜索引擎是 Internet 上的一个 WWW 服务器，它的主要任务是在 Internet 中主动搜索其他 WWW 服务器中的信息，并对其自动索引，搜索内容存储在可供查询的大型数据库中。因为这些站点提供了全面的信息查询和良好的速度，所以把这些站点称为搜索引擎。

每个搜索引擎的数据库信息有所不同，如果一个搜索引擎不能检索到所需的信息，可以考虑使用其他搜索引擎。表 6–5 列出了一些著名的搜索引擎。

表 6–5　常用的搜索引擎

搜索引擎	URL 地址
百度	http://www.baidu.com
中文雅虎	http://cn.yahoo.com
新浪	http://www.sina.com
网易	http://www.163.com
搜狐	http://www.sohu.com
谷歌	http://www.google.com

2. 利用搜索引擎搜索信息

不同的搜索引擎的使用方法并不十分相同，下面将给出一些通用的搜索技巧。

1）多个关键词之间只需用空格分开，搜索内容将包括每个关键词。

2）可以在结果中再进一步地搜索。

3）英文字母不区分大小写。

4）使用""搜索可以得出精确的搜索结果。

5）在英文关键词搜索中，可以使用一些标点符号，例如："_"、"\"、"+"和","等都可以作为短语连接符。

3. 使用 IE 浏览器搜索

可以直接在 IE 地址栏中输入需要的关键字进行搜索。下面以关键字"计算机"为例，进行搜索的具体操作步骤如下。

① 在图 6–29 所示 IE 浏览器的地址栏中输入关键字【计算机】。

② 按<Enter>键，即可调用默认的搜索引擎进行搜索，获取所需的信息。搜索的结果如图 6–30 所示。

图 6–29　搜索关键词

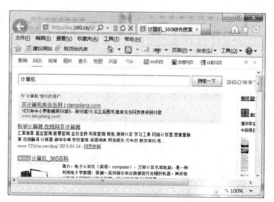

图 6–30　搜索结果

6.3.5　网上购物

随着 Internet 的蓬勃发展，网上购物已经成为现代生活的时尚。目前，Internet 上已经有了许多销售商品的网站，淘宝网是其中比较有名的"网上商店"。

例如，在淘宝网上购买一个 U 盘。购买方法如下：

① 打开 IE 浏览器，在地址栏中输入"www.taobao.com"，打开淘宝网的主页。

② 直接利用淘宝网所提供的搜索引擎，在文本框中输入"U 盘"，单击【搜索】按钮，如图 6–31 所示。

③ 弹出搜索结果页面，所有与搜索主题相匹配的信息将都被显示出来，如图 6–32 所示。可以根据需要，按照"品牌"、"价格顺序"或"所在地"等进行筛选。然后从结果中选择要购买的链接。

图 6-31　【淘宝网】主页

图 6-32　搜索结果页面

④ 打开如图 6–33 所示的产品购买界面。在该窗口中包含所购买商品的详细信息，如商品卖家的详细信息、商品名称、商品价格、所在地、邮购费用、可购买数量以及商品的功能介绍等。

⑤ 如果对产品满意，可单击【立即购买】按钮，弹出如图 6–34 所示的【确认订单信息】窗口，在该窗口中填写收货地址、购买数量、运费方式等，然后单击【提交订单】按钮。如果没有在淘宝网注册过，则需要先注册为淘宝网的会员，才能购买商品。

⑥ 对购买的商品付款到支付宝。打开支付界面，淘宝网为用户提供了一些购买商品的相关事宜和多种付款方式。通常我们使用"网上银行付款"的方式（前提是必须先开通银行卡的网上银行服务），选择一种支付方式和相关银行，然后根据支付向导完成付款。

⑦ 付款完成后，即完成网上购买的任务，等待卖家发货。当收到卖家的货物并确认完好后，再将支付宝里面的货款支付给卖家。

支付宝交易的具体使用规则和功能，可访问 http://help.alipay.com 网址进行了解。

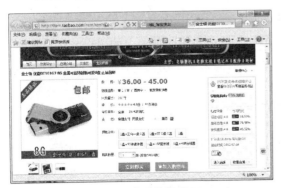

图 6-33　产品信息窗口

图 6-34　【确认订单信息】界面

6.4 电子邮件的使用

6.4.1 电子邮件的概念

1. 电子邮件的工作原理

电子邮件（E-mail）是 Internet 上最基本、使用最多的服务。据统计，Internet 上 30%以上的业务量是电子邮件。每一个使用过 Internet 的用户或多或少都使用过电子邮件，其不仅使用方便，还具有传递迅速和费用低廉的优点。现在的电子邮件不仅可以传送文字信息，还可以传输声音、图像和视频等内容。

一个电子邮件系统主要由三部分组成：代理、邮件服务器和电子邮件协议。

邮件服务器是电子邮件系统的核心组件，其功能是发送和接收邮件，同时还要向发信人报告邮件传送的情况。邮件服务通常使用两个不同的协议：SMTP（用于发送邮件）和邮局协议 POP3（用于接收邮件）。

用户代理是用户和电子邮件系统的接口，它使用户通过图形窗口界面发送和接收邮件。这类软件很多，例如 Outlook Express、FoxMail、DreamMail 等。

2. 电子邮件的优点

和普通的信件相比，电子邮件有以下的优点。

1）传递速度快：只需几秒钟就可以将电子邮件通过网络传递到邮件接收人的电子邮箱中。

2）收、发方便：编写、发送、接收电子邮件都由用户邮件代理程序完成，而且发送和接收没有时间和地点的限制。

3）信息多样化：电子邮件不仅可以传递文本，也可以以附件的形式传递声音、图像和视频。

4）可靠：每个电子邮箱的地址在全球都是唯一的，因此可以确保准确投递。

3. 电子邮箱的地址

为了能在 Internet 上发送电子邮件，使用因特网的电子邮件系统的每个用户需要有一个电子邮件的账户，这个账户通常由电子邮件地址和密码两部分组成。

要在 Internet 上进行电子邮件的收发，首先要获取一个邮件账号，这个账号通常包含一个电子邮箱地址和密码，电子邮箱的地址格式如下：

用户名@邮件服务器

其中，"@"之后是提供邮件服务的服务器名称；"@"之前为在该服务器上的用户名称。例如，广西民族大学的邮件服务器名称为"mail.gxun.edu.cn"，如果某个用户的用户名为"LZQ"，则该用户的电子邮箱地址为

LZQ@ mail.gxun.edu.cn

4. 申请免费的电子邮箱

电子邮箱有收费邮箱和免费邮箱之分。收费邮箱是指通过付费方式获得邮箱账号，这种邮箱容量大、安全性高；免费邮箱是指网站上提供给用户的邮箱账号，用户只需填写邮箱申请表即可获得邮件账户。

还有一种收费邮箱是通过申请域名空间获得的。这种方式主要应用于企、事业单位需要

传递一些文件或资料，并且对邮箱的数量、大小和安全性有一定的要求。用户可以到提供该项服务的网站上申请一个域名空间，在申请过程中会给用户提供一定数量及大小的电子邮箱。

5. 电子邮件的格式

电子邮件的结构是一种标准格式，通常由两部分组成，即邮件头（Header）和邮件体（Body）。邮件体就是实际传送的原始信息，即信件内容。邮件头相当于信封，包括的内容主要是邮件的发件人地址、收件人地址、日期和邮件主题。

电子邮件一般都包含以下几项。

- 发件人（From）：邮件的发送人，表示发送邮件用户的邮件地址。
- 收件人（To）：邮件的接收者，表示接收邮件人的邮件地址。
- 抄送（cc）：表示同时可接收到该信件的其他人的电子邮箱地址。
- 日期行：显示的是邮件发送的日期和时间。
- 主题行：邮件的主题是对邮件内容的一个简短的描述。如果每个邮件都能写一个主题来概括其内容，那么，当收件人浏览邮件目录时，就可以很快知道每个邮件的大概内容，便于选择处理，节约时间。
- 附件：同邮件一起传递的独立文件，可以是声音、图像等。

上述几项中，收件人地址、抄送和主题要求发信人填写，发件人地址和日期通常是由程序自动填写的。

6.4.2　使用电子邮箱收、发电子邮件

1. 申请免费电子邮箱

要想通过 Internet 收发邮件，必须先在大的综合性网站申请一个属于自己的邮箱。邮箱的密码只有自己知道，所以别人是无法读取用户的私人信件的。

下面以在网易 163（www.163.com）上申请免费邮箱为例，介绍申请个人免费电子邮箱的操作步骤。

① 启动 Internet Explorer 浏览器，在地址栏内输入 http://www.163.com，然后按下<Enter>键，打开网易主页，如图 6–35 所示。

② 单击【注册免费邮箱】链接，打开【注册网易免费邮箱】网页，如图 6–36 所示。

图 6–35　网易主页　　　　　　　　　图 6–36　【注册网易免费邮箱】网页

③ 输入用户名、密码和验证码等信息，其中前面带"*"号的是必填项。如果输入的用户名已经存在，服务器会要求重新输入，同时它也会建议你选择一些没有使用的用户名；在

下拉菜单 @ 163.com ▼ 中选择要注册的邮件服务器，网易提供了"163.com"、"126.com"、"yeah.net"
三个邮件服务器。

④ 输入完成后，单击【立即注册】按钮，提示注册成功，直接进入邮箱。一定要熟记自
己的用户名和密码。

2. 使用 Web 浏览器收发邮件

申请了免费电子邮箱后，就可以使用邮箱收发电子邮件了。下面以 ykxyemail@163.com
电子邮箱为例，介绍在网页中收发电子邮件的方法。

① 在网易主页（图 6-35）中，单击【免费邮箱】超链接。进入如图 6-37 所示的登录窗
口。输入自己的用户名和密码，单击【登录】按钮，即可进入电子邮箱的页面。

② 单击窗口左侧的【收件箱】链接，打开收件箱，可以看到每封来信的标题、接收的日
期和寄件人等信息，如图 6-38 所示。

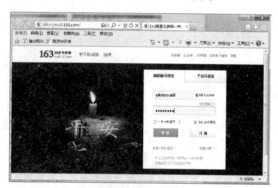

图 6-37　登录窗口

图 6-38　电子邮箱页面

③ 单击邮件的标题，可以查看其具体内容。如果邮件有附件，单击【下载】，选择好要
保存附件的路径，就可以把附件下载到本地计算机中。

④ 在页面左上方，单击【写信】按钮 ✉写信 ，即可打开撰写邮件的页面，然后在相应的
位置，填写收件人、邮件的主题和信件内容，如图 6-39 所示。

⑤ 单击【添加附件】按钮，打开【打开】对话框，如图 6-40 所示。

图 6-39　撰写邮件页面

图 6-40　【打开】对话框

⑥ 选择要发送的附件后，单击【打开】按钮，则在【附件内容】中就会显示要发送的附

件名称。

⑦ 撰写邮件完成后，单击【发送】按钮 发送，即可发送邮件。

6.4.3　使用 Foxmail 收、发电子邮件

Foxmail 邮件客户端软件，是中国最著名的软件产品之一，中文版使用人数超过 400 万，英文版的用户遍布 20 多个国家，列名"十大国产软件"。2005 年 3 月 16 日被腾讯收购。现在已经发展到 Foxmail7.0。下面以 Foxmail7.0 为例，介绍该软件的简单使用方法。

1. 设置 Foxmail7.0

首次使用 Foxmail7.0，需要设置自己的 E-mail 账户和密码、所使用的邮件服务器的类型以及发送和接收邮件服务器的名称。设置方法如下：

① 安装成功后，第一次启动 Foxmail7.0 后就会弹出如图 6–41 所示的【新建账号向导】对话框。

图 6–41　【新建账号向导】对话框

② 在对话框中输入用户的 E-mail 地址，例如：ykxyemail@163.com。

③ 单击【下一步】按钮，在如图 6–42 所示的对话框中，选择邮件类型，默认【POP3（推荐）】。

如果该计算机只有你一个人使用，那么为了方便起见，可以在此输入密码，并选中【记住密码】复选框，这样以后每次取邮件就不用再输入密码了。单击【下一步】按钮，弹出如图 6–43 所示对话框。

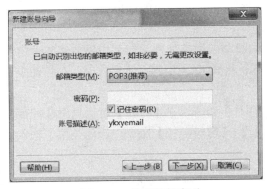

图 6–42　选择邮箱类型

图 6–43　测试及修改服务器

④ 最后，如果不需要修改服务器，单击【完成】按钮，结束所有的设置工作。此时，Fomail7.0 开始自动接收邮件。

如果不是首次登录 Foxmail7.0，单击【工具】|【账号管理】，在打开的对话框中，单击【新建】按钮，即可打开如图 6–41 所示的【新建账号向导】对话框，即可建立多个邮箱账户。

2. 利用 Foxmail7.0 接收电子邮件

接收邮件常用的方法是，单击工具栏上的【收取】图标按钮，或单击【文件】|【收取当前邮箱的邮件】(【收取所有邮箱的邮件】)。

3. 撰写发送新邮件

选择工具栏上的【写邮件】命令，或单击【文件】|【写新邮件】，进入新邮件编辑窗口，如图 6–44 所示。

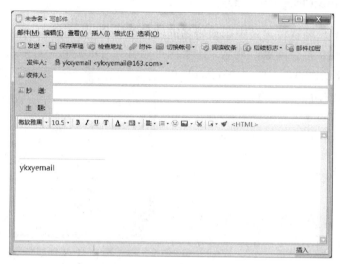

图 6–44 【写邮件】对话框

① 设置【收件人】和主题。

● 在【收件人】文本框中输入收件人的电子邮件地址。若有多个收件人，地址之间可用逗号","或分号";"隔开。在收件人框中还可输入邮件组，也可将其他人的邮件地址填入【抄送】文本框中。在主题对话框中输入邮件的主题。

● 也可以从通信簿中添加邮件地址，单击【收件人】或【抄送】图标，即可打开通信簿的【选择收件人】对话框，使用鼠标在对话框中选择所需的收件人的地址。

② 输入正文。

在邮件正文框中输入邮件的内容，邮件正文编排与普通字处理类似，如果要在邮件中添加特殊的要点或格式，可以使用 HTML（超文本标记格式）。使用超文本格式时，在邮件中还可以添加图形、超链接或应用不同背景的信纸。

要插入图片，执行【插入】|【插图】|【本地图片】命令，在【打开】对话框中选择需要的图片。要插入超链接，选择文本后，执行【插入】|【超级链接】命令，选择类型、输入链接的位置或地址，如图 6–45 所示。

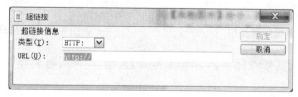

图 6–45 【超级链接】对话框

③ 添加附件。

如果要在新邮件中携带附件，可使用【插入】|【附件】命令，或单击工具栏上的【附件】按钮，打开【打开】对话框，选择要作为附件的文件后，单击【打开】按钮即可。

还可以为新邮件设定优先级别，对新邮件进行加密等。可以通过【文件】|【保存草稿】

命令将所编辑的新邮件保存到【草稿箱】中。

④ 发送邮件。

完成新邮件的编辑后，单击新邮件编辑窗口工具栏上的【发送】按钮，或使用该窗口中的【邮件】|【立即发送】命令，便可以发送邮件了。

⑤ 转发与回复邮件。

对于要回复的邮件，先选中该邮件，然后单击工具栏上的【回复】或【全部回复】按钮。在回复邮件窗口中撰写回信内容，如果不需要带原文回复，可以将邮件的原文删除。单击【发送】按钮即可回复。

转发邮件与回复邮件类似。先选中要转发的邮件，单击工具栏上的【转发】按钮，此时邮件处于编辑状态。在【收件人】文本框中输入转发收件人的电子邮件地址，在邮件内容窗口中输入有关的信息，单击【发送】按钮即可。

6.4.4 文件传输服务与下载文件

1. 基于 FTP 的文件传输服务

FTP 的全称是 File Transfer Protocol（文件传输协议），是 TCP/IP 应用层专门用来传输文件的协议。FTP 服务器是安装运行 FTP 服务器端软件、按照 FTP 协议提供文件下载和上传的计算机。所谓下载（Download），是将远程 FTP 服务器上的文件复制到本地计算机，上传（Upload）是将本地计算机上的文件复制到远程 FTP 服务器。FTP 服务器端软件很多，比如Windows 上的 IIS、Linux 上的 vsftpd 等。

需要说明的是，这里的远程并不代表着物理距离的远近。通常把用户正在使用的计算机称为本地计算机，非本地计算机系统即为远程计算机。远程主机是指要访问的另一系统的计算机，它可以与本地机在同一个房间内，或同一大楼里，或在同一地区，也可以在不同地区或不同国家。

FTP 是一种实时的联机服务，在进行工作时，首先要登录到对方计算机上。登录时需要验证用户账号和口令。如果用户没有账号，可以使用公开的账号和口令登录，这种访问方式称为匿名 FTP 服务。但是匿名 FTP 服务会有很大的限制，匿名用户一般只能下载文件，不能在远程计算机上建立文件或修改已存在的文件，对可以下载的文件也有严格的限制。

在文件传输时，用户需要使用 FTP 客户端程序。在 Windows 操作系统中，浏览器都带有FTP 客户端程序模块，可在浏览器窗口的地址栏中直接输入 FTP 服务器的 IP 地址或域名，浏览器自动调用 FTP 客户端程序模块完成连接。例如，要访问香港中文大学的 FTP 服务器，在浏览器窗口的地址栏中输入 ftp://ftp.cs.cuhk.edu.hk，连接成功后，在浏览器窗口中显示的是香港中文大学 FTP 服务器的目录结构，如图 6–46 所示。双击一个目录，就可展开下级目录，直到找到所需文件，双击该文件，回答保存位置，即可将文件复制到本地计算机。

2. 基于 Web 的软件下载网站

Internet 上有许多免费软件下载网站，这些网站提供从网络维护管理到网络应用所需的各种软件，包括各种驱动程序、各种工具软件、各种浏览器软件、各种媒体播放软件、各种杀毒软件、各种办公软件等。这些网站都是基于 Web 技术的，用户可以像浏览网页一样通过输入网址或利用搜索引擎登录网站，然后像浏览网页一样找到所需软件，单击即可下载。

国内主要软件下载网站有 QQ 电脑管家、新浪下载、天空下载、太平洋软件、华军软件园、多特软件站等。

图 6-46　访问香港中文大学 FTP 服务器

3. 软件下载工具

为了提高从网上下载文件的速度，可使用 FTP 下载工具。FTP 下载工具可以采用多线程，以提高下载速度，还可以在网络链接意外中断后，通过断点续传功能继续传输剩余部分。下载工具如迅雷、网际快车等。

6.5　计算机信息安全与病毒防治

6.5.1　计算机信息安全的重要性

计算机作为采集、加工、存储、传输、检索及共享等信息处理的重要工具，广泛应用于信息社会的各个领域。因此，计算机信息安全显得尤为重要，主要表现在如下几个方面。

1. "信息高速公路"带来的问题

"信息高速公路"计划在世界范围内实施，国际间信息交流急剧增多，全球信息化趋势势不可当。国际互联网的接入，使信息传递和接收方式发生了本质的变化。信息从原来封闭式的部门所有变为开放式的社会共享；从信息资源的集中管理走向分布式处理；用户从科研、教学人员发展到数以千万计的普通个人。一方面，我国只有与国际接轨，才能在世界经济竞争中有立足之地；另一方面，"信息高速公路"在为信息资源共享提供了极大方便的同时，也产生了在新的环境下信息安全的重大难题。因此，既要在宏观上采取安全有效的信息管理措施，又要在微观上解决信息安全及保密的技术问题。

2. 影响计算机信息安全的主要因素

计算机信息系统安全有三个特性，即保密性（防止非授权泄露）、完整性（防止非授权修改）和可用性（防止非授权存取）。由于计算机信息系统的脆弱性及安全措施的局限性，计算机信息系统时刻受到来自各方面的潜在威胁。

计算机信息系统的脆弱性主要表现在硬件、软件及数据三个方面。在硬件方面，作为现代信息系统的核心的计算机，对环境及各种条件的要求极为严格。存储介质的丢失和损坏会造成存储信息丢失，成为危及信息安全的重要因素。例如，电磁辐射或磁介质剩磁效应造成了信息泄露、自然灾害或意外事故及人为破坏造成计算机信息系统的毁坏等。在软件方面，只要掌握一定的软件知识，就可以利用数据的可访问性特点，通过各种软件非法调用有用信息，窃取机密，或者别有用心地编制程序（如病毒程序或其他破坏性程序），让计算机按照自己的意志行事。软件或程序已成为对信息系统进行攻击的主要工具。这种工具在目前开放式系统的资源共享环境下，具有相当的隐蔽性（不可视性）和广泛性，从而更具危险性。在数据方面，由于信息系统具有开放方式和资源共享等特点，极易受到各种各样非法侵入行为的潜在威胁，如调用数据、篡改数据、破坏数据甚至毁坏系统。特别在计算机联网环境下，信息系统受到的潜在威胁更难以预料。

3. 计算机犯罪已构成对信息安全的直接危害

20 世纪 60 年代，计算机犯罪在美国开始出现，70 年代呈上升趋势，80 年代构成严重的社会问题。如今已成为国际化问题，造成严重的危害。

计算机犯罪的主要表现形式有：非法侵入信息系统，窃取重要商贸机密或经济财富；蓄意攻击信息系统，如制造或传播计算机病毒或对重要数据进行篡改和破坏，甚至采用摧毁手段，使整个信息系统陷于瘫痪；非法复制、出版及传播非法作品（包括黄色制品、反动的政治宣传和种族宣传等）；非法访问信息系统，占用系统资源或窃取机密等。两国间损坏对方国家利益和国家安全的计算机犯罪，其严重性和危害性可以上升到计算机侵略和计算机战争的高度。

因此，为了保证计算机信息安全，有必要在宏观上制定有效的信息安全管理措施，即制定有关法规或采用强制性行政手段。同时，在微观上进一步提高信息安全技术。

6.5.2　计算机信息安全技术

计算机信息安全技术分两个层次，第一层次为计算机系统安全，第二层次为计算机数据安全。针对两个不同层次，可以采取相应不同的安全技术。

1. 计算机信息系统的系统安全技术

计算机信息系统的系统安全技术又分成两个部分，一个为物理安全技术，另一个为网络安全技术。

（1）物理安全技术

物理安全是计算机信息安全的重要组成部分，物理安全技术研究影响系统保密性、完整性及可用性的外部因素及应采取的防护措施。

通常采取的措施有：

● 减少自然灾害（如火灾、水灾、地震等）对计算机硬件及软件资源的破坏。

● 减少外界环境（如温度、湿度、灰尘、供电系统、外界强电磁干扰等）对计算机系统运行可靠性造成的不良影响。

● 减少计算机系统电磁辐射造成的信息泄露。

● 减少非授权用户对计算机系统的访问和使用等。

（2）网络安全技术

1）数据加密技术

通过对数据信息进行加密，可以有效地提高数据传输的安全性。

2）鉴别技术

主要用于在信息安全领域鉴别信息的完整性和用户身份的真实性。

3）访问控制技术

访问控制技术的主要任务是保证网络资源不被非法或越权访问。

4）防火墙技术

防火墙技术是如今最为广泛使用的网络安全技术之一，是一种计算机硬件和软件的组合，使不可信任的外界网络与可信任的内部网络之间建立起一个安全网关（Security Gateway），从而保护内部网络免受非法用户的入侵。防火墙技术是建立在现代通信网络技术和信息安全技术基础上的应用性安全技术，尤其以接入 Internet 网络最多。

2. 计算机信息系统的数据安全技术

数据安全技术主要是数据加密技术，数据加密是保证数据安全行之有效的方法。对数据进行加密后，即使被非法侵入系统者窃取到信息，也不会被窃取者读懂信息和利用系统资源，消除信息被窃取或丢失后带来的隐患。

6.5.3　计算机信息系统的安全法规和行为规范

1. 有关计算机安全的法律法规

为了加强计算机信息系统的安全保护和国际互联网的安全管理，依法打击计算机违法犯罪活动，我国在近几年先后制定了一系列有关计算机安全管理方面的法律法规和部门规章制度等。经过多年的探索与实践，已经形成了比较完善的行政法规和法律体系，且随着计算机技术和计算机网络的不断发展与进步，这些法律法规也在实践中不断地加以完善和改进。下面列出我国与信息安全相关的一些法律法规，若需要，可查阅相关的法律书籍。

- 《电子出版物管理规定》
- 《中华人民共和国商标法》
- 《中华人民共和国专利法》
- 《中华人民共和国民法通则》
- 《中华人民共和国著作权法》
- 《中华人民共和国计算机软件保护条例》
- 《中华人民共和国计算机信息系统安全保护条例》
- 《中华人民共和国计算机信息网络国际联网管理暂行办法》
- 《中华人民共和国电信条例》

2. 网络道德

为了维护信息安全，网上活动的参与者即创造、使用信息的人都要加强网络道德和素养，自觉遵守网络道德规范。具体来说要切实做到下面几点：

1）未经允许，不得进入他人计算机信息网络或者使用计算机信息网络资源。

2）未经允许，不得对计算机信息网络功能进行删除、修改或者增加。

3）未经允许，不得对计算机信息网络中存储、处理或者传输的数据和应用程序进行删除、修改或者增加。

4）不得故意制作、传播计算机病毒等破坏性程序。

5）不做危害计算机信息网络安全的其他行为。

6.5.4　计算机病毒及其防治

1. 计算机病毒的定义

计算机的先驱冯·诺依曼早于 1949 年在他的一篇论文《复杂自动装置的理论及组织的进行》中描述了计算机病毒的概念，称其为"能够实际复制自身的自动机"。而第一个提出"计算机病毒"的是美国南加州大学的弗雷德·科恩，他在 1983 年发表的博士论文《计算机病毒实验》中给出了计算机病毒科学的定义：一种在运行过程中可以复制自身的破坏性程序。

在我国颁布的《中华人民共和国计算机信息系统安全保护条例》中明确指出："计算机病毒，是指编制或者在计算机程序中插入破坏计算机功能或者毁坏数据，影响计算机使用，并能自我复制的程序代码。"

也就是说，计算机病毒是软件，是人为制造出来专门破坏计算机系统安全的程序。之所以叫做病毒，是因为它就像生物病毒一样具有传染性。与医学上的病毒不同的是，它不是天然存在的，是某些人利用计算机软、硬件所固有的脆弱性，编制的具有特殊功能的程序。计算机病毒具有独特的复制能力。

2. 计算机病毒的特征

计算机病毒也是一种程序，显然它具有普通程序的特征。但是，它又是一种旨在威胁计算机安全的程序，又具有与普通程序不同的特殊特征。

与普通程序相比，病毒程序具有以下特征。

1）传染性。感染性是计算机病毒的重要特性，病毒为了要继续生存，唯一的方法就是要不断地、传递性地感染其他文件。病毒传播的速度极快，范围很广，病毒程序一旦侵入计算机系统，就伺机搜索可以感染的对象（程序或者磁盘），然后通过自我复制迅速传播。特别是在互联网环境下，病毒可以在极短的时间内，通过互联网传遍世界。

2）破坏性。计算机病毒的主要目的是破坏计算机系统，使系统资源受到损失、数据遭到破坏、计算机运行受到干扰，甚至会使计算机系统瘫痪，遭到全面的摧毁，造成严重的破坏后果。

3）隐蔽性。病毒一般都是些短小精悍的程序，通常依附在其他可执行程序体或磁盘中较隐蔽的地方，因此用户很难发现它们，而往往都是在病毒发作的时候才发现。

4）潜伏性。为了达到更大破坏的目的，病毒在发作之前往往是隐藏起来。有的病毒可以几周或者几个月内在系统中进行繁殖而不被人们发现。病毒的潜伏性越好，其在系统内存在的时间就越长，传染范围也就越广，因而危害就越大。

5）可激发性。指病毒在潜伏期内是隐蔽活动（繁殖），当病毒的触发机制或条件满足时，就会以各自的方式对系统发起攻击。病毒触发机制和条件可以是五花八门，如指定日期或时间、文件类型或指定文件名、用户安全等级、一个文件的使用次数等。例如，"黑色星期五"病毒就是每逢 13 日又恰为星期五就发作，CIH 病毒 V1.2 发作日期为每年的 4 月 26 日。

6）主动攻击性。病毒对系统的攻击是主动的，是不以人的意志为转移的。也就是说，从一定的程度上讲，信息系统无论采取多么严密的保护措施，都不可能彻底地排除病毒对系统的攻击，而保护措施只是一种预防的手段而已。

7）病毒的不可预见性。病毒对反病毒软件永远是超前的。新一代计算机病毒甚至连一些基本的特征都隐藏了起来，有时病毒利用文件中的空隙来存放自身代码，有的新病毒则采用变形来逃避检查，这也成为新一代计算机病毒的基本特征。

3. 计算机病毒的防范

病毒的侵入必将对系统资源构成威胁，即使是良性病毒，至少也要占用少量的系统空间，影响系统的正常运行。因此采取对计算机病毒的防范措施，做到防患于未然是非常必要的。

1）重要部门的计算机采用专机专用。

2）对重要数据文件，使其处于写保护状态，防治病毒侵入。

3）对配有硬盘的机器，应从硬盘启动系统。

4）慎用网上的下载软件，不打开来路不明的电子邮件。

5）采用防病毒卡或防病毒软件。

6）定期对计算机系统进行检测。

7）建立规章制度，宣传教育，管理预防。

4. 计算机病毒的分类

随着计算机技术的不断发展，计算机病毒也在不断更新、变化。目前流行的几类特殊病毒有：宏病毒（macro virus）、特洛伊木马(trojan horse)、计算机蠕虫(computer worm)、逻辑炸弹（logic bomb）。

计算机病毒种类繁多，对计算机病毒的命名和分类方法，各个组织或公司不尽相同。一般的分类如下：

（1）按危害性划分

1）良性病毒

良性病毒一般破坏性比较小，它虽然不破坏计算机系统，但是会产生一些讨厌的恶作剧。国内早期出现的"小球"病毒就属于良性病毒。

2）恶性病毒

恶性病毒的破坏性比较大，可以破坏计算机系统中的数据，甚至毁坏整个计算机系统。

（2）按传播媒介划分

1）单机病毒

单机病毒的载体是磁盘，常见的是病毒是利用移动存储介质传入硬盘，感染系统。

2）网络病毒

网络病毒的传播媒介不再是移动式载体，而是网络通道，这种病毒的传染能力更强，破坏力更大。

（3）按寄生方式和传染途径划分

1）引导型病毒

引导型病毒是利用系统启动的引导原理而设计的。正常系统启动时，是将系统程序引导装入内存；而病毒程序则修改引导程序，先将病毒程序装入内存，再去引导系统。这样就使病毒驻存在内存中，伺机滋生繁衍，进行破坏活动。引导型病毒在 MS-DOS 时代特别猖獗，典型的有大麻病毒、小球病毒等。

2）文件型病毒

文件型病毒是以感染可执行文件.com、.exe、.ovl 等而著称的病毒。这种病毒把可执行文件作为病毒传播的载体，当用户执行带病毒的可执行文件时，病毒就获得了控制权，开始其破坏活动。在 MS-DOS 时代，文件型病毒曾泛滥成灾，如 1575/1591 病毒等。在 Windows 环境下，Macro/Concept、Macro/Atoms 等宏病毒会感染".doc"文件。CIH 病毒也是一种文件型病毒。

3）混合型病毒

结合了引导型病毒和文件型病毒的特点，具有双重传播能力，如新世纪病毒和 Flip 病毒等。

5. 计算机中毒的症状

计算机感染病毒后，会出现各种症状。用户在使用计算机过程中，可以根据计算机系统反映出来的基本症状，判断系统是否"中毒"，从而采取相应的措施。计算机中毒的症状主要表现在以下几个方面。

1）开机时系统启动的速度比以往明显地慢，或机器运行的速度减慢，并且越来越慢。

2）机器无故自动重新启动，或程序运行时死机的次数增多，而且是莫名其妙地死机。

3）出现蓝屏，或屏幕上出现异常的画面或信息，有些是直接给出某种病毒的信息。

4）不能进行正常的打印操作。

5）系统不识别存在的硬盘，或没有对磁盘进行读写操作，但磁盘的指示灯亮着。

6）内存空间减小，存盘失败。

7）检查磁盘，发现某些可执行程序的字节数发生明显的增、减变化，或发现磁盘上自动生成了一些特殊文件名的程序，或发现盘上的文件无故自动丢失。

8）网络服务器拒绝服务，或上网速度明显变慢，甚至整个网络瘫痪。

9）邮箱中发现大量不明来路的邮件。

10）出现陌生的文件、陌生的进程。

6. 计算机病毒的清除

在检测出系统感染了病毒或确定了病毒种类之后，就要设法消除病毒。消除病毒可采用人工消除和自动消除两种方法。

人工消除病毒方法是使用工具软件对病毒进行手工清除。操作时使用工具软件打开被感染的文件，从中找到并摘除病毒代码，使之复原。手工消毒操作复杂，速度慢，风险大，要求操作者具有熟练的操作技能和丰富的病毒知识，一般用户不宜采取这种方式。这种方法是专业防病毒研究人员在查杀新病毒时采用的。

自动消除病毒方法是使用杀毒软件来清除病毒。用杀毒软件进行杀毒，操作简单，用户按照菜单提示和联机帮助去操作即可。自动消除病毒法具有效率高、风险小的特点，是一般用户都可以使用的杀毒方法。

目前，国内常用的杀毒软件有：

1）KILL（金辰公司）。KILL 是国内历史最悠久、资格最老的杀毒软件。由公安部开发。软件特点是：快速、准确、高效。网址：www.kill.com.cn。

2）KV3000（江民公司）。网址：www.jiangmin.com。

3）RAV（瑞星公司）。RAV 擅长查杀变形病毒和宏病毒。网址：www.rising.com.cn。

4）VRV（北信源公司）。VRV 有基于多任务操作环境的实时病毒系统。网址：www.vrv.com.cn。

5）NORTON（美国 SYMANTEC 公司）。具有很强的检测未知病毒的能力。网址：http://cn.norton.com/。

6）INOCULAN（美国 CA 公司）。美国仅次于微软的第二大软件公司。网址：www.cai.com.cn。

7）KASPERSKY。卡巴斯基产品拥有卓越的侦测率、实时病毒分析和良好的服务，它是微软公司信息安全解决方案的金牌认证伙伴。网址：www.kaspersky.com.cn。

8）360 杀毒。360 杀毒是 360 安全中心出品的一款免费的云安全杀毒软件。360 杀毒具有以下优点：查杀率高、资源占用少、升级迅速等。同时，360 杀毒可以与其他杀毒软件共存，是一个理想杀毒备选方案。360 杀毒是一款一次性通过 VB100 认证的国产杀毒软件。网址：http://sd.360.cn/。

思考题

1. 什么是计算机网络？计算机网络的主要功能有哪些？

2. 计算机网络的发展经过哪几个阶段？

3. 计算机网络的类型是如何划分的？按拓扑结构来划分，计算机网络可分为哪几种？

4. 局域网中常采用哪几种拓扑结构？

5. 什么是计算机网络协议？Internet 上使用何种协议？

6. 计算机网络的传输介质有哪些？分别适用于什么场合？

7. 什么是 TCP 协议？什么是 IP 协议？

8. IP 地址分为几类？各类地址范围如何？

9. 什么是域名？顶级域名有哪两种形式？

10. 何谓 Internet? Internet 能提供哪些基本服务？

11. 试解释并比较计算机网络中下列几组基本概念：

（1）因特网与互联网。

（2）因特网与局域网。

（3）因特网与广域网

12. Internet 上最常用的接入方式有哪些？

13. WWW 的含义是什么？HTML 的含义是什么？URL 的基本形式是什么？

14. 概述 IE 的基本功能。

15. 启动 IE 有哪几种方法？它们分别在什么情况下适用？

16. 用 IE 浏览 Internet 时，如何直接访问不同的网站？如何访问同一网站中的不同网页？如何访问曾经浏览过的网站或网页？

17. 如何建立自己的电子邮箱？以申请 163.net 免费电子邮箱为例，概述建立电子邮箱的基本过程。

18. 概述收发电子邮件的基本步骤。试通过创建新邮件、发送邮件、接收和阅读邮件、打开或存储附件、回复邮件等几个环节加以说明。

19. 影响计算机信息安全的主要因素有哪些？

20. 何谓防火墙？防火墙有哪些作用？

21. 何谓加密和解密？

22. 什么是计算机犯罪？计算机犯罪大致可分为哪几个方面？

23. 简述制定计算机信息安全法规的重要性。

24. 什么是计算机病毒？计算机病毒有哪些特点？

25. 根据入侵计算机系统的途径来划分，计算机病毒分为哪几类？分别具有什么特征？

26. 简述计算机病毒的防范措施和清除方法。

## 第 7 章

多媒体基础知识

◇ 了解多媒体的基本概念
◇ 了解多媒体计算机系统
◇ 了解多媒体数字的信息化基本知识
◇ 了解多媒体的文件格式

多媒体技术在人类信息科学技术史上，是继活字印刷术、无线电/电视机技术、计算机技术之后的又一次新的技术革命，它从根本上改变了昔日基于字符的各种计算机处理，不但产生了丰富多彩的信息表现能力，还能形成可视听媒体的人机界面，在一定程度上改变了人们的生活方式、交互方式、工作方式和整个经济社会的面貌，以极强的渗透力进入人类生活、工作的各个领域。

7.1 多媒体的基本概念

7.1.1 多媒体的有关概念

多媒体是一门综合技术，它涉及许多概念，本节首先介绍多媒体技术的基本概念、多媒体技术的特点、多媒体信息的类型以及多媒体信息处理的关键技术等。

1. 多媒体

媒体（Medium）是信息的载体，是信息交流的中介物，如文本、图形、图像、声音、动画等均属于媒体。

多媒体（Multimedia）是指信息表示媒体的多样化，是文本、图形、图像、声音、动画和视频等"多种媒体信息的集合"。多媒体软件的用户可以控制某种媒体何时被传递，这便是交互式多媒体。

2. 多媒体技术

多媒体技术是指以计算机为手段来获取、处理、存储和表现多媒体的一种综合性技术。其中，"获取"包括采样、扫描和读文件等，是将信息输入计算机里；"处理"包括编辑、创作；"存储"包括记录和存盘。"表现"包括播放、显示和写文件等，是将信息输出。

3. 多媒体计算机

多媒体计算机是指计算机综合处理多种媒体信息，使多种信息建立逻辑连接，集成为一个系统并具有交互性。把一台普通计算机变成多媒体计算机的关键是要解决视频、音频信号的获取和多媒体数据压缩编码和解码的问题。

7.1.2　多媒体技术的特性

多媒体技术的主要特性包括信息媒体的多样性、交互性、集成性和实时性等，这也是在多媒体研究中必须解决的主要问题。

1. 多样性

多样性指信息的多样化。多媒体技术使计算机具备了在多维化信息空间下实现人机交互的能力。计算机中信息的表达方式不再局限于文字和数字，而是广泛采用图像、图形、视频、音频等多种信息形式进行信息处理。

2. 交互性

交互性是指向用户提供更加有效的控制和使用信息的手段，它可以增加用户对信息的注意和理解，延长信息的保留时间，使人们获取和使用信息的方式由被动变为主动。例如，传统的电视之所以不能称为多媒体系统，原因就在于它不能和用户交流，用户只能被动地收看。

3. 集成性

集成性是指以计算机为中心，综合处理多种信息媒体的特性。它包括信息媒体的集成和处理这些媒体的硬件和软件的集成。信息媒体的集成包括信息的多通道统一获取、统一存储、组织和合成等方面，将图、文、声、像等多媒体信息按照一定的数据模型和结构集成为一个有机整体，便于资源共享。硬件集成是指显示和表现媒体的设备集成，计算机能够和各种外部设备，如打印机、扫描仪、数码相机、音箱等设备联合工作；软件的集成是指集成为一体的多媒体操作系统、适合多媒体信息管理的软件系统、创作工具及各类应用软件等。

4. 实时性

多媒体系统，不仅能够处理离散媒体，如文本、图像外，更重要的是能够综合处理带有时间关系的媒体，如音频、活动视频和动画，甚至是实况信息媒体。所以多媒体系统在处理信息时有着严格的时序要求和很高的速度要求，有时是强实时的。

7.1.3　多媒体信息的类型

1. 文本

文本（Text）分为非格式化文本文件和格式化文本文件。非格式化文本文件是只有文本信息没有其他任何有关格式信息的文件，又称为纯文本文件，如.txt 文件。格式化文本文件是指带有各种文本排版信息等格式信息的文本文件，如.doc 文件。

2. 图形

图形（Graphic）一般指用计算机绘制的画面，如直线、圆、圆弧、矩形、任意曲线和图表等。图形的格式是一组描述点、线、面等几何图形的大小、形状及其位置、维数的指令集合。在图形文件中只记录生成图的算法和图上的某些特征点，因此也称矢量图。用于产生和编辑矢量图形的程序通常称为 draw 程序。微机上常用的矢量图形文件有：.3DS（用于 3D 造型）、.DXF（用于 CAD）、.WMF（用于桌面出版）等。

由于图形只保存算法和特征点，因此占用的存储空间很小。但显示时需经过重新计算，因而显示速度相对慢些。

3. 图像

图像（Image）是指通过扫描仪、数字相机、摄像机等输入设备捕捉的实际场景画面，或以数字化形式存储的任意画面。静止的图像是一个矩阵，阵列中的各项数字用来描述构成图像的各个点（称为像素点 pixel）的强度与颜色等信息。这种图像也称为位图。

4. 动画

动画是活动的画面，其实质是一幅幅静态图像的连续播放。动画的连续播放既指时间上的连续，也指图像内容上的连续。计算机设计动画有两种：一种是帧动画，另一种是造型动画。帧动画是由一幅幅位图组成的连续的画面，就如电影胶片或视频画面一样要分别设计每屏幕显示的画面。造型动画是对每一个运动的物体分别进行设计，赋予每个动元一些特征，然后用这些动元构成完整的帧画面。动元的表演和行为由制作表组成的脚本来控制。存储动画的文件格式有 SWF 等。

5. 视频

视频是由一幅幅单独的画面序列（帧 frame）组成，这些画面以一定的速率（fps）连续地投射在屏幕上，使观察者有图像连续运动的感觉。视频文件的存储格式有 AVI、MPG、MOV、RMVB、FLV 等。

视频图像输入计算机是通过将摄像机、录像机或电视机等视频设备的 AV 输出信号，送至 PC 内视频图像捕捉卡进行数字化而实现的。数字化后的图像通常以 AVI 格式存储。如果图像卡具有 MPEG 压缩功能，或用软件对 AVI 进行压缩，则以 MPG 格式存储。新型的数字化摄像机可直接得到数字化图像，不再需要通过视频捕捉卡，能够使用从 PC 的并行口、SCSI 口或 USB 口等数字接口将视频图像直接输入计算机中。

6. 音频

音频包括话语、音乐及各种动物和自然界（如风、雨、雷）发出的各种声音。加入音乐和解说词会使文字和画面更加生动。音频和视频必须同步才会使视频影像具有真实的效果。

在计算机中，音频处理技术主要包括声音信号的采样、数字化、压缩和解压缩播放等。

音频数据输入计算机的方法，通常是使用 Windows 中的录音程序（soundrecorder）或使用专用录音软件进行录制。硬件方面则要求有声卡（音频输入接口）、麦克风或收音机、放音机等声源设备（使用 Line In 输入口）。

7. 流媒体

流媒体是应用流技术在网络上传输的多媒体文件，它将连续的图像和声音信息经过压缩后存放在网站服务器，让用户一边下载一边观看、收听，不需要等整个压缩文件下载到用户计算机后再观看。流媒体就像"水流"一样从流媒体服务器源源不断地"流"向客户机。该技术先在客户机上创建一个缓冲区，在播放前预先下载一段资料作为缓冲，避免播放的中断，也使播放质量得以维护。

7.1.4　多媒体的应用

多媒体技术的应用领域已遍布国民经济与社会生活的各个方面，特别是互联网络的不断发展，进一步开阔了多媒体应用的领域。

1. 多媒体在商业方面的应用

主要包括：产品演示、商业广告、培训、数据库以及网络通信等。

2. 多媒体在教育方面的应用

主要包括：各级各学科教学、远程教学、个别化教学等。现在市场上出售的各种多媒体教学软件，对各级教学起到了重要的促进作用。

3. 多媒体在公共传播方面的应用

主要包括：电子数据、公共查询系统、新闻传播和视频会议。多媒体电子数据可以节省庞大的存储空间，使图书、手册、文献等容易保存和查询。多媒体的参观指南和浏览查询系统，使得人们在公共场合（如机场、火车站）利用触摸屏可以方便地进行查询。视频会议系统可以实时传输图像和声音，与会者相互可以看到对方的面孔和听到对方的声音。

4. 多媒体在家庭中的应用

主要包括：家庭医疗、娱乐消遣和生活需要。家庭中只要有一台多媒体计算机，即可获得以往从电视、电影及报纸杂志上看不到的东西。通过"家庭医生"软件可以获取一些基本的医学知识，并且做一些简单的诊断和护理。利用多媒体光盘可以观赏影片、玩游戏等。

5. 虚拟现实

虚拟现实（Virtual Reality）是多媒体中技术和创造发明的集中表现。用户可以利用特制的目镜、头盔、专用手套，使自己处于一个由计算机产生的交互式三维环境中。利用虚拟现实技术，用户不是去观察由计算机产生的虚拟世界，而是真正去感受它，就像真正走进了这个世界一样。

7.1.5　多媒体信息处理的关键技术

1. 数据压缩技术

多媒体数据压缩技术是多媒体技术中的核心技术。随着多媒体技术在计算机以及网络中的广泛应用，多媒体信息中的图像、视频、音频信号都必须进行数字化处理，才能应用到计算机和网络上。然而这些多媒体信息数字化后的数据量非常庞大，给多媒体信息的储存、传输、处理带来了极大的压力。因此，必须对数据进行压缩编码。采用先进高效的压缩和解压缩算法对数字化后的视频和音频信息进行处理，既可节省存储空间，又可提高传输效率，使得计算机能够实时处理和正常播放视频和音频信息。

2. 超大规模集成电路芯片技术

超大规模集成电路芯片技术是发展多媒体的关键技术之一。多媒体的大数据量和实时应用的特点，要求计算机有很高的处理速度，因此要求有高速的 CPU 和大容量的 RAM，以及多媒体专用的数据采集和还原电路，对数据进行压缩和解压缩等高速数字信号处理（DSP）电路，这些都有赖于超大规模集成电路芯片技术的发展和支持。

3. 大容量光盘存储技术

近几年快速发展起来的光盘存储器，由于其原理简单、存储容量大、价格低廉、便于大量生产，而被越来越广泛用于多媒体信息和软件的存储。

4. 多媒体通信技术

多媒体通信技术是指利用通信网络综合性地完成多媒体信息的传输和交换的技术。这种技术突破了计算机、通信、广播和出版的界限，使它们融为一体，向人类提供了诸如多媒体电子邮件、视频会议等全新的信息服务。多媒体通信是建设信息高速公路的主要手段之一，是一个综合性的技术。它集成了数据处理、数据通信和数据存储等技术，涉及多媒体、计算机及通信等技术领域，并且给这些领域带来了很大的影响。

5. 多媒体数据库技术

多媒体数据库管理系统 MDBMS 能对多媒体数据进行有效的组织、管理和存取，而且还可以实现以下功能：多媒体数据库对象的定义，多媒体数据存取，多媒体数据库运行，多媒体数据组织、存储和管理，多媒体数据库的建立和维护，多媒体数据库在网络上的通信功能。

7.2　多媒体计算机系统

多媒体系统是指能够对文本、图形、图像、动画、音频和视频等多种媒体信息进行逻辑互联、更改、编辑、存储和演播等功能的一个计算机系统。

多媒体计算机可以在现有的 PC 的基础上加上一些硬件和相应的软件，使其成为具有综合处理声音、文字、图像、视频等多种媒体信息的多功能计算机，它是计算机和视觉、听觉等多种媒体系统的综合。与普通计算机一样，一个完整的多媒体计算机系统包括硬件系统和软件系统两个方面。MPC 标准规定了多媒体计算机系统的最低要求，凡符合或超过这种规范的系统以及能在该系统上运行的软硬件都可用 MPC 标识。目前，一般 PC 的配置都符合或超过 MPC 标准。

7.2.1　多媒体系统的硬件平台

1）磁盘存储器。目前的 PC 都带有几十至几百吉字节的固定硬盘，此外，还有 USB 接口的硬盘或闪存等可移动存储设备，大大方便了数据的传递和携带。

2）光盘存储器。具有存储容量大（普通 CD 盘为 650 MB、DVD 盘高达 17 GB）、读取速度快、可靠性高、携带方便等特点，许多大的游戏节目、影像节目、CD 音乐和多媒体电子出版物等都存储在光盘上。DVD 光盘已成为市场的主流产品。

3）声卡（音频卡）。为了提供优质的数字音响，多媒体计算机应具有把声音信号转换成相应数字信号和把数字信号转换成相应的声音信号的模/数和数/模转换的功能，并可以把数字信号记录到硬盘以及从硬盘上读取重放。还需要音乐合成器等用来增加播放复合音乐的能力。所以，一块高性能的声卡也是多媒体计算机必备的。

4）音箱。要发挥声卡的性能，必须有一对性能优异的大功率有源音箱。

5）视频卡。视频卡支持视频信号的输入和输出，实现对语音和活动图像的采集、压缩与重放。视频卡的种类很多，常见的有视频采集卡（也称视频捕捉卡）、MPEG 解压卡（也称电影卡）、电视卡等。

6）扫描仪。扫描仪是多媒体计算机系统中常用的图像输入设备，可以快速地将纸面上的图形、图像和文字输入计算机中。

7）多媒体数码设备。数码相机可将影像存储在半导体存储器上，是获取电子图像的最直接的途径；数码摄像机可直接拍摄数字式的动态影像，是获取数字视频信息的最佳途径；数码录音笔可直接录制数字化的声音，录音时间长达几十小时。以上数码设备都可通过 USB 接口与计算机相连，并将存储的数字信息直接传送到计算机中。

7.2.2　多媒体系统的软件平台

多媒体软件主要包括多媒体操作系统、多媒体应用系统、多媒体数据库管理系统，以及多媒体压缩/解压缩软件、多媒体通信软件等。多媒体软件系统按功能可分为多媒体系统软件和多媒体应用软件。

目前，在 PC 中，多媒体的大量使用通常都基于 Windows 环境。微软公司的 Windows 操作系统被称为多媒体 Windows 平台。

要开发多媒体应用系统，必须使用多媒体编辑工具来创作或编辑多媒体素材，然后再使用多媒体开发工具将各种媒体素材整合在一起，制作出具有交互功能的多媒体应用程序。

7.3 多媒体信息的数字化

7.3.1 声音的基础知识

声音来自机械振动，并通过周围的弹性介质以波的形式向周围传播。最简单的声音呈现为正弦波。表述一个正弦波需要 3 个参数。

1）频率——振动的快慢。它决定了声音的高低。频率越高，振动越快，声音越尖。

2）振幅——振动的大小。它决定了声音的强弱。振幅越大，能量越高，声音越强，传播越远。

3）相位——振动开始的时间。对于单独的一个正弦波，相位不能对听觉产生影响。但同时有两个声音频率，且它们的声强相同、相位也相同时，声强加强；如果两个声音频率的声强相同、相位相反时，声音相互抵消。这在进行放音系统的设计、声音网上传输时是不能不考虑的。

从听觉角度看，声音具有音调、音色和响度 3 个要素。

1）音调：在物理学中，把声音的高低叫做音调。音调与声音的频率有关，声源振动的频率越高，声音的音调就越高；声源振动的频率越低，声音的音调就越低。通常把音调高的声音叫高音，音调低的声音叫低音。

2）音色：表示人耳对声音音质的感觉，又称音品，与频率有关。一定频率的纯音不存在音色问题，音色是复音主观属性的反映。声音的音色主要与其谐音的多寡、各谐音响度和振幅有关，取决于声波信号的强弱程度。由于人的听觉响应与声音信号强度不成线性关系，因此，一般用声音信号幅度取对数后再乘以 20 所得值来描述响度，以分贝（dB）为单位，此时称为音量。各种乐器奏同样的曲子，即使响度和音调相同，听起来还是不一样，这就是由于它们的音色不同。

3）响度：即声音的响亮程度，也就是通常说的声音的强弱或大、小、重、轻。

7.3.2 声音信号数字化

普通计算机中所有的信息均以二进制数字表示，不能直接控制和存储模拟音频信号。用一系列数字编码来表示的音频信号，称为数字音频信号。数字音频的特点是保真度好，动态范围大，可无限次复制而不会损失信息，便于编辑和特效处理。

（1）采样

把模拟声音变成数字声音时，需要每隔一个时间间隔就在模拟声波上取一个幅度值，这一过程称为采样。采样就是在时间上将连续信号离散化。将时间上连续的声波信号转换成离散的时间序列信号，称为脉冲幅度调制（PAM）信号。采样频率越高，得到的幅度值越多，越容易恢复模拟信号的本来面目。常用的采样频率有 8 kHz、11.025 kHz、22.05 kHz、16 kHz、37.8 kHz、44.1 kHz、48 kHz。对于不同的声音质量，可采用不同的采样频率。

（2）量化

采样得到的幅度值是一个幅度上的连续数。要将幅度值离散化，就需要将无穷多的值限定在有限个取值范围内，把落在同一范围附近的幅度值近似地看做同样的值，这样，用有限个小幅度（量化阶距）来表示无限个幅度值的过程称为量化。量化过程中，量化阶距的大小和划分方法至关重要。量化阶距越小，量化精度就越高。常见的量化位有 8 位、16 位、24 位。8 位量化只能得到 256 个阶距，满足电话音质的基本要求；16 位量化可得到 65 536 个阶距，满足立体声 CD-DA 音质的要求；更专业的音频处理设备才需要使用 24 位以上的量化。

量化总会带来信息的丢失和量化噪声的增加。要真正从数字音频中完全恢复原始音频信号，理论上必须要有无穷多位数据。在通常的数字系统中，无论量化阶距取多小，每个采样点都可能产生舍入误差，并且存在与这种误差相虚的失真和噪声，将它们统称为量化噪声。量化阶距的划分可按照等距划分，称为线性量化或均匀量化。此外也可选择非均匀量化，如公用电话编码中的 PCM 编码就采用非均匀量化方法。

直接数字化后的音频数据量非常大，其数据量与采样频率、量化位数成正比。即

$$音频数据量 = 采样频率 \times 量化位数 \div 8 \times 声道数 \times 时间（s）$$

（3）编码

数字化的波形声音是一种使用二进制表示的串行的比特流，它遵循一定的标准或规范进行编码，其数据是按时间顺序组织的。波形声音的主要参数包括：采样频率、采样精度、声道数目、使用的压缩编码方法以及比特率（也称为码率，它指的是每秒钟的数据量）。数字声音未压缩前，码率的计算公式为：

$$波形声音的码率 = 取样频率 \times 量化位数 \times 声道数$$

由于声音的数字化，将有大量的数据需要计算机存储，如果对这些音频数据不加编码压缩，则很难在个人计算机上实现多媒体功能。例如：1 个 100 MB 的硬盘只能存储 10 min 44.1 kHz，16 位，双声道的立体声录音。由于音频数据存在着很大的冗余度，加上人类听觉的生理特性，只能听到 20 Hz～20 kHz 范围内的声音，其他范围内即使有声音也听不到，因而可实现高压缩比。

基于我们对人耳听觉的研究，杜比数字音频技术中的先进算法使存储或者传输数字音频信号时使用更少数据成为可能。

（4）声音质量与数据率

根据声音的频带，通常把声音的质量分成 5 个等级，由低到高分别是电话（telephone）、调幅（AM）广播、调频（FM）广播、激光唱盘（CD-Audio）和数字录音带（DAT）的声音。在这 5 个等级中，使用的采样频率、样本精度、通道数和数据率见表 7-1。

表 7-1　声音质量和数据率

质量	采样频率/kHz	样本精度/$(b \cdot s^{-1})$	单道声/立体声	数据率/$(kB \cdot s^{-1})$	频率范围/Hz
电话	8	8	单道声	8	200～3 400
AM	11.025	8	单道声	11.0	20～15 000
FM	22.050	16	立体声	88.2	50～7 000
CD	44.1	16	立体声	176.4	20～20 000
DAT	48	16	立体声	192.0	20～20 000

7.3.3　图形图像基础知识

1. 颜色的 3 要素

颜色实质上是一种光波，光波的波长决定了颜色的不同。除了利用波长来描述颜色外，人们通常基于视觉系统对不同颜色的直观感觉来描述颜色，规定利用亮度、色调和饱和度 3 个物理量区分颜色，并称之为颜色的三要素。

① 亮度。亮度是描述光作用于视觉系统时引起明暗程度的感觉，是指颜色明暗深浅的程度。

② 色调。色调是指颜色的类别，如红色、绿色、蓝色等。

③ 饱和度。饱和度是指颜色的深浅程度。对于同一种色调的颜色，其饱和度越高，颜色越深，如深红、深绿、深蓝等；其饱和度越低，则颜色越淡，如淡红、淡绿、淡黄等。

2. 三基色原理

实践证明，任何一种颜色都可以用红、绿、蓝 3 种基本颜色按不同比例混合得到。同样，任何色光都可以分解成这 3 种颜色光，这就是所谓的三基色原理。实际上，基本颜色的选择并不是唯一的。只要颜色相互独立，任何一种颜色都不能由另外 2 种颜色合成，就可以选择这 3 种颜色为三基色。然而由于人眼对红、绿、蓝 3 种颜色光最为敏感，所以通常都选择它们作为基色。

由于各种颜色都可以用 3 种基色混合而成，基于三基色原理，人们还提出了相加混色和相减混色的理论。

（1）相加混色

把 3 种基色光按不同比例相加，称为相加混色。将三基色进行等量相加混合，得到颜色的关系为：

红色+绿色=黄色，红色+蓝色=品红，绿色+蓝色=青色，红色+绿色+蓝色=白色，……

（2）相减混色

相减混色利用了滤光特性，即在白光中减去一种或几种颜色可得到另外的颜色。比如：

$$黄色=白色-蓝色，红色=白色-绿色-蓝色$$

用油墨或颜料进行混合得到某种颜色采用的就是相减混色。

3. 颜色空间

颜色空间是颜色描述的一种方法，也称为颜色模型。在计算机和多媒体系统中，表示图像的颜色常常涉及不同的颜色空间，如 RGB 颜色空间、CMY 颜色空间、YUV 颜色空间等。不同的颜色空间有各自的特点，分别有不同的应用场合。因此，数字图像的生成、存储、处理及显示都对应不同的颜色空间。从理论上讲，任何一种颜色都可以在上述颜色空间中精确地进行描述。下面是几种常用的颜色空间。

（1）RGB 颜色空间

利用红（red）、绿（green）、蓝（blue）3 种颜色来表示所有颜色的方法称为 RGB 颜色空间。计算机系统中的彩色图像一般都用 R、G、B 三个分量表示，分别对应红、绿、蓝 3 种颜色。彩色显示器中发射 3 种不同强度的电子束，使屏幕内壁覆盖的红、绿、蓝荧光材料发光而产生颜色。因为显示器颜色的显示需要输入 R、G、B 颜色分量信息，根据 3 个分量的不同比例，在显示屏幕合成所需要显示的颜色。所以，无论计算机系统中间过程采用什么形式的颜色空间，信息输出时一定要转换成 RGB 颜色空间表示。

（2）CMY 颜色空间

利用青（cyan）、品红（magenta）、黄（yellow）3 种颜色来表示所有颜色的方法称为 CMY 颜色空间。在 RGB 颜色空间中，不同颜色的光是通过相加混合来实现的。而有些颜色载体如彩色打印的纸张不能发射光线，因而彩色打印机就不能采用 RGB 颜色空间，它只能使用能够吸收特定波长的光波而反射其他波长光波的油墨或颜料来实现。根据三基色原理，油墨或颜料的三基色选择青色、品红和黄色，可以用这 3 种颜色的油墨或颜料按不同比例混合成任何一种颜色。

（3）YUV 颜色空间

在现代彩色电视系统中，通常采用三管彩色摄像机或彩色 CCD（电荷耦合器件）摄像机。这些设备把摄取的彩色图像信号经过分色、放大和校正得到 R、G、B 三基色，再经过矩阵变换得到亮度信号 Y 和两个色差信号 U（R-Y）与 V（B-Y），最后发送端将这 3 个信号分别进行编码，用同一信道发送出去，这就是所谓的 YUV 颜色空间。电视图像一般都是采用 Y、U、V 3 个分量表示，即一个亮度分量和两个色差分量。由于亮度和色度是分离的，因而解决了彩色和黑白显示系统的兼容问题。如果只有 Y 分量而没有 U 或 V 分量，所显示的图像就是黑白图像。

4. 真彩色和伪彩色

（1）真彩色

真彩色是指组成一幅彩色图像的每个像素值中有 R、G、B 三个基色分量，每个基色分量直接决定显示的基色强度，这样表示的颜色称为真彩色。在计算机系统中，如果把 R、G、B 分量都用 8 位字长来表示，就可生成 $2^{8\times3}$ =16 777 216 种颜色，每个像素的颜色都是由其中的数值直接决定的。这样得到的颜色在人眼能分辨的范围内可以完全反映原图像的真实色彩，所以叫真彩色。

（2）伪彩色

伪彩色是相对于真彩色而言的。在计算机系统中，为了减少彩色图像的存储空间，在生成图像时，对图像中的不同颜色进行采样，产生包含各种颜色的颜色表，即颜色查找表。图像中每个像素的颜色不是由 3 个基色分量的数值直接表达，而是把像素值作为地址索引，在颜色查找表中查找这个像素实际的 R、G、B 分量值。这样表示的颜色称为伪彩色。需要说明的是，对于这种伪彩色图像的数据，除了保存代表像素颜色的索引数据外，还要保存一个颜色查找表。它可以是一个预先定义的表，也可以是对图像进行优化后产生的颜色表。

5. 图像的分辨率

图像的分辨率是指组成一幅图像的像素密度，是衡量图像质量时最基本的标准。分辨率用单位面积内水平和垂直方向所包含的像素数表示，即每英寸多少点（dpi）。例如，用 300 dpi 的标准扫描一幅 2 英寸×2.5 英寸大小的彩色照片，就能得到一幅 600×750 个像素点的图像。对同样大小的一幅图像，组成该图像的像素数目越多，则图像的分辨率越高，图像看起来就越细腻、逼真。因此，不同的分辨率，决定不同的图像清晰度。

经常听到的另外一个概念是显示分辨率。显示分辨率是指显示屏幕上能够显示的像素数目。例如，显示分辨率为 1 024×768 表示屏幕分成 768 行（垂直分辨率），每行能显示 1 024 个像素（水平分辨率）。这样，整个屏幕就包含 786 432 个显像点。显示设备能够显示的像素越多，说明其分辨率越高，显示的图像质量就越高。

图像分辨率与显示分辨率是两个不同的概念。图像分辨率确定的是组成一幅图像像素的数目，而显示分辨率是表示能显示图像的区域大小。当图像分辨率大于显示分辨率时，在屏幕上只能显示图像的一部分；当图像分辨率小于屏幕分辨率时，显示的图像只占屏幕的一部分。

6. 图像的深度

图像深度是指记录每个像素信息所占二进制数的位数。图像深度确定了彩色图像的每个像素所能显示的颜色数，因而决定了彩色图像中可能出现的最多颜色数或灰度图像中的最大灰度等级。如果一幅图像的图像深度为 n 位，则该图像的最多颜色数或灰度级为 2^n 种。例如，一幅单色图像记录每个像素占用 8 位字长，则最大灰度数目为 $2^8 = 256$。一幅彩色图像的每个像素用 R、G、B 3 个分量表示，若 3 个分量的像素位数分别为 4、4、2，则最大颜色数目为 $2^4 \times 1^4 \times 2^2 = 1\,024$。可以看出，记录一个像素的所占位数越多，图像能显示的颜色数目就越多，图像深度就越深。

7.3.4　图形信号数字化

图像与图形有着本质的不同。图形是由计算机生成的，以矢量方式描述为主；图像可通过计算机绘图软件绘制或从实物、照片数字化得到，它以光栅（位图）方式描述，当然也可以用矢量方式描述。

与声音的数字化十分相似，要处理的一幅平面图像，由于在画面和色彩方面都是连续的，因此必须将其画面离散化成足够小的点阵，形成一个像素阵列，然后再对每一个像素的颜色分量（R、G、B 分量）或亮度值（黑白图像，又称灰度图）进行量化。图像离散化的阶距越小，单位距离内的像素点越多，图像越精细，可用图像分辨率来描述像素点的大小；颜色量化的位数越多，颜色的色阶就越多，颜色就越逼真，可用像素深度（也称为颜色深度）来描述量化值。图像数字化后成了像素点的颜色量化数字阵列，这些数据的前后顺序构成了图像的位置关系和颜色成分，称为数字图像。将这些数据以一定的格式存储在文件中，便形成了图像文件。

位图可用扫描仪、数码相机等数字设备获取，或者用摄像机、录像机、激光视盘与视频采集卡这类设备把模拟的图像信号变成数字图像数据。

位图文件占据的存储器空间非常大。影响位图文件大小的因素主要有图像分辨率和像素深度。分辨率越高，组成一幅图的像素越多，图像就越精细，图像文件也越大；像素深度越深，就是表达单个像素的颜色和亮度的位数越多，图像文件也就越大。图像数据量与图像的分辨率、像素深度成正比例关系，而矢量图文件的大小则主要取决图的复杂程度。

$$位图数据量＝水平像素 \times 垂直像素 \times 像素深度 \div 8$$

比如一幅真彩色的 Windows 桌面墙纸位图图像，其分辨率为 800×600，像素深度为 24 位，则图像的数据量为 800×600×24÷8=1\,440\,000（B）=1.37（MB）。而一幅同样分辨率的二值位图，由于像素深度为 1 位，数据量仅有 59 KB。

7.3.5　视频

1. 基本概念

视频信号是指连续的随着时间变化的一组图像（24 帧/s、25 帧/s、30 帧/s），又称运动图像或活动图像。常见的视频有电影、电视和动画。视频信号按其特点可分为模拟和数字两种形式。早期的电视等视频信号的记录、存储和传输都是采用模拟方式；现在出现的 VCD、

SVCD、DVD、数字式便携摄像机都是数字视频。

在模拟视频中，常用两种视频标准：NTSC 制式和 PAL 制。我国广播电视采用 PAL 制式。

2. 视频的数字化

从模拟视频到数字视频的过程需要计算机和视频采集卡，视频采集卡负责将模拟视频信号数字化。

3. 视频文件

不同的视频编码器会有不同的视频文件格式，它可分为两大类：一类是影像文件，另一类是流式视频文件。

（1）影像视频文件格式

① AVI 格式。它的英文全称为 Audio Video Interleaved，即音频视频交错格式，就是将视频和音频交织在一起进行同步播放。这种视频格式的优点是图像质量好，可以跨多个平台使用；其缺点是体积过于庞大，压缩标准不统一，播放时容易出现一些错误。

② MOV/Quick Time 格式。它是 Apple 计算机公司开发的一种音频、视频文件格式，用于保存音频和视频信息，具有先进的视频和音频功能，QuickTime 文件格式支持 25 位彩色，支持 RLE、JPEG 等领先的集成压缩技术，提供 150 多种视频效果。目前已成为数字媒体软件技术领域的事实上的工业标准。国际标准化组织（ISO）最近选择 Quick Time 文件格式作为开发 MPEG-4 规范的统一数字媒体存储格式。

③ MPEG 格式。它的英文全称为 Moving Picture Expert Group，即运动图像专家组格式，家里常看的 VCD、SVCD、DVD 就是这种格式。MPEG 文件格式是运动图像压缩算法的国际标准，它采用了有损压缩的方法来减少运动图像中的冗余信息。目前 MPEG 格式有三个压缩标准，分别是 MPEG-1、MPEG-2 和 MPEG-4。

（2）流媒体文件

① RM 格式。Real Networks 公司所制定的音频视频压缩规范称为 Real Media，用户可以使用 Real Player 或 Real One Player 对符合 Real Media 技术规范的网络音频/视频资源进行实况转播，Real Media 可以根据不同的网络传输速率制定出不同的压缩比率，从而实现在低速率的网络上进行影像数据的实时传送和播放。这种格式的另一个特点是用户使用 Real Player 或 Real One Player 播放器可以在不下载音频/视频内容的条件下实现在线播放。

② ASF 格式。它的英文全称为 Advanced Streaming Format，它是微软为了和现在的 Real Player 竞争而推出的一种视频格式，用户可以直接使用 Windows 自带的 Windows Media Player 对其进行播放。由于它使用了 MPEG-4 的压缩算法，所以压缩率和图像的质量都很不错。

③ WMV 格式。它的英文全称为 Windows Media Video，也是微软推出的一种采用独立编码方式并且可以直接在网上实时观看视频节目的文件压缩格式。WMV 格式的主要优点包括：本地或网络回放、可扩充的媒体类型、部件下载、可伸缩的媒体类型、多语言支持。

④ RMVB 格式。这是一种由 RM 视频格式升级延伸出的新视频格式，它的先进之处在于，保证了静止画面质量的前提下，大幅地提高了运动图像的画面质量。可以使用 Real One Player 2.0 或 Real Player 8.0 加 Real Video 9.0 以上版本的解码器形式进行播放。

7.4　数据压缩标准

数字化信息的数据量非常庞大的，这无疑给存储器的容量、通信干线的信道传输率以及计算机的速度都增加了极大的压力。通过数据压缩手段把信息数据量压下来，以压缩形式存储和传输，既节约了存储空间，又提高了通信干线的传输效率，同时也使计算机实时处理音频、视频信息，以保证播放出高质量的视频、音频节目。

1. JPEG 标准

JPEG（Joint Photographic Experts Group）是一个由 ISO 和 IEC 两个组织机构联合组成的一个专家组，负责制定静态的数字图像数据压缩编码标准。这个专家组开发的算法称为 JPEG 算法，并且成为国际上通用的标准，因此又称为 JPEG 标准。JPEG 是一个适用范围很广的静态图像数据压缩标准，是一个适应于彩色和单色多灰度或连续色调静止数字图像的压缩标准。

JPEG 专家组开发了两种基本的压缩算法。一种是采用以离散余弦变换（DCT）为基础的有损压缩算法，另一种是采用以预测技术为基础的无损压缩算法。使用有损压缩算法时，在压缩比为 25:1 的情况下，压缩后还原得到的图像与原始图像相比较，非图像专家难以找出它们之间的区别，因此得到了广泛的应用。例如，在 V-CD 和 DVD-Video 电视图像压缩技术中，就使用 JPEG 的有损压缩算法来取消空间方向上的冗余数据。

2. MPEG 标准

MPEG 的中文意思是运动图像专家小组。MPEG 和 JPEG 两个专家小组，都是在 ISO 领导下的专家小组，其小组成员也有很大的交叠。JPEG 的目标是对静止图像压缩。MPEG 的目标是针对活动图像的数据压缩，但是静止图像与活动图像之间有密切关系。

MPEG 专家小组制定了一个可用于数字存储介质上的视频及其关联音频的国际标准。这个国际标准，简称为 MPEG 标准。

MPEG 标准主要有 MPEG-1、MPEG-2、MPEG-4 和正在制定的 MPEG-7 等。

（1）MPEG-1 标准

MPEG-1 标准称作"运动图像和伴随声音的编码——用于速率约在 1.5 Mb/s 以下的数字存储媒体"，主要用于多媒体存储与再现，如 VCD 等。MPEG-1 采用 CIF 视频格式（分辨率为 352×288），帧速率为 25 帧/s 或 30 帧/s，码率为 1.5 Mb/s（其中视频约 1.2 Mb/s、音频约 0.3 Mb/s）。MPEG-1 为了追求更高的压缩率，同时为了满足多媒体等应用所需的随机存取要求，将视频图像序列划分为 I 帧（内帧）、P 帧（预测帧）和 B 帧（内插帧）。根据不同的图像类型而不同对待。

MPEG-1 音频压缩标准是第一个高保真音频数据压缩标准。MP3 就是采用国际标准 MPEG-1，这是对声音信号进行压缩的一种格式。

（2）MPEG-2 标准

MPEG-2 标准称作"运动图像及其伴音信息的通用编码"，它能适用于更广的应用领域，主要包括数字存储媒体、广播电视和通信。MPEG-2 适用于高于 2 Mb/s 的视频压缩。DVD 技术采用了该标准。

（3）MPEG-4 标准

MPEG-4 标准称作"甚低速率视听编码"，针对一定传输速率下的视频、音频编码，更注重多媒体系统的交互性和灵活性。主要应用于可视电话、可视邮件等对传输速率要求较低（4.8～64 kb/s），分辨率为 176×144 的应用系统。

（4）MPEG-7 标准

MPEG-7 标准用来为不同类型的多媒体信息描述定义一个新标准。虽然计算机能很容易查找文字，但查找音频和视频内容则很困难。MPEG-7 描述能通过数据如静止图画、图形、三维模型、音频、演讲、视频来定位，或远程地用以该数据描述的双向指针来定位。

7.5 多媒体文件格式

7.5.1 静态图像文件格式

1. JPG 格式

JPG 文件格式是目前最主流的图片格式。其压缩技术十分优越，可以用最少的磁盘空间得到较好的图像质量。由于它优异的性能，所以应用非常广泛，尤其适合在 Internet 上使用。

2. GIF 格式

GIF 格式是经过压缩的格式，磁盘空间占用极少。其存储的图像色彩深度由 1 位到 8 位（最高 8 位），不能存储超过 256 色的图像。尽管如此，该图形格式却在 Internet 上被广泛地应用。原因主要有两个：一是因为 256 种颜色已经较能满足 Internet 上的主页图形需要；二是因为该格式生成的文件尺寸比较小，适合在像 Internet 这样的网络环境传输和使用。

3. BMP 格式

它是 Windows 最早支持的位图格式，文件几乎不压缩，占用磁盘空间较大。它的颜色存储格式有 1 位、4 位、8 位及 24 位。该格式仍然是当今应用比较广泛的一种格式。但由于其文件尺寸比较大，所以多应用在单机上，不受网络欢迎。

4. PSD 格式

这是 Adobe 中自建的标准文件格式，该格式保存了图像在创建和编辑过程中的许多信息，比如层、通道、路径信息等，所以修改起来非常方便。由于 PhotoShop 软件应用越来越广泛，所以这个格式也逐步流行起来。

5. PNG 格式

PNG 是一种网络图像格式。它吸取了 GIF 和 JPG 二者的优点，存储形式丰富，兼有 GIF 和 JPG 的色彩模式。它的另一个特点能把图像文件压缩到极限，以利于网络传输，但又能保留所有与图像品质有关的信息。第三个特点是显示速度很快，只需下载 1/64 的图像信息就可以显示出低分辨率的预览图像。第四个特点是 PNG 同样支持透明图像的制作。PNG 的缺点是不支持动画应用效果，Macromedia 公司的 Fireworks 软件的默认格式就是 PNG。

6. TIFF 格式

这种格式可支持跨平台的应用软件，它是 Macintosh 和 PC 上使用最广泛的位图交换格式。在这两种硬件平台上移植 TIFF 图形图像十分便捷。大多数扫描仪也都可以输出 TIFF 格式的图像文件。该格式支持的色彩最高可达 16 M 种，采用的 LZW 压缩方法是一种无损压缩，支持 Alpha 通道，支持透明。

7. AI 格式

AI 格式是 Adobe 公司开发的矢量图像处理软件 Illustrator 所使用的文件格式，也是当今最流行的矢量图像格式之一，广泛应用于印刷出版业等。

7.5.2　动态图像文件格式

1. AVI 格式

AVI 是 Windows 的视频多媒体，是从 Windows 3.1 开始支持的文件格式。AVI 可以看做是由多幅连续的图形，也就是动画的帧，按顺序组成的动画文件。由于视频文件的信息量很大，人们研究了很多压缩方法。这些由 AVI 的压缩和解压缩的方法做成驱动程序缩写为 codec。

2. MPEG 格式

它是 Motion Pictures Experts Group 运动图像专家组制定出来的压缩标准所确定的文件格式，用于动画和视频影像处理，这种格式数据量较小。

3. ASF 格式

它是微软公司为了和现在的 Real Player 竞争而推出的一种视频格式。用户可以直接使用 Windows 自带的 Windows Media Player 对其进行播放。由于它使用了 MPEG-4 的压缩算法，所以压缩率和图像的质量都很不错（高压缩率有利于视频流的传输，但图像质量肯定会有损失，所以有时候 ASF 格式的画面质量不如 VCD 是正常的）。

4. WMV 格式

它也是微软推出的一种采用独立编码方式，并且可以直接在网上实时观看视频节目的文件压缩格式。WMV 格式的主要优点包括：本地或网络回放、可扩充的媒体类型、部件下载、可伸缩的媒体类型、流的优先级化、多语言支持、环境独立性、丰富的流间关系以及扩展性等。

5. RM/RMVB 格式

Real Networks 公司制定的音频视频压缩规范称为 Real Media；用户可以使用 Real Player 对符合 Real Media 技术规范的网络音频/视频资源进行实况转播，并且 Real Media 可以根据不同的网络传输速率制定出不同的压缩比率，从而实现在低速率的网络上进行影像数据实时传送和播放。RM 和 ASF 格式可以说各有千秋，通常 RM 视频更柔和一些，而 ASF 视频则相对清晰一些。RMVB 格式是在 RM 影片格式上升级延伸而来的。RMVB 采用可变码流的编码方式，将较高的比特率用于复杂的动态画面（歌舞、飞车、战争等），而在静态画面中则灵活地转为较低的采样率，合理地利用了资源并保证了影片质量。

6. MOV 格式

MOV 是 Apple 公司开发的音频视频文件格式，具有先进的视频和音频功能，支持多种主流的计算机平台，使用 25 位彩色，提供 150 多种视频效果，并提供 200 多种 MIDI 兼容音响和设备的声音装置。该文件还包含了基于 Internet 应用的关键特性，能通过 Internet 提供实时的数字化信息流、工作流与文件回放功能。

6. GIF 格式

GIF 是一种图形交换格式。顾名思义，这种格式是用来交换图片的。GIF 格式的特点是压缩比高，磁盘空间占用较少，这种格式仍在网络上很流行，这和 GIF 图像文件短小、下载速度快、可用许多具有同样大小的图像文件组成动画等优势是分不开的。

7. SWF 格式

利用 Flash 可以制作出一种后缀名为 SWF 的动画。这种格式的动画图像能够用比较小的体积来表现丰富的多媒体形式。在图像的传输方面，不必等到文件全部下载才能观看，而是可以边下载边看，因此适合网络传输。特别是在传输速率不佳的情况下，也能取得较好的效果。目前已经成为网页动画和网页图片设计制作的主流。

7.5.3　常见声音文件格式

1. CD 格式

标准 CD 格式是 44.1 kHz 的采样频率，速率 88 kB/s，16 位量化位数。因为 CD 音轨可以说是近似无损的，因此它的声音基本是忠于原声的。如果你是一个音响发烧友，则 CD 是你的首选。一个 CD 音频文件是一个*.cda 文件，但这只是一个索引信息，并不是真正地包含声音信息，所以不论 CD 音乐的长短，在电脑上看到的*.cda 文件都是 44 字节长。

注意：不能直接复制 CD 格式的*.cda 文件到硬盘上播放，可使用像金山影霸音频转换器这样的抓音轨软件把 CD 格式的文件转换成 WAV 或 MP3。

2. WAV 格式

WAV 格式是微软公司开发的一种声音文件格式，也叫波形声音文件，是最早的数字音频格式，被 Windows 平台及其应用程序广泛支持。WAV 格式采用 44.1 kHz 的采样频率，16 位量化位数，因此 WAV 的音质与 CD 的相差无几。但 WAV 格式对存储空间需求太大，不便于交流和传播。

3. MP3 格式

MP3 就是一种音频压缩技术。由于这种压缩方式的全称叫 MPEG Audio Layer 3，所以人们把它简称为 MP3。MP3 是利用 MPEG Audio Layer 3 的技术，将音乐以 1:10 甚至 1:12 的压缩率压缩成容量较小的文件。换句话说，能够在音质丢失很小的情况下把文件压缩到更小的程度，而且还非常好地保持了原来的音质。正是因为 MP3 体积小、音质高，使得 MP3 格式几乎成为网上音乐的代名词。MP3 格式的音乐每分钟只有 1 MB 左右，这样每首歌只有 3～4 MB。使用 MP3 播放器对 MP3 文件进行实时解压缩（解码），这样，高品质的 MP3 音乐就播放出来了。

4. WMA 格式

WMA 是微软力推的一种音频格式。WMA 格式是以减少数据流量但保持音质的方法来达到更高的压缩率目的。其压缩率一般可以达到 1:18，生成的文件大小只有相应 MP3 文件的一半。此外，WMA 还可以通过加入 DRM 方案防止复制，或者限制播放时间和播放次数，甚至是进行播放机器的限制，可有力地防止盗版。

5. MIDI 格式

· MIDI 是数字音乐和电子合成乐器的统一国际标准，它定义了计算机音乐程序、合成器及其他电子设备交换音乐信号的方式，还规定了不同厂家的电子乐器与计算机连接的电缆和硬件及设备间数据传输的协议。可用于为不同乐器创建数字声音，可以模拟大提琴、小提琴、钢琴等常见乐器。在 MIDI 文件中，只包含产生某种声音的指令，这些指令包括使用什么 MIDI 设备的音色、声音的强弱、声音持续多长时间等，计算机将这些指令发送给声卡，声卡按照指令将声音合成出来。MIDI 声音在重放时可以有不同的效果，这取决于音乐合成器的质量。相对于保存真实采样数据的声音文件，MIDI 文件显得更加紧凑，其文件通常比声音文件小得多。

7.6　Windows 7 的"录音机"使用初步

使用"录音机"可以录制、播放和编辑声音文件（.wav 文件），也可以将声音文件链接或插入另一文档中。

使用"录音机"进行录音的操作步骤如下：

① 单击【开始】按钮|【所有程序】|【附件】|【录音机】。

② 单击【开始录制】按钮 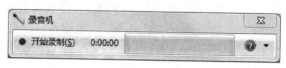，即可开始录音，如图 7-1 所示。

图 7-1　录音机

③ 录制完毕后，单击【停止录制】按钮 ，如图 7-2 所示。弹出【另存为】对话框，选择保存声音文件的路径，输入声音文件的文件名，单击【保存】按钮。

图 7-2　停止录制

1. 多媒体指的是什么？什么是多媒体技术？
2. 多媒体技术具有哪些基本特性？
3. 处理多媒体时需要哪些关键技术？
4. 多媒体技术主要应用在哪些领域？
5. 声音压缩标准有哪几种？
6. 常用的音频文件格式有哪些？
7. 什么是图像分辨率？
8. RGB 图与 CMYK 图有何区别？
9. 常用的图像格式有哪些？
10. 常用的视频格式有哪些？
11. 举例说明多媒体技术的应用。

参 考 文 献

［1］教育部考试中心. 全国计算机等级考试一级 MS Office 教程［M］. 天津：南开大学出版社，2004.

［2］祝振宇，等. 计算机基础教程［M］. 北京：清华大学出版社，2010.

［3］赵明. 计算机应用基础（等级考试版·Windows XP 平台）［M］. 北京：清华大学出版社，2009.

［4］袁启昌，黄景碧. 新编计算机应用基础教程［M］. 北京：清华大学出版社，2010.

［5］郭风，等. 大学计算机基础［M］. 北京：清华大学出版社，2012.

［6］郑德庆. 计算机应用基础（Windows 7+Office 2010）［M］. 北京：中国铁道出版社，2011.

［7］林士敏，夏定元，刘晓燕. 大学计算机基础教程［M］. 桂林：广西师范大学出版社，2006.

［8］程全州，刘军. 大学计算机基础［M］. 北京：人民邮电出版社，2009.

［9］杨振山，龚沛曾. 大学计算机基础简明教程［M］. 北京：高等教育出版社，2006.

［10］刘志强. 计算机应用基础教程［M］. 北京：机械工业出版社，2009.

［11］陈卫卫，等. 计算机基础教程（第 2 版）［M］. 北京：机械工业出版社，2011.

［12］易著梁，等. 计算机应用基础案例教程［M］. 长春：吉林大学出版社，2009.

［13］唐陪和. 大学计算机基础［M］. 桂林：广西师范大学出版社，2008.

［14］姬秀荔，李爱玲. 大学计算机应用基础［M］. 北京：清华大学出版社，2009.

［15］李菲，李姝博，刑超. 计算机基础实用教程（Windows 7+Office 2010 版）［M］. 北京：清华大学出版社，2012.

［16］郑少京，季建莉. Office 2010 基础与实践［M］. 北京：清华大学出版社，2012.

［17］徐燕. 常用办公软件（Windows 7，Office 2007）［M］. 北京：清华大学出版社，2011.

［18］张晓景，李晓斌. 计算机应用基础——Windows 7++Office 2010 中文版［M］. 北京：清华大学出版社，2011.